Von den Sternen zu den Galaxien

Volker Kasten (Hrsg.)

Von den Sternen zu den Galaxien

Die Milchstraße und der Kosmos

Spektrum Akademischer Verlag Heidelberg · Berlin

Anschrift des Autors:
Dr. Volker Kasten
Haberkamp 5
D-30823 Garbsen
E-Mail: kasten@math.uni-hannover.de

Bibliografische Information Der Deutschen Bibliothek
Die Deutsche Bibliothek verzeichnet diese Publikation in der Deutschen
Nationalbibliografie; detaillierte bibliografische Daten sind im Internet über
http://dnb.ddb.de abrufbar.

ISBN 3-8274-1378-8

© 2003 Spektrum Akademischer Verlag GmbH Heidelberg, Berlin

Lektorat: Katharina Neuser-von Oettingen, Anja Groth
Produktion: Katrin Frohberg, Ute Kreutzer
Umschlaggestaltung: WSP Design, Heidelberg
Satz: Hagedorn Kommunikation, Viernheim
Druck und Verarbeitung: Appl Druck GmbH, Wemding

Titelbilder: Kleines Photo: Eckhard Slawik, Waldenburg
           Hintergrundphoto: Photo Disc

Vorwort

Im Jahr 1995 startete die Zeitschrift »Sterne und Weltraum« (SuW) eine neue Kolumne »Astronomie für Einsteiger«, die auf großes Interesse stieß und auch gegenwärtig noch fortgeführt wird. Die Beiträge sollen vor allem astronomisches Basiswissen vermitteln und stammen aus der Feder von erfahrenen Autoren, die als Planetariumsleiter oder Volkshochschuldozenten wissen, welche Fragen die astronomischen Laien bewegen und wie man diese Fragen leicht verständlich und doch fundiert erklären kann.

Schon früh entstand die Idee, diese Beiträge einmal gesammelt in Buchform herauszugeben. Und so erschien bereits im Sommer 2002 ein erster Band unter dem Titel »Von der Erde zu den Planeten«, der sich mit der Alltagsastronomie und dem Sonnensystem befasst, also mit unserer unmittelbaren kosmischen Heimat.

Vor Ihnen, lieber Leser, liegt nun der zweite Band, in dem es auf eine faszinierende Erkundungsreise in die Tiefen des Alls zu den Sternen und Galaxien geht. Schon das nächste Sternsystem, Alpha Centauri, ist über vier Lichtjahre von uns entfernt – 7000-mal so weit wie der äußerste Planet Pluto. Die Sterne des Großen Wagens stehen in 80 Lichtjahren Entfernung, und bis zum immer noch geheimnisumwitterten Zentrum der Milchstraße sind es schon 26 000 Lichtjahre. Es mögen 200 Milliarden Sonnen sein, die unsere Galaxis bevölkern. Wir erklären Ihnen, was es mit den Helligkeiten und Farben der Sterne auf sich hat, warum das berühmte Hertzsprung-Russell-Diagramm, in dem die Sterne nach Leuchtkraft und Spektraltyp geordnet werden, für die Astronomen so wichtig ist, und wie der Lebensweg der Sterne verläuft.

Erst seit rund achtzig Jahren wissen wir, dass die Milchstraße nicht die einzige Galaxie im Kosmos ist, sondern dass der gesamte Weltraum übersät ist mit lauter Galaxien, die in Gruppen oder größeren Haufen beisammenstehen. So gehört unsere Milchstraße mit ihren Begleitern, den Magellan'schen Wolken, ebenso wie die drei Millionen Lichtjahre entfernte Andromeda-Galaxie zur lokalen Galaxiengruppe, in der wir uns gründlich umsehen wollen. Aber das ist nur unser näheres galaktisches Umfeld. Die entferntesten Galaxien, die die Astronomen heute beobachten können, sind mehrere Milliarden Lichtjahre von uns entfernt.

Nachdem wir uns im weiten Kosmos umgeschaut haben, kommen wir zu jenen großen Fragen, die Laien wohl am brennendsten interessieren: Wie kann man sich den Kosmos als Ganzes vorstellen, was geschah beim berühmten „Urknall", und wie sieht die Zukunft des Weltalls aus? Und schließlich: Sind wir allein im Kosmos, oder gibt es irgendwo in den Tiefen des Alls noch andere, fremde Zivilisationen?

Die ursprünglichen SuW-Beiträge wurden für das vorliegende Buch gründlich überarbeitet und aktualisiert. Einige Beiträge sind zu großen Teilen neu geschrieben oder gänzlich neu hinzugekommen. Dies alles ging natürlich nicht ohne einen beachtlichen Arbeitseinsatz aller Beteiligten ab. Deshalb möchte der Herausgeber allen Mitautoren für die ohne Murren übernommene Bearbeitung ihrer Beiträge und für die stets sehr angenehme Zusammenarbeit herzlich danken.

Mit dem zweiten der beiden bei Spektrum Akademischer Verlag erschienenen Bände ist das Unternehmen „Einsteigerbuch" zu einem gewissen Abschluss gelangt. Und so gilt an dieser Stelle neben dem Verlag ein ganz besonderer Dank Herrn Dr. Jakob Staude, der als Chefredakteur von SuW die Serie „Astronomie für Einsteiger" initiiert hat und der als Vater der Buchidee dem Unterzeichneten das Amt des Herausgebers angetragen hat.

Garbsen, im November 2002   *Volker Kasten*

Inhaltsverzeichnis

Sterne und Sternbilder

Sternbilder und Tierkreiszeichen

Erich Übelacker

Blickt man in einer klaren, mondlosen Hochgebirgsnacht zum Himmel, so sieht man mit dem bloßen Auge rund 2400 Sterne. Sieht man von den Planeten wie Mars oder Jupiter ab, so sind alle diese Sterne ferne Sonnen, die man aus historischen Gründen »Fixsterne« nennt. Sie sind unvorstellbar weit entfernt. Man misst ihre Abstände von der Erde gewöhnlich in Lichtjahren. Ein Lichtjahr ist kein Zeitmaß, sondern die Strecke, die das Licht mit seiner Geschwindigkeit von 300 000 km/s in einem Jahr zurücklegt. Das sind etwa 9.46 Billionen Kilometer. Der nächste Fixstern Proxima Centauri ist 4.3 Lichtjahre von uns entfernt. Zum Vergleich: Die Entfernung des Mondes, dessen Besuch durch einige Astronauten als Jahrtausendereignis gefeiert wurde, ist gerade einmal 1.3 Lichtsekunden.

Die Nachbarsonnen sind so weit weg, dass ein ganzes Menschenleben, ja die Zeit seit Christi Geburt nicht ausreicht, ihre Bewegungen untereinander mit bloßem Auge zu verfolgen. Sie bilden daher immer dieselben Figuren, die Sternbilder (vgl. Abb. 1). Man musste annehmen, dass diese Gestirne an der Himmelskugel festgemacht oder fixiert waren, und nannte sie daher »Fixsterne«. Die Sternbilder wurden schon vor Jahrtausenden von unseren Vorfahren aufmerksam beobachtet und nach Göttern, Tieren oder Helden benannt, wobei jede Hochkultur ihre

Abb. 1: Die Sternbilder wie Adler und Wassermann ändern ihre Form praktisch nicht. Planeten und Mond bewegen sich gegenüber den Fixsternen.

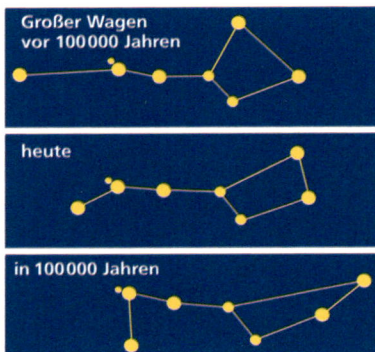

Abb. 2: Auch die Fixsterne verändern ihre Positionen. Unser Bild zeigt den Großen Wagen heute, vor und in 100 000 Jahren.

eigenen Sternbildnamen hatte. Unser Großer Wagen zum Beispiel war für die Griechen ein Teil des Großen Bären, für die alten Ägypter ein Sarg mit drei Klageweibern und im alten Rom eine Gruppe von sieben Zugochsen. Natürlich verändern sich auch die Sternbilder. Jedoch ist die kosmische Sekunde, die wir stolz »Weltgeschichte« nennen, viel zu kurz, um ihr Zerfließen zu beobachten. Jeder Fixstern hat jedoch eine Eigenbewegung, und vor nur 100 000 Jahren hätte der Große Wagen etwas anders ausgesehen (vgl. Abb. 2). Dazu kommt, dass Sterne eine begrenzte Lebensdauer haben. Die Sternbilder Orion oder Skorpion könnten noch zu unseren Lebzeiten ihre roten Hauptsterne Beteigeuze und Antares verlieren. Es handelt sich hier um Rote Riesen, sterbende Sonnen, die bald mit einer gewaltigen Explosion, einem Supernovaausbruch, ihr Leben beenden werden. Bald – das bedeutet im Weltall morgen oder in 20 000 Jahren!

Fassen wir zusammen: Die ganze Menschheitsgeschichte ist gemessen am Weltall wie eine Momentaufnahme zu betrachten, und Momentaufnahmen sind bekanntlich scharf. Auch die alten Ägypter und Babylonier haben den Löwen oder die Jungfrau ähnlich wie wir am Himmel gesehen, nicht jedoch der Neandertaler, falls er schon nach oben geblickt haben sollte.

Der gesamte Himmel ist zurzeit in 88 Sternbilder aufgeteilt. Einige von ihnen gehen für uns nie unter, andere wie das Kreuz des Südens nie auf. Viele populäre Sternbildnamen sind offiziell nicht anerkannt: Das Himmels-W heißt eigentlich Kassiopeia, das Herbstviereck Pegasus und der beliebte Große Wagen ist nur ein Teil des Großen Bären.

Es gibt Sommer- und Wintersternbilder. Bekanntlich dreht sich ja die Erde um die Sonne. Diese steht dadurch im Laufe der Zeit in verschiedenen Richtungen und damit vor verschiedenen Sternbildern, die dann natürlich unbeobachtbar bleiben, da sie am Tage von der Sonne überstrahlt werden. Im Winter zum Beispiel steht die Sonne im Sternbild Schütze (vgl. Abb. 3). Es ist dann unbeobachtbar. Dagegen kann man es im Sommer gut sehen. Die dem Namen nach bekanntesten Sternbilder sind zweifellos die so genannten Tierkreissternbilder, obwohl sie zum Teil völlig unscheinbar sind. Wir hatten bereits erwähnt, dass sich die Sonne im Laufe des Jahres scheinbar durch verschiedene Sternbilder hindurchbewegt. Die Bahn, die sie dabei am Himmel beschreibt, nennt man Ekliptik. Auf dieser liegen 13 Sternbilder, die man zum »Tierkreis« zusammenfasst. Sie heißen Widder, Stier, Zwillinge, Krebs, Löwe, Jungfrau, Waage, Skorpion, Schlangenträger, Schütze, Steinbock, Wassermann und Fische.

Sieht man einmal vom Schlangenträger ab, so könnten diese Namen einem Lehrbuch der Astrologie entnommen sein. Bekanntlich teilt man in dieser Scheinwissenschaft den Tierkreis in zwölf gleich lange Abschnitte ein, die man Sternzeichen oder exakter Tierkreiszeichen nennt. Streng genommen dürfte man das Wort »Sternzeichen« gar nicht verwenden. Es hat sich aber in der Umgangssprache durchgesetzt. Die Sternzeichen tragen, wenn man einmal vom Schlangenträger absieht, dieselben Namen wie die Tierkreissternbilder, also zum Beispiel Widder oder Stier. Ein Mensch bezeichnet sich dann als »Löwe«, wenn bei seiner Geburt die Sonne im Tierkreiszeichen Löwe stand. Immer wieder stößt man nach Planetariumsführungen auf großes Erstaunen, ja auf Verwirrung oder Unglauben, wenn man den Besuchern eröffnen muss, dass zu Geburt eines »Widders« die Sonne im Sternbild der Fische stand. Die Tierkreisbilder stimmen nicht mit den gleichnamigen Zeichen überein!

Wie ist das möglich? Dazu müssen wir etwas ausholen. Bekanntlich hat unsere Erde einen Äquator, sowie zwei Pole, durch welche die Erdachse hindurchläuft. Diejenigen Punkte des Himmels, die genau über diesen Polen liegen, nennt man Himmelspole. In der Nähe des nördlichen Himmelspols steht ein heller Stern, den man Polarstern nennt. Der Erdäquator wird vom so genannten Himmelsäquator umgeben, der den Sternenhimmel in eine nördliche und eine südliche Hälfte teilt (vgl. Abb. 4).

Die Ekliptik, also die scheinbare Sonnenbahn, ist etwa 23.5 Grad gegen den Himmelsäquator geneigt. Es gibt zwei Schnittpunkte zwischen Himmelsäquator und Ekliptik, die man Frühlings- und Herbstpunkt nennt. Die Sonne scheint einmal im Jahr um die Ekliptik herumzulaufen und steht zu Frühlingsanfang im Frühlingspunkt. Danach befindet sie sich rund sechs Monate lang auf der nördlichen Himmelshalbkugel, bis sie zu Herbstanfang den Herbstpunkt erreicht. Sie überschreitet dann den Himmelsäquator in südlicher Richtung, um sich nun etwa ein halbes Jahr lang auf der Südhalbkugel des Himmels zu bewegen. Der Frühlingspunkt befindet sich im Sternbild der Fische. Das war aber nicht immer so, was an der so genannten Präzession der Erdachse liegt. Diese zeigt nicht immer in dieselbe Richtung. Die

Abb. 3: Die Erde umkreist die Sonne einmal jährlich. Für uns scheint sich dadurch die Sonne durch die Tierkreissternbilder zu bewegen. Am 1.1. steht sie zum Beispiel im Schützen.

Abb. 4: Der Himmelsäquator teilt die Himmelskugel in eine nördliche und eine südliche Hälfte. Über den Erdpolen liegen die Himmelspole. Die Ekliptik ist die scheinbare jährliche Sonnenbahn.

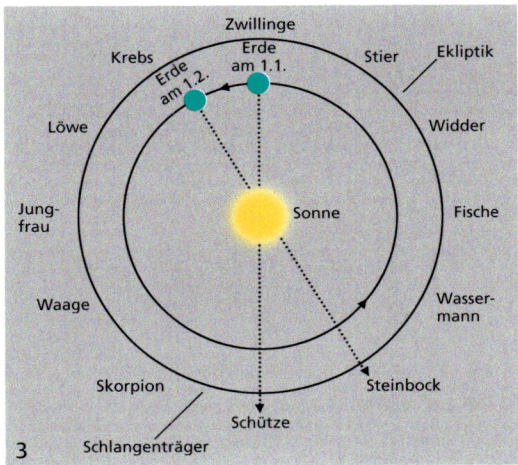

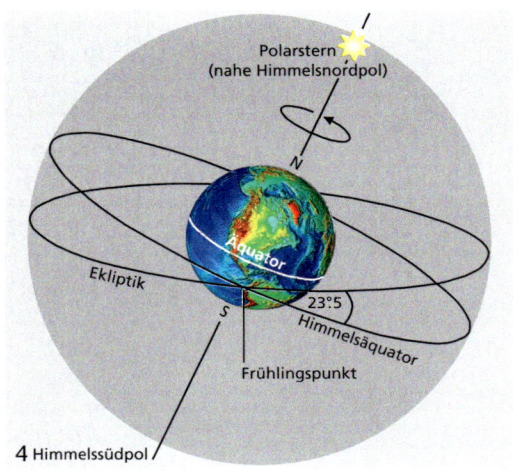

Erdachse vollzieht eine Taumelbewegung: Unser Planet verhält sich wie ein schräg stehender Kinderkreisel. Seine Achse taumelt einmal in etwa 26 000 Jahren im Kreis herum und zeigt im Laufe der Zeit in verschiedene Richtungen, also auch zu verschiedenen Sternen (vgl. Abb. 5 und 6). Unser Polarstern, zu dem die Achse heute zeigt, hat diese Rolle nicht immer gespielt. Die alten Ägypter hatten einen ganz anderen Polarstern als wir. Besonders können wir uns auf das Jahr 14 000 n. Chr. freuen: Dann wird die helle Wega im Sternbild Leier Polarstern sein!

Für unser Thema ist jedoch eine andere Auswirkung der Präzession wichtig. Wie man sich leicht klar machen kann, wandern durch diese Taumelbewegung die Schnittpunkte zwischen Himmelsäquator und Ekliptik einmal in rund 26 000 Jahren um die ganze Ekliptik herum. Nehmen wir den Frühlingspunkt: Er wandert im Laufe von 26 000 Jahren durch den ganzen Tierkreis hindurch (vgl. Abb. 7)! Wie schon erwähnt, steht er heute im Sternbild Fische. Vor etwa 2500 Jahren dagegen war der Frühlingspunkt mitten im Widder und heißt deshalb heute noch gelegentlich »Widderpunkt«. In etwa 600 Jahren wird er im Sternbild Wassermann, 14 000 n. Chr. in der Jungfrau stehen.

Vor rund 2000 Jahren stand der Frühlingspunkt also im Sternbild Widder. Noch heute nennt man daher das erste Zwölftel des Tierkreises ab Frühlingspunkt »Sternzeichen« oder »Tierkreiszeichen« Widder, obwohl dieses Gebiet heute fast ganz im Sternbild Fische liegt, wie man auch an Abbildung 8 erkennt. Das von den Astrologen benutzte Sternzeichen Widder liegt also im Sternbild Fische, während vor rund 2000 Jahren Sternzeichen und Sternbild Widder ungefähr übereinstimmten. Das zweite Zwölftel der Ekliptik, das sich dem Tierkreiszeichen Widder anschließt, nennt man Sternzeichen Stier, obwohl es ungefähr mit dem Sternbild Widder zusammenfällt. Während die Ekliptiksternbilder verschiedene Ausdehnungen haben, sind die Tier-

Abb. 5: Die Erdachse vollführt eine Taumelbewegung, die Präzession.

Abb. 6: Durch die Präzessionsbewegung gibt es im Laufe der Jahrtausende verschiedene Polarsterne.

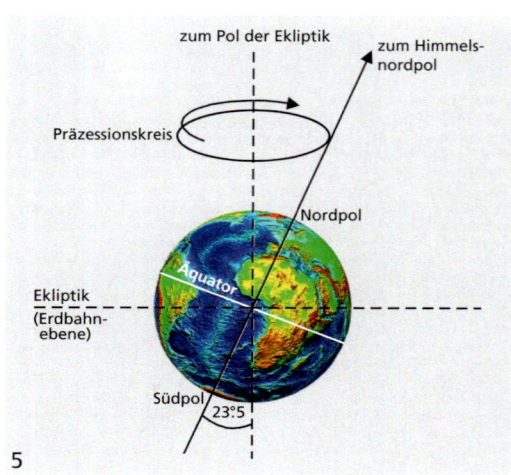

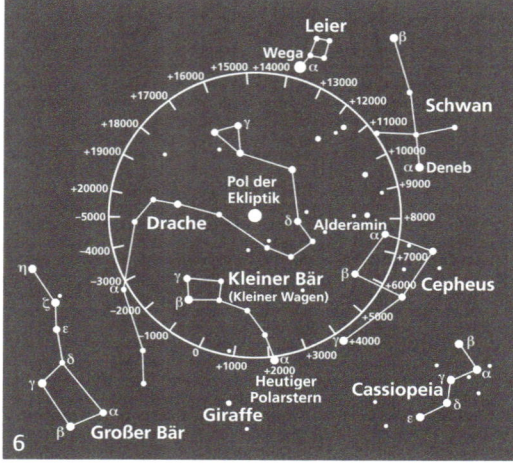

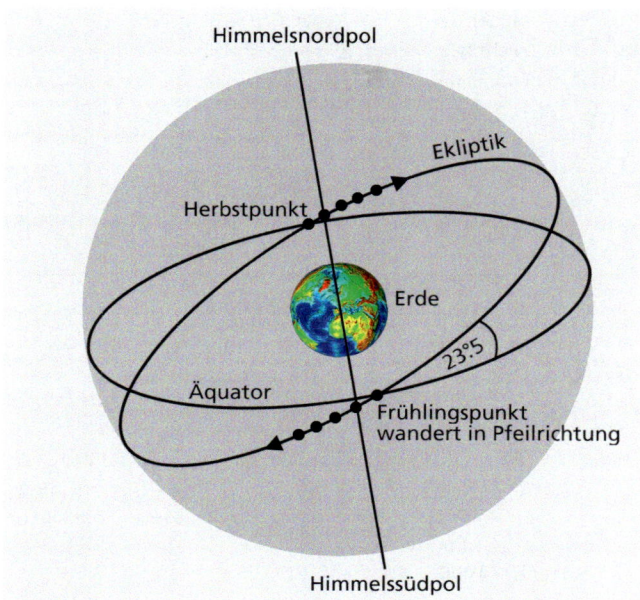

Abb. 7: Frühlings- und Herbstpunkt wandern in rund 26 000 Jahren einmal um die ganze Ekliptik herum.

kreiszeichen alle gleich lang, nämlich 30 Winkelgrade, was einem Zwölftel der 360 Grad langen Ekliptik entspricht. Dem Sternzeichen Stier schließen sich die Zeichen Zwillinge, Krebs, Löwe, Jungfrau, Waage, Skorpion, Schütze, Steinbock, Wassermann und Fische an, die jedoch ebenfalls kaum mit den gleichnamigen Sternbildern zusammenfallen. Ganz grob kann man sagen, dass ein Sternzeichen etwa an der Westgrenze des gleichnamigen Sternbildes beginnt. Sternbild und Sternzeichen Widder werden sich zunächst immer weiter voneinander entfernen, bis sie in 24 000 Jahren wieder zusammenfinden. Ob es dann noch Astronomen oder Astrologen gibt, die dieses Ereignis beobachten können?

Abb. 8: Tierkreiszeichen und Sternbilder stimmen nicht überein. Die Sonne tritt zum Beispiel am 21.6. in das Tierkreiszeichen Krebs ein, in dem aber das Sternbild Zwillinge liegt.

Für die so genannten Horoskope der Astrologen sind nicht die Sternbilder des Tierkreises, sondern die Sternzeichen wichtig. Auf den Einwand, dass das Zeichen Widder gar nicht mehr im Sternbild Widder liegt, antworten sie geschickt, dass es nur auf die »Kraftfelder« im Tierkreis ankommt, egal welches echte Sternbild dort liegt. Dann ist es aber verwunderlich, warum sie oft vom »Wassermannzeitalter« reden, bei dem der echte Wassermann gemeint ist. Gegen die Astrologie wäre auch sonst viel einzuwenden. Allerdings bringen auch astronomisch Interessierte immer wieder die Begriffe Sternbild und Sternzeichen durcheinander, wie der Autor aus fast dreißigjähriger Planetariumserfahrung bestätigen kann.

Der Große Wagen

Volker Kasten

Der Große Wagen ist wohl das bekannteste aller Sternbilder und für viele Menschen auch das einzige Sternbild, das sie selbst am Himmel auffinden können. Zwar sind die sieben Sterne des Großen Wagens nur mittelhell, aber ihre Anordnung in die drei Deichselsterne und vier den Wagenkasten nachzeichnende Sterne ist sehr einprägsam. Und so hat diese Sternfigur schon seit jeher und in allen Kulturkreisen die Phantasie der Menschen zu Mythen und Legenden angeregt.

Wagen und Bär

Auf den alten, kunstvoll ausgemalten Sternkarten wurden die sieben Wagensterne oft durch Hinzunahme weiterer schwacher Sternchen zu einer Bärenfigur ergänzt (vgl. Abb. 1). Auch heutzutage stellt der Wagen offiziell nur einen Teil des weit größeren Sternbildes »Ursa Major« (Abkürzung: UMa) dar, dessen Grenzen übrigens wie die aller 88 Sternbilder des Himmels im Jahr 1930 durch die Internationale Astronomische Union verbindlich festgelegt wurden. Wörtlich übersetzt heißt Ursa Major eigentlich »Größere Bärin«.

Das gesamte Sternbild Ursa Major bedeckt an der Himmelskugel eine Fläche von 1280 Quadratgrad und liegt damit in der Rangfolge der flächengrößten Sternbilder an beachtlicher dritter Stelle, nur knapp hinter der Wasserschlange und der Jungfrau. Wir werden uns im Folgenden hauptsächlich mit den sieben Wagensternen befassen und sie zunächst einmal mit ihren arabischen Eigennamen vorstellen, obwohl diese Bezeichnungen mit Ausnahme von Mizar unter den Sternfreunden kaum noch gebräuchlich sind. Angefangen vom letzten, oberen Stern des Wagenkastens bis zur Deichselspitze lauten sie: Dubhe, Merak, Phecda, Megrez, Alioth, Mizar und Alcaid (oder Benetnasch).

Kürzer und auf modernen Sternkarten üblich ist die Nomenklatur mit griechischen Buchstaben, wie sie auf den im Jahre 1603 erschienenen Sternatlas der »Uranometria« von Johannes Bayer zurückgeht. Die Bayer'schen Bezeichnungen der sieben Wagensterne kann man sich sehr leicht merken, weil sie – bei der gleichen Sternreihenfolge wie oben – einfach die ersten Buchstaben des griechischen Alphabetes ergeben: angefangen von α UMa (Dubhe) über β, γ, δ, ϵ und ζ (Mizar) bis hin zu η UMa (Alcaid).

Warum eigentlich »Bär«?

Nach der Vorstellungswelt des klassischen Altertums handelt es sich bei unserem Sternbild um die in eine Bärin verwandelte Königstochter Callisto. Göttervater Zeus hatte nämlich mit Callisto einen Sohn (den Arcas) gezeugt, was bei seiner Gemahlin Hera erheblichen Unwillen hervorrief. Um Callisto vor Heras Rache zu schützen, verwandelte Zeus sie zunächst in eine leibhaftige Bärin. Diese Bärin hätte nun allerdings der heranwachsende Arcas anlässlich einer Jagd beinahe erlegt, und um weitere Komplikationen zu vermeiden, wurden Callisto und Arcas schließlich als die Sternbilder Großer und Kleiner Bär an den Himmel versetzt (über die technischen Einzelheiten dieser Aktion kann man sich in Ovids »Metamorphosen« informieren).

Auch in anderen Kulturkreisen, wie zum Beispiel bei den Indianerstämmen Nordamerikas, sah man in den sieben Wagensternen einen Bären. Diese Übereinstimmung in der Interpretation der Sternfigur ist doch einigermaßen rätselhaft, erinnert die Gruppe zwar stark an einen Wagen, oder durchaus auch an eine Schöpfkelle (»big dipper« im englischen Sprachraum), aber doch kaum an einen Bären.

Abb. 1: Der Große Bär. Aus der »Vorstellung der Gestirne auf XXXIV Kupfertafeln nach der Pariser Ausgabe des Flamsteed'schen Himmelsatlas«, neu herausgegeben von Johann E. Bode, Berlin. Erschienen bei Gottlieb August Lange, Berlin und Stralsund, 1782.

Überzeugende Lösungen dieses Bärenrätsels scheinen nicht zu existieren, dafür aber originelle. So gibt Robert Burnham in seinem schon klassischen »Celestial Handbook« die folgende (nicht ganz ernst gemeinte) Theorie wieder: Wenn sich auch heutzutage keine Ähnlichkeit mehr zwischen der Schöpfkelle und einem Bären erkennen lässt, so bestand sie vielleicht doch vor Jahrtausenden, als die ersten Sternbilder benannt wurden. Nun sah die himmlische Schöpfkelle damals bereits genauso aus wie heute – aber wie ist es mit den Bären? Man sollte also untersuchen, ob nicht vielleicht die Bären früher von der Form einer Schöpfkelle gewesen sind (es gibt ja schließlich eine Evolution)!

In Burnhams Handbuch lassen sich noch viele weitere Mythen rund um den Großen Wagen nachlesen. Im alten China sah man in ihm zum Beispiel den »Palast der Unsterblichen«, und in Indien glaubte man, in den sieben Wagensternen hübsche Mädchen zu erblicken, die den Polarstern umtanzen.

Wir wollen an dieser Stelle nur noch anmerken, dass unser »Wagen« sich als »Horwagen« schon auf den Bayer'schen Sternkarten findet und seit dem Mittelalter in ganz Europa gebräuchlich ist.

Die Polweisersterne

Hat man den Großen Wagen erst einmal am Himmel gefunden, so lassen sich von ihm ausgehend leicht weitere Sternbilder anpeilen (vgl. Abb. 2). Wenn man zum Beispiel an einem schönen Frühlingsabend den leicht gekrümmten Bogen der Deichselsterne über die Deichselspitze hinaus verlängert, so gelangt man zunächst zum gelb leuchtenden Arktur, dem Hauptstern des Bärenhüters (Bootes) und trifft im weiteren Verlauf auf die weiße Spica in der Jungfrau.

Auch die Kastensterne eignen sich als Ausgangspunkt. Die Linie von Dubhe über Merak zeigt in Richtung des Kleinen und des Großen Löwen. In umgekehrter Richtung werden diese beiden Sterne als Polweiser benutzt: Verlängert man die Strecke von Merak über Dubhe etwa fünfmal, so sollte man in der Nähe des Polarsterns ankommen.

Der Polarstern ist der Hauptstern im Kleinen Wagen, der an eine Miniaturausgabe des großen Modells erinnert. Mit seiner 2. Sterngröße stellt der Polarstern kein besonderes Glanzlicht des Himmels dar. Seine Popularität beruht eher darauf, dass dieser Stern (ungefähr) die Nordrichtung und den Himmelsnordpol markiert, um den sich alle Sternbilder drehen. Manch einer mag sich auch daran erinnern, dass der Polarstern für die Ortsbestimmung auf der Erde eine Rolle spielt: Seine Höhe über dem Horizont gibt die geographische Breite des Beobachtungsortes an.

Abb. 2: Die Sternbilder um den Großen Wagen.

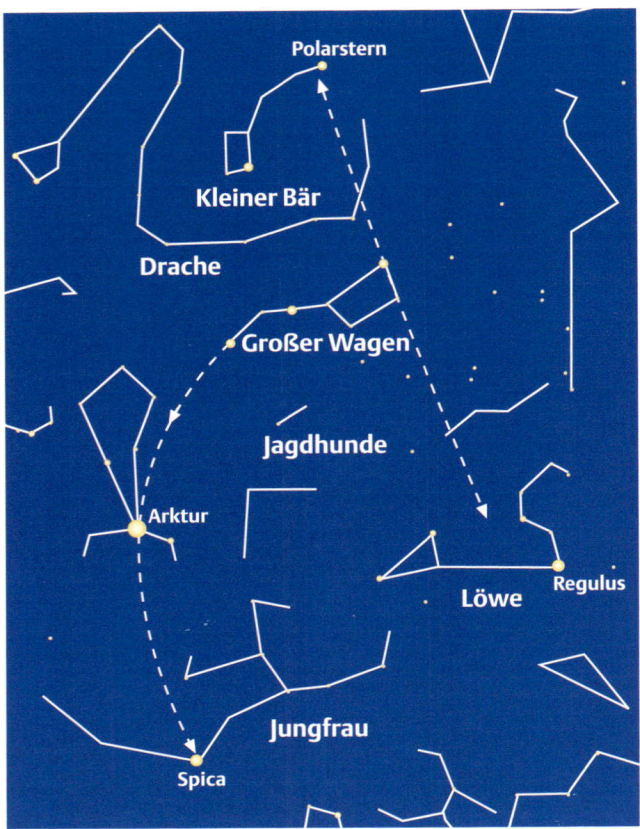

Tägliche und jährliche Drehung

Bei ihrer Drehung um den Himmelsnordpol sinken die Wagensterne auf unseren Breiten nie unter den Horizont: Sie sind »zirkumpolar«. Im Gegensatz zum ebenfalls sehr bekannten Wintersternbild Orion hat der Große Wagen also den Vorteil, dass er das ganze Jahr über und zu jeder Nachtzeit am Himmel zu finden ist. So kann man als astronomischer »Einsteiger« an diesem Sternbild gut die beiden Umdrehungsarten des gestirnten Himmels kennen lernen: die tägliche Drehung und die jährliche Drehung.

Dass sich die Stellung der Sternbilder im Lauf der Nacht schon nach wenigen Stunden deutlich verändert, ist eine elementare Erfahrung. In dieser Himmelsdrehung spiegelt sich die Rotation unseres Planeten um seine Achse wider. Für eine volle Umdrehung braucht die Erde 23 Stunden und 56 Minuten, und nach dieser so genannten siderischen (auf die Sterne bezogenen) Rotationsperiode stehen alle Sternbilder wieder an der gleichen Stelle.

Diese tägliche Himmelsdrehung lässt sich besonders in den langen Winternächten am Großen Wagen gut verfolgen (vgl.

Abb. 3). Denken wir uns eine klare Nacht Anfang Januar! Wenn die Dunkelheit einbricht, nimmt der Wagen seine tiefste Himmelsstellung ein und ist dann ungefähr in waagerechter Lage niedrig über dem Nordhorizont zu sehen. Sechs Stunden später, um Mitternacht, ist er schon höher gestiegen und zeigt sich nun rechter Hand vom Polarstern am Nordosthimmel, wobei seine Deichsel senkrecht hinab zum Horizont weist. Und wenn schließlich morgens die Dämmerung einsetzt, hat der Wagen seine Höchststellung erreicht und steht nun senkrecht über unseren Köpfen am Himmel. Die nun folgenden hellen Tagstunden verbringt der Wagen mit seinem Abstieg zum Nordhimmel, wo wir ihn dann am Abend wieder in seiner Tiefststellung vorfinden.

Die Tatsache, dass die Himmelskugel für eine volle Drehung vier Minuten weniger als einen Tag mit exakt 24 Stunden benötigt, hat eine wichtige Konsequenz für den jahreszeitlichen Ablauf des Himmelsanblicks. Nehmen wir an, wir beobachten zum Beispiel den Großen Wagen über mehrere Abende hintereinander, jeweils genau zur gleichen Uhrzeit.

Dann hat der Wagen am Folgeabend, nach genau 24 Stunden, etwas mehr als eine komplette Drehung um den Pol ausgeführt, denn er steht ja bereits nach 23 Stunden und 56 Minuten wieder an derselben Stelle. Nun ist dieser Effekt nach einem Tag allerdings kaum merklich, denn die gesamte Szenerie hat sich erst um rund 1 Grad weitergedreht. Aber nach einem Monat erscheint der Wagen zu unserer Beobachtungszeit bereits um einen Winkel von 30 Grad verschoben, und nach einem Jahr hat er insgesamt eine volle »jährliche Umdrehung« von 12 · 30 = 360 Grad ausgeführt.

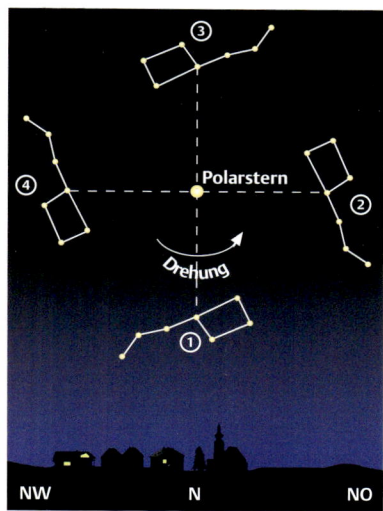

Abb. 3: Die tägliche und die jährliche Drehung des Wagens. Die Stellungen 1–4 werden Anfang Januar um 18 h, 24 h, 6 h bzw. 12 h erreicht (tägliche Drehung). Beobachtet man dagegen das Jahr über stets um Mitternacht, so findet man den Wagen am 1. Januar in Stellung 2, am 1. April in Stellung 3, am 1. Juli in Stellung 4 und am 1. Oktober in Stellung 1 (jährliche Drehung).

Wagensterne und galaktische Umgebung

Die meisten Wagensterne sind nach Messungen des Hipparcos-Satelliten um die 80 Lichtjahre von uns entfernt, nur Dubhe (124 LJ) und Alcaid (101 LJ) haben etwas größere Entfernungen.

Damit zählen die Wagensterne durchaus noch zur Nachbarschaft unseres Sonnensystems in der Milchstraße. Die Abb. 4 stellt eine Art Landkarte der Sonnenumgebung in der Galaxis dar. Man erkennt, dass die Wagensterne auch räumlich beieinander stehen. In der galaktischen Umgebung finden sich aber auch andere bekannte Sterne unseres Nachthimmels wie Sirius, Prokyon, Atair, Arktur oder Aldebaran (vgl. den Beitrag über die Sterne der Sonnenumgebung).

Diese Milchstraßenregion wird von unterschiedlichen Sterntypen bevölkert: Da gibt es eine Menge leuchtschwacher Roter Zwerge, ziemlich durchschnittliche Hauptreihensterne (zu denen unsere Sonne gehört) und auch einige bereits zu Roten Riesen aufgeblähte Sterne. Bei allem Lokalpatriotismus wird man aber zugeben müssen, dass wir uns in einem eher langweili-

Abb. 4: Sonnenumgebung in der Galaxis.

gen Winkel unserer Galaxis befinden, ohne hell schimmernde Gaswolken, echte Leuchtkrafttriesen oder sonstige Attraktionen.

Kurzporträts der Wagensterne

Wir wollen nun die einzelnen Wagensterne noch etwas genauer betrachten. Der 1.8 mag helle Dubhe (α UMa) unterscheidet sich schon durch seine Orangefärbung von den übrigen Wagensternen. Er ist ein kühler Riesenstern mit dem Spektraltyp K0 III (Näheres zu den Spektralklassen findet man im Beitrag von H.-U. Keller).

S. W. Burnham vom Lick Observatory entdeckte im Jahr 1889, dass Dubhe ein enger Doppelstern ist. Die beiden Komponenten umkreisen sich einmal in 45 Jahren und stehen zurzeit nur 0''6 auseinander, so dass Dubhe nur in großen Fernrohren zu trennen ist.

Dagegen erkennt man bereits im Fernglas ein 6' von Dubhe entferntes Sternchen 7. Größe, das trotz seines großen Abstandes gravitativ an Dubhe gebunden zu sein scheint – die Umlaufzeit dürfte allerdings in der Größenordnung von 600 000 Jahren liegen! Das Spektrum lässt durch eine periodische »Verdoppelung« seiner Linien erkennen, dass dieser Begleiter ebenfalls doppelt sein muss. Man spricht deshalb auch von einem »spektroskopischen« Doppelstern. Dubhe stellt also insgesamt ein Vierfachsystem dar.

Alcaid (η UMa) ist zwar mit 1.9 mag ähnlich hell wie Dubhe, aber ein ganz anderer Sterntyp: ein junger, heißer Hauptreihenstern mit dem Spektraltyp B3 V, dessen Leuchtkraft die unserer Sonne mehrere hundertmal übertrifft.

Bei den übrigen, mittleren fünf Wagensternen handelt es sich um weiße, leuchtkräftige Hauptreihensterne des Spektraltyps A, die sich untereinander recht ähnlich sind. Unter ihnen befindet sich der 2.3 mag helle Mizar (ζ UMa), der zweifellos populärste Wagenstern.

Seine Popularität hat mehrere Ursachen. So ist es eine beliebte Übung, nach dem schwachen Sternchen Alcor zu suchen, das dicht bei Mizar steht und volkstümlich »Reiterlein« oder »Augenprüfer« genannt wird. Einen echten Test für scharfes Sehen stellt Alcor allerdings nicht dar, steht er doch immerhin zwölf Bogenminuten von Mizar entfernt. Eher wird es an der Aufhellung des Himmels liegen, wenn man den mit 4.0 mag doch recht schwachen Alcor einmal nicht erkennen sollte. Obwohl Alcor und Mizar eine ähnliche Eigenbewegung durch den Raum zeigen, dürften sie gravitativ nicht aneinander gebunden sein – immerhin sind beide gut drei Lichtjahre voneinander entfernt.

Mizar selbst ist dagegen ein wahrer Doppelstern, ein lohnendes Objekt auch für kleine Fernrohre! Seine beiden Komponenten A und B sind 2.3 mag bzw. 4.0 mag helle Hauptreihensterne mit dem Spektraltyp A2 und stehen 14" auseinander. Ihre Umlaufzeit dürfte Tausende von Jahren betragen. Mizar wurde im Jahr 1650 als erster Doppelstern überhaupt durch den italienischen Astronomen Riccioli entdeckt. Inzwischen weiß man, dass das Mizarsystem sogar fünffach ist! Denn die Komponenten A und B erwiesen sich beide als spektroskopische Doppelsterne, und um B kreist offenbar noch ein weiterer Begleiter, der sich aber nur durch gravitative Störungen bemerkbar macht.

Der Bärenstrom

Die mittleren fünf Wagensterne sind sich nicht nur physikalisch ähnlich, sondern haben sogar die gleiche »Abstammung«, denn sie sind vor rund 500 Millionen Jahren gemeinsam aus einer Wolke interstellaren Materials entstanden. Seither ziehen sie gemeinsam und mit derselben Bewegungsrichtung durch die Galaxis. An unserem Himmel macht sich dies durch eine gemeinsame »Eigenbewegung« der Sterne bemerkbar. Allerdings ist diese Positionsverschiebung an der Himmelskugel wegen der großen Entfernungen nur sehr gering und macht zum Beispiel für Mizar nur 0".12 im Jahr aus. Weil die beiden äußeren Wagensterne Dubhe und Alcaid eine stark abweichende Eigenbewegung zeigen, erleidet die Figur des Großen Wagens in größeren Zeitspannen von vielleicht hunderttausend Jahren doch ganz erhebliche Deformationen (vgl. hierzu die Abb. 2 im vorangehenden Beitrag über Sternbilder und Tierkreiszeichen).

Es hat sich herausgestellt, dass der kleine Bewegungshaufen der mittleren fünf Wagensterne nur das Zentrum eines weit verstreuten »Bärenstromes« aus rund hundert Sternen ist, zu dem zum Beispiel auch Sirius im großen Hund und Gemma in der Nördlichen Krone gehören. Wie ein Schwarm von Zugvögeln ziehen die Sterne des Bärenstromes am Sonnensystem vorbei. Dabei nehmen sie ungefähren Kurs auf die Richtung zum galaktischen Zentrum.

Literatur

Fasching, G.: Sternbilder und ihre Mythen. Springer Verlag, 1998.

Hahn, H.-M.; Weiland, G.: Der neue Kosmos Himmelsführer. Kosmos Verlag, 1998.

Slawik, E.; Reichert, U.: Atlas der Sternbilder – Ein astronomischer Wegweiser in Photographien. Spektrum Akademischer Verlag, 1997. Hier werden alle 88 Sternbilder in ästhetischen Übersichtsaufnahmen vorgestellt und kommentiert.

Der südliche Himmelspol, das Kreuz des Südens und Ptolemäus

Johannes V. Feitzinger

Die ersten europäischen Seefahrer taten sich schwer mit der Beschreibung des fremden südlichen Sternhimmels. Immer wieder überlagern sich in ihren Schilderungen den direkt beobachteten Konstellationen die vertrauten Formen des Nordhimmels.

Eine aus der Ferne aufgenommene Erde im Weltraum eröffnet dem Betrachter auf der gefühlsmäßigen Ebene eine neue Dimension. Ein abgeschlossenes Etwas, die Erde, schwebt oder bewegt sich im Raum. Unsere allgemeine Vorstellung von der Bewegung ist zweidimensional. Sie umfasst die Fortbewegung von einer Stelle der Erdoberfläche zu einer anderen. Bewegung nach außen bedeutet eigentlich nichts für uns. Sobald aber einem Sternfreund einmal die Bewegung nach außen und somit die Bewegung in einem dreidimensionalen Raum klar geworden ist, wird dadurch eine neue Vorstellungswelt erzeugt.

Von der festen Erdoberfläche aus ist dies möglich, wenn wir eine Zeitrafferaufnahme des Himmelsumschwunges erzeugen. Ein Photoapparat, bei drei Stunden Belichtung nachts auf den Himmelspol gerichtet, liefert die Sternspuren als offene Kreisbögen, die vom Horizont beschnitten werden. An welchem Himmelsnagel scheint die Erde im Raum zu hängen, und was wirbelt da um wen? In den Schöpfungsmythen vieler Kulturen wird die Drehbewegung des Himmels, oft der Himmel selbst, gleichgesetzt mit einer Mühle, einem Wasserschöpfrad, einer Töpferscheibe. Der Zapfen der Drehbewegung kann ein Polstern sein. Die Mühle des Himmels mahlt die Zeit. Auf genügend vergrößerten Aufnahmen lassen sich die zu den Kreisbögen der Sternspuren gehörigen Mittelpunkte am Nord- und Südhimmel bestimmen. Die Mittelpunkte sind die Himmelspole. Sie bleiben bei der scheinbaren, täglichen Drehbewegung der Gestirne in Ruhe. Zu ihrem Grundkreis, dem Himmelsäquator, haben sie 90° Abstand. Als Schnittpunkte der verlängerten Erdachse mit der Himmelskugel können sich diese Punkte auf oder in der Nähe von Sternen abbilden. Der nördliche Himmelspol liegt im Sternbild Kleiner Bär und hat vom hellsten Stern dieses Sternbildes, Polaris, gegenwärtig 0°9 Abstand. Der südliche Himmelspol liegt in einer sehr sternarmen Gegend des Sternbildes Oktant. Mit 1° Abstand kommt ihm der Stern Sigma Octantis am nächsten. Seine Helligkeit von 5.5 mag liegt an der unteren Sichtbarkeitsgrenze für das unbewaffnete Auge.

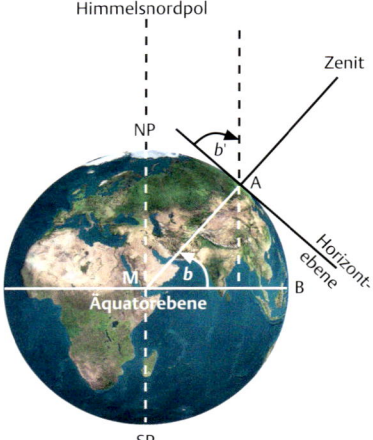

Abb. 1: Geometrischer Zusammenhang zwischen geographischer Breite b und Polhöhe b'.

Die Winkelhöhen der Himmelspole entsprechen den jeweiligen Winkeln der geographischen Breite des Beobachters. Eine Höhenmessung erlaubt also die Feststellung der geographischen Breite. Aus Abb. 1 kann der geometrische Zusammenhang zwischen den Winkeln abgelesen werden:

Geographische Breite b = Polhöhe b'

Der Blickstrahl von A zum Himmelspol ist praktisch parallel zur Erdachse vom Erdmittelpunkt M über den Nord- bzw. Südpol in Richtung der Himmelspole. Die Schenkel der Winkel b und b' stehen senkrecht aufeinander. Diese Geometrie bedingt auch, dass das Lot von den Himmelspolen zum Horizont den Nord- oder Südpunkt für den Beobachter festlegt.

Wie verstanden die ersten europäischen nach Süden über den Äquator vorstoßenden Seefahrer im 15. und 16. Jahrhundert ihre neuen Beobachtungen? Sollte nicht tief im Süden ein Sternloch sein? Oder gab es auch einen Südpolstern? Natürlich führte die Entdeckung der neuen südlichen Welt im 15. und 16. Jahrhundert durch europäische Seefahrer und Händler zur Ausweitung des vorhandenen Wissens. Aber der Wissensfortschritt über den südlichen, bisher ungesehenen Himmel kam nur sehr langsam voran. Die ersten Seefahrer, die den südlichen Himmel jenseits des Äquators beschreiben und deren Aufzeichnungen auf uns gekommen sind, waren Alvise da Mosto und Maitre Joáo. Alvise da Mosto war der Erste, der über die Beobachtung südlicher Sterne, die von Europa aus nicht sichtbar waren, berichtete. Er war ein venezianischer Kapitän, der am 22. März 1455 in portugiesischen Diensten zu einer Afrikaumschiffung aufbrach. Seine Aufzeichnungen finden sich in einer um 1470 datierten Abschrift. Er schreibt, dass er während eines kurzen Aufenthaltes in Gambia 1455 seine Beobachtungen tätigte: ... »wir bemerkten sechs Sterne knapp über dem Seehorizont ... nach dem Kompass standen sie in genau südlicher Richtung: Wir betrachteten sie als den Südlichen Wagen ...«

Elly Dekker, eine Astronomin, die sich mit Astronomiegeschichte befasst und am Boerhaave Museum für Geschichte der Wissenschaft in Leiden (Holland) arbeitet, kommt hinsichtlich der beschriebenen Sternanordnung zu einer verblüffenden Feststellung: Da Mosto musste in südliche Richtung blicken; die Sterne α und β des Sternbildes Centaur kamen dann links vom Kreuz des Südens zu liegen, wie es in Abb. 2 oben rechts wiedergegeben ist. Solch ein Unterschied in der Sternanordnung zu der Skizze im Manuskript (oben links in Abb. 2) ist nur schwerlich als Kopierfehler zu verstehen. Die Zeichnung kann nicht das Abbild einer Skizze von da Mosto sein, denn solch ein elementarer Fehler ist einem geübten Navigator nicht zuzutrauen. Folgerichtig kann die dem Manuskript hinzugefügte Zeichnung nicht vom Original da Mostos stammen. Wenn die Zeichnung keiner wahren Beobachtung entspricht, was bedeutet sie dann? Eine

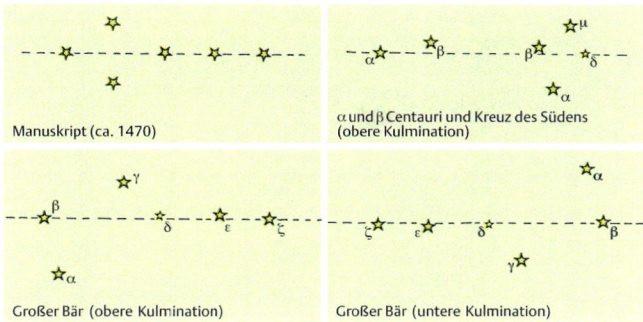

Manuskript (ca. 1470)

α und β Centauri und Kreuz des Südens
(obere Kulmination)

Großer Bär (obere Kulmination)

Großer Bär (untere Kulmination)

Abb. 2: Sterne im Kreuz des Südens und α und β Centauri nach dem Manuskript von 1470 (oben links) und die in Gambia sichtbare Sternanordnung (oben rechts). Unten: Der große Wagen in oberer und unterer Kulmination in unseren Breiten zum Vergleich mit dem Südhimmel.

plausible Erklärung scheint zu sein, dass der »Südliche Wagen« aus Symmetriegründen zum »Nördlichen Wagen« erdacht wurde. Da Mosto und/oder seine Manuskriptvervielfältiger erwarteten, am südlichen Himmel ein Abbild des nördlichen Himmels zu erblicken.

Erst einige Jahrzehnte später berichteten Seeleute immer wieder von der Verschiedenheit des Südhimmels. Dazu gehört João Faras, genannt Maitre Joáo, ein Spanier, der in portugiesischen Diensten nach Brasilien segelte und am 27. April 1500 die dortige Küste bei 18° Süd erreichte. Er sandte an König Manuel von Portugal einen Brief, datiert 1. Mai 1500, dem er eine Sternkarte mit Teilen des südlichen Himmels beifügte. Das Kreuz des Südens ist als solches benannt, wenn auch der Winkelabstand zu dem Stern β Centauri zu klein ist; leider fehlt der Sternkarte jede Maßstabsangabe. Sie muss in größter Eile entworfen worden sein, denn in ihrer Beschreibung wird von südzirkumpolaren Sternen gesprochen, obwohl die Sterne des Kreuzes und des Centaurn, bei 18° südlicher geographischer Breite beobachtet, noch auf- und untergehen.

Erst Amerigo Vespucci bringt nachprüfbare Ordnung an die südliche Sternensphäre. Von allen früheren Seefahrern kann ihm als Einzigem das Prädikat »ausgebildeter Astronom« zugeschrieben werden. Er benutzte astronomische Verfahren, um die geographische Länge der neu entdeckten Kontinente zu bestimmen und seine Seekarten zu entwerfen. Amerigo Vespucci unternahm zwei Entdeckungsreisen, die eine in spanischen, die andere in portugiesischen Diensten. Von diesen Reisen berichtete er in Briefen seinem florentinischen Schirmherrn, Lorenzo di Pierfrancesco de Medici. Im so genannten Sevilla-Brief, der 1500 datiert ist und nach seiner ersten Reise geschrieben wurde, lässt er keinen Zweifel an seinen astronomischen Bemühungen:

»Ich bin sehr begierig danach, der erste Beschreiber des Polarsterns der anderen Himmelssphäre zu sein. Ich verlor viele Nächte Schlaf bei der Betrachtung der Sternbewegungen um den Südpol, um herauszufinden, welcher von ihnen die kleinste Bewegung besäße und welcher dem Pol am nächsten stünde. Ich hatte keinen Erfolg, da viele Nächte schlechten Wetters aufeinan-

Abb. 3: Eine moderne Aufnahme von α und β Centauri (links im Bild), dem Kohlensack, dem Kreuz des Südens (Bildmitte) und dem roten Emissionsnebel Eta Carinae (Eckhard Slawik).

der folgten. ... Ich beobachtete keinen Stern, der vom Pol weniger als 10° Abstand hatte.«

Er kommt dann auf die Beschreibung des Fegefeuers in Dantes Göttlicher Komödie zu sprechen: »... Der Dichter möchte den Pol des anderen Firmaments durch vier Sterne beschreiben...« Er, Vespucci, habe keine Gründe, daran zu zweifeln, dass Dantes Aussage richtig sei; er hätte vier Sterne in der Anordnung einer Raute beobachtet, die kaum am Himmelsumschwung teilhätten ...

Dieser Brief macht uns deutlich, dass Amerigo Vespucci bei seiner ersten Reise nicht sehr viele Sternbeobachtungen tätigte. Er hatte dazu auch kaum Gelegenheit. An seinem Standort, 3° südlich des Äquators, steht der Südpol in extremer Horizontnähe und ist daher sehr schlecht zu beobachten. Andererseits wird deutlich, welch großes Interesse dafür bestand, den Himmelssüdpol zu lokalisieren. Denn in gleicher Weise, wie der Polarstern des Nordhimmels eine ideale Navigationshilfe war, um annähernd Nord zu peilen, erhoffte man sich, auch in der Nähe des südlichen Himmelspoles einen günstigen Navigationsstern zu finden.

Das verlässlichste Dokument über Vespuccis zweite Reise ist der 1502 datierende Lissabon-Brief. Darin berichtet er, dass bei dieser Reise für die Beobachtung des südlichen Himmels genügend Zeit zur Verfügung stand. Auch waren die Umstände günstiger als bei der ersten Reise. Er hielt sich weit südlich vom Äquator auf: »... bis der Südpol 50° über meinem Horizont stand … Wir navigierten in der südlichen Hemisphäre 9 Monate und 20 Tage lang, vom 1. August bis 27. Mai.« Er berichtet über »viele helle und prächtige Sternanordnungen, die alle von der nördlichen Hemisphäre aus nicht zu sehen sind. Ich beobachtete die herrliche Ordnung ihrer Bewegung und ihre Helligkeit, maß die Durchmesser ihrer Kreisbögen und notierte ihre relativen Positionen.«

Die Aufzeichnungen Vespuccis, die diesen Brief sicherlich begleiteten, sind leider verloren gegangen. Vermutlich wurde das Navigationswissen von seinen Auftraggebern nicht direkt freigegeben: Die erste Bekanntmachung von Vespuccis Beobachtungen findet sich in der äußerst seltenen Druckschrift »Mundus Novus« von Anfang 1504. Der Druck basiert teilweise auf Vespuccis Briefen an Lorenzo di Pierfrancesco de Medici sowie auf apokryphen Quellen. In dieser Druckschrift heißt es:

»Der Himmel ist mit herrlichen Zeichen und Figuren geschmückt, unter denen ich über 20 Sterne so hell wie Venus und Jupiter beobachtete. An diesem Himmel sah ich drei »canopos«, zwei erklärtermaßen strahlend hell, einen dritten dunkel. (Vidi in eo celo tres canopos, duos quidem claros, tertium obscurum). Der antarktische Pol hat weder einen Großen noch einen Kleinen Bären. Auch gibt es keinen hellen Stern als Polarstern. Von den Sternen, die in kleinen Bögen um den Pol laufen, gibt es drei in Form eines rechtwinkligen Dreiecks. Ihr Kreisbogen hat einen Radius von 9°5. Zusammen mit diesen Sternen sieht man einen weißen »canopos« von wahrlich großer Ausdehnung (Abb. 4). Nach diesen Sternen kamen zwei andere. Ihr Kreisbogen hat einen Radius von 12°5, und sie werden von einem anderen weißen »canopos« begleitet. Diese Sterne werden wiederum von sechs Sternen (im Laufe der Nacht) gefolgt; es sind die prächtigsten der Himmelssphäre. Der Radius ihres Kreisbogens beträgt 32°. Zusammen mit diesen Sternen bewegt sich ein schwarzer »canopos« von beachtlicher Größe. Solches erscheint in der Milchstraße und hat im Meridian folgende Anordnung (Abb. 5).«

Der Vergleich mit einer modernen Sternkarte (Abb. 6) und die genauen Angaben der Abstandsmessungen enthüllen sofort, was hier beschrieben wurde: Es sind die Große und die Kleine Magellan'sche Wolke, der Kohlensack und die hellsten Sterne der entsprechenden Regionen. Bei den Sternen, die um den im Milchstraßenband platzierten Kohlensack stehen, handelt es sich um α und β Centauri und die vier Sterne vom Kreuz des Südens. Die Achse dieses Sternbildes trifft über den Pol laufend die Klei-

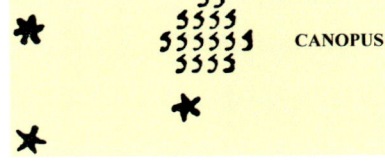

Abb. 4: Die Sterne bei 9.5 Grad Abstand vom südlichen Himmelspol; Kleine Magellan'sche Wolke (vgl. Abb. 6).

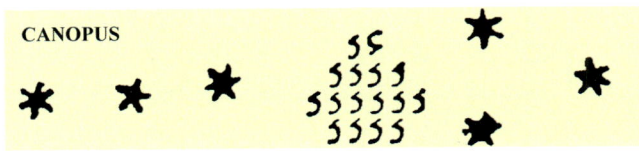

Abb. 5: Die Sterne bei 32 Grad Abstand vom südlichen Himmelspol; Kohlensack (vgl. Abb. 6).

Abb. 6: Der Südhimmelspol für die Epoche 1500. Die Kreise bei 9.5, 12.5, 15 und 32 Grad Polabstand sind eingezeichnet.

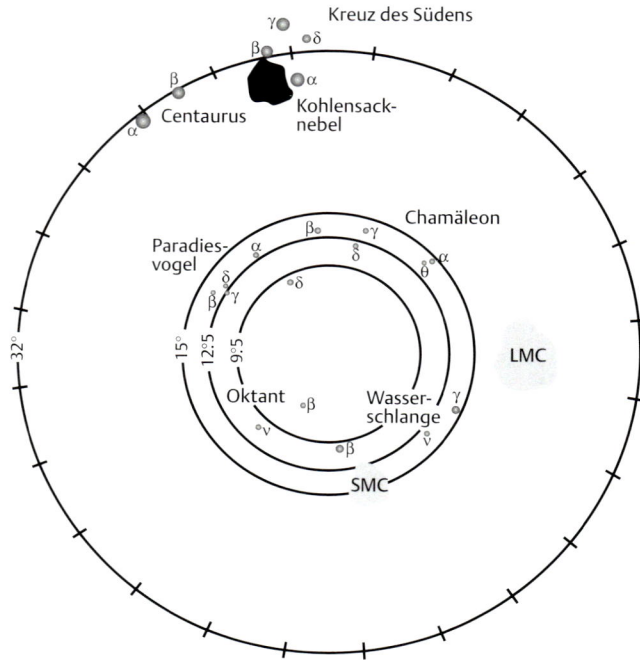

ne Magellan'sche Wolke. Ein spitzwinkeliges Dreieck mit der Basislinie Kleine – Große Magellan'sche Wolke und α und β Centauri überdeckt in seiner Mitte den Himmelspol. Damit sind geometrische Navigationshilfen festgelegt. Vespucci beschreibt also als Erster den Kohlensack und die Magellan'schen Wolken, α und β Centauri und das Kreuz des Südens. Der Vergleich der Wolken mit einem »canopos« ist nahe liegend. Canopos bedeutet lateinisch wörtlich: Flussdelta, im übertragenen Sinne ausgebreitetes Tuch, Baldachin. Die Farbzuordnungen schwarz oder weiß stützen eindeutig die Interpretation als Kohlensack und Magellan'sche Wolken, zumal es sich um ausgedehnte Objekte handelt. Canopos darf hier nicht mit dem Sternnamen Canopus im Sternbild Kiel verwechselt werden. Canopus war der Steuermann des Menelaos auf der Rückfahrt von Troja und stammte aus einem Dorf in der Nilmündung; daher die Namensübertragung von der Gegend auf die Person.

Die im Zusammenhang mit der Großen Magellan'schen Wolke genannten Sterne sind wohl β Hydri, sowie β und ν Octantis, die ein rechtwinkliges Dreieck bilden. Bei den nachfolgenden zwei anderen Sternen mit 12°5 Polabstand können wir auf γ und ν Hydri tippen.

Die Kenntnis der südlichen Sterne und des Kreuz des Südens sind für die Navigation wichtig. Zehn Jahre später, 1514, erscheint die erste genaue Sternkarte von Joáo de Lisboa. In seinem Traktat wird vom »Regiment des Kreuz des Südens«

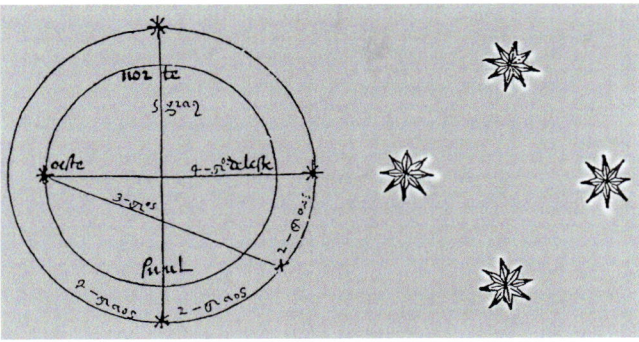

Abb. 7: Das Kreuz des Südens nach Joáo de Lisboa (links) und seine durch Pedro de Medina veröffentlichte Darstellung.

gesprochen. Darunter versteht man die Kunst, die geographische Breite aus Sternpositionen abzuleiten. Er gibt die Polabstände von α Crucis mit 30°, von γ Crucis mit 35°, δ Crucis mit 34° und β Crucis mit 33° an. Abb. 7 gibt die Sternkarte wieder. In Tabelle 1 sind die relativen Abstände der Sterne mit heutigen Werten verglichen.

Die wahrscheinlich am besten bekannte Himmelskarte im 16. Jahrhundert stammt von Andrea Corsali aus dem Jahr 1516 (Abb. 8). Im Gegensatz zu den genauen Positionsangaben von Joáo de Lisboa ist diese Karte sehr grob. Das Kreuz des Südens ist stark vergrößert dargestellt, die meisten anderen Sterne können nicht identifiziert werden. Die Lage der Magellan'schen Wolken, bezogen auf den Südpol, ist falsch eingezeichnet. Es dauerte bis zum Ende des Jahrhunderts, bis das Kreuz des Südens und erst recht auch die übrigen Sterne des südlichen Himmels ihre genauen Positionen fanden. 1598 fertigte der Amsterdamer Globusmacher Jodocius Hondius einen solchen genauen Sternglobus. Das Kreuz des Südens erscheint an den Hinterfüßen des ptolemäischen Sternbildes Centaur. Dies ist das Ergebnis der ersten systematischen Durchmusterung des Südhimmels (1595–1597) durch holländische Seefahrer auf Initiative des Kartographen Petrus Plancius. In Abb. 9 sind nach Graßhoff (1990) die Positionen der Sterne des Kreuz des Südens (Sternnummer

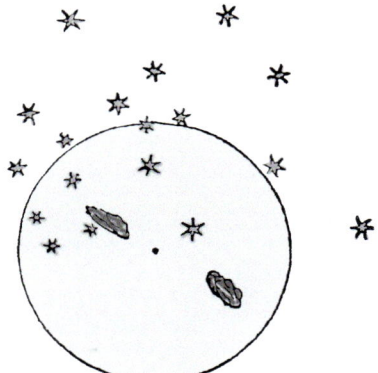

Abb. 8: Die Sternkarte von Andrea Corsali 1516.

Tabelle 1: Die Abstände der Sterne im Kreuz des Südens nach Joáo de Lisboa und nach heutigen Messungen.

Abstand zwischen	Joáo de Lisboa (1514)	Moderne Werte	Unterschied
α und γ	5°	6°	60'
α und ε	2°	2°48'	48'
β und δ	4°	4°17'	17'
β und ε	3°	3°20'	20'
δ und ε	2°	1°50'	10'

Abb. 9: Die ptolemäischen Katalogsterne im Centaurus, ekliptikale Koordinaten, Epoche –128 (zur Zeit des Ptolemäus), nach Graßhoff (1990). α, β Centauri = Nr. 969, 970, α, β, γ, δ Crucis = Nr. 968, 966, 965, 967.

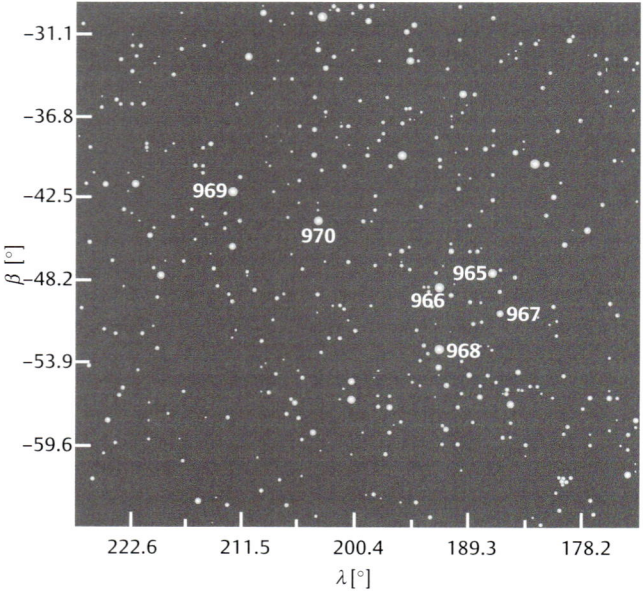

965, 966, 967, 968) und von α und β Centauri (Sternnummer 969 und 970) wiedergegeben; bezeichnet sind die Sterne mit den ptolemäischen Sternnummern des Sternbildes Centaur. Die Sterne des neuen Sternbildes Kreuz des Südens, das von so vielen Seefahrern beobachtet wurde, erweisen sich als Teil der längst schon bekannten Sterne des ptolemäischen Sternbildes Centaur.

Obgleich die richtigen Sternorte des Kreuz des Südens bekannt waren, wurden die falschen ptolemäischen Sternpositionen des Kreuzes in die zwei bekanntesten Kataloge des 17. Jahrhunderts übernommen, nämlich in die Uranometria von Johann Bayer (1603) und in die Rudolfinischen Tafeln von Kepler (1627). In seinem Atlas von 1603 übernimmt Bayer die Daten der holländischen Durchmusterung gemäß den Sterngloben von Hondius 1600 und 1601. Bayer ersetzt jedoch nicht die Positionen der entsprechenden ptolemäischen Sterne durch die neu eingemessenen Positionen der Sterne des Kreuz des Südens, obwohl nach einer Präzessionskorrektur ihre Identität aufgefallen sein sollte. Der wissenschaftlichen Autorität von Ptolemäus wurde mehr vertraut als der Messkunst holländischer Seeleute. Warum vertraute Bayer nicht den neuen Daten?

Elly Dekker kommt zu folgendem Schluss: Bayer übernimmt 128 neu vermessene Sterne von den holländischen Globen. Die Positionen der Sterne des Kreuz des Südens waren mit den ptolemäischen Werten vergleichbar. Bayer musste wohl herausgefunden haben, dass die ptolemäischen Werte wesentlich von den neuen Messungen abwichen. Dies hätte bedeutet, dass Ptolemäus' Sternpositionen grob falsch sind; das durfte nicht sein. Andererseits zeigten α und β Centauri identische Werte mit Ptolemäus. Bayer wusste leider nicht, dass diese Sterne nicht neu beobachtet wurden, sondern als Bezugssterne für die neuen holländischen Messungen dienten. Erst 1603 beziehungsweise 1681 wurden deren Positionsfehler von +5° und −3° entdeckt. Der Houtman'sche Sternkatalog (1603, Messungen des Kapitäns de Houtman auf Veranlassung des Globusmachers W. Blaeu), als Anhang eines Wörterbuches der malayischen Sprache erschienen, blieb völlig unbekannt, und erst die neue Durchmusterung von Halley 1678, veröffentlicht 1681, brachte Ordnung in die Positionen. Kepler hingegen folgte den Bayer'schen Vorgaben ohne eigene Nachprüfung.

In den Bayer'schen Sternkarten (1603) ist das Kreuz des Südens als Einblendung in das Sternbild Centaur dargestellt. Erst Hevelius (1690) lässt es als eigenständige Sternanordnung erscheinen. Die Frage nach den Positionen der Südsterne und die genaue Kartographie der Südhemisphäre beschäftigte rund 200 Jahre lang Seefahrer, Kartographen und Astronomen.

Literatur

Dekker, Elly: Early Explorations of the Southern Celestial Sky. Annals of Science, 1987, Vol. 44, 439–470.

Dekker, Elly: The Light and the Dark – A Reassessment of the Discovery of the Coalsack Nebula, the Magellanic Clouds and the Southern Cross. Annals of Science, 1990, Vol. 47, 529–560.

Graßhoff, Gerd: The History of Ptolemy's Star Catalogue. Springer Verlag Berlin, 1990.

Santilana, Giorgio de; Dechend, Hertha von: Die Mühle des Hamlet. Springer Verlag Wien, 1994.

Die Aberration des Sternlichtes

Hans-Ulrich Keller

Als Galileo Galilei am 20. Juni 1633 in der Minerva-Kirche in Rom wegen seiner ketzerischen Behauptung, die Erde laufe um die Sonne und ruhe nicht unbeweglich im Urgrund der Schöpfung, verurteilt wurde, da brachte das Inquisitionsgericht unter anderem auch folgendes Argument gegen Galileis Ansicht vor: Liefe die Erde um die Sonne, so müssten die Fixsterne parallaktische Verschiebungen zeigen, die aber nicht beobachtet wurden. Niemand ahnte damals, dass die Sterne so weit entfernt sind, dass selbst die Parallaxen der allernächsten Sterne kleiner als eine Bogensekunde ausfallen. Erst im Jahre 1838 gelang es Friedrich Wilhelm Bessel, dem Direktor der Sternwarte Königsberg, die trigonometrische Parallaxe eines Sternes erstmals zu messen. Doch seit Kopernikus fahndete man nach den Fixsternparallaxen – jahrhundertelang vergeblich. Mit immer besseren Instrumenten konnte man im Laufe der Zeit die Genauigkeit der Positionsbestimmung gewaltig verbessern. Über hundert Jahre vor Bessel war auch der englische Astronom James Bradley auf der Suche nach Fixsternparallaxen. Zwar waren seine Anstrengungen, trigonometrische Sternparallaxen zu messen, vergeblich, aber er entdeckte ein anderes Phänomen: die Aberration des Sternenlichtes. »Aberration« bedeutet so viel wie »Abirrung« (lateinisch aberrare = abirren).

Beobachtet man im Teleskop einen Stern, so steht er genau genommen nicht exakt dort, wo man ihn sieht. Durch die Bewegung der Erde und die Endlichkeit der Lichtgeschwindigkeit erscheint ein Stern im Fernrohr von seinem wahren Ort ein wenig abgerückt. Anschaulich wird dieser Effekt durch folgendes Beispiel: Eine Person marschiert durch den Regen und schützt sich mit einem Schirm. Bei Windstille fallen die Regentropfen senkrecht von oben nach unten. Um nicht nass zu werden, muss die Person den Regenschirm ein wenig vorneigen. Sie gewinnt den Eindruck, die Regentropfen kommen von schräg oben und nicht genau senkrecht von oben. Durch die Eigenbewegung der Person scheint sich die Richtung, aus der die Regentropfen fallen, zu verändern. Je schneller die Person läuft, desto größer wird der Vorhaltewinkel. Er bestimmt sich aus dem Verhältnis der Fallgeschwindigkeit w der Regentropfen zur Laufgeschwindigkeit υ des Wanderers. Der Vorhaltewinkel α ergibt sich somit zu $\alpha = \arctg\ \upsilon/w$ (siehe Abb. 1).

Abb. 1: Eine Person geht mit der Geschwindigkeit υ durch den Regen. Sie neigt den Schirm um den Winkel α vor, um nicht von den mit der Geschwindigkeit w senkrecht fallenden Regentropfen getroffen zu werden.

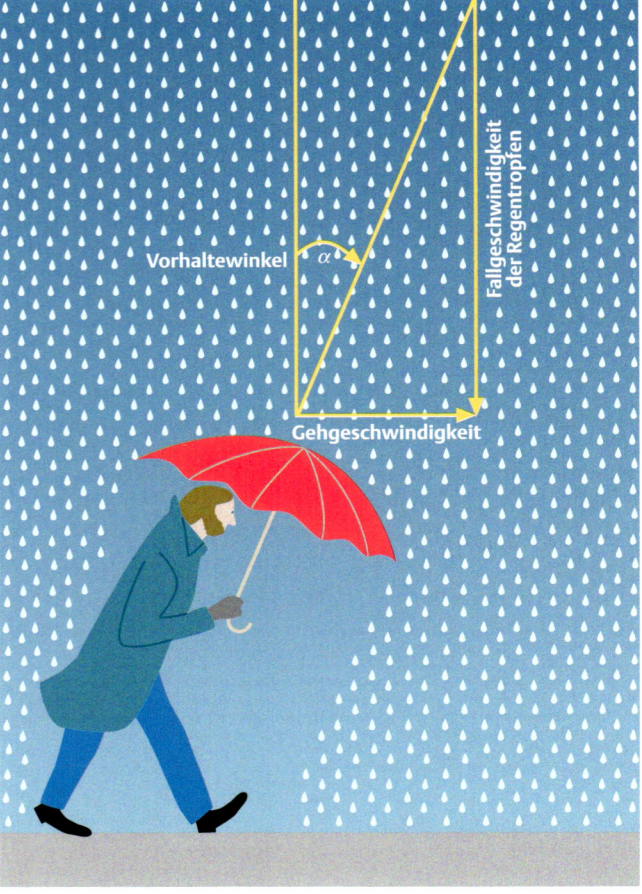

Analog sind die Verhältnisse bei der Beobachtung des Sternenlichtes. Die Photonen rasen mit 300 000 km/s Geschwindigkeit auf den Beobachter zu. Dieser ruht jedoch nicht, sondern bewegt sich mit 30 km/s gemeinsam mit der Erde um die Sonne. Also muss der Beobachter sein Teleskop ein wenig »vorhalten«. In der Praxis ist dies freilich nicht notwendig. Zum einen ist der »Vorhaltewinkel« sehr klein, zum anderen genügt es dem Beobachter, wenn er den Stern erblickt. Der »Vorhaltewinkel« bewirkt vielmehr eine Veränderung der Sternposition. Diese Abweichung der scheinbaren (also beobachteten) Sternposition vom wahren Ort wird Aberration des Sternenlichtes genannt (siehe auch Abb. 2). Entdeckt haben sie der schon erwähnte James Bradley (1692–1762) und sein Mitstreiter Samuel Molyneux (1689–1728).

Die Analogie der fallenden Regentropfen mit den Photonen ist allerdings nur mit einer Einschränkung zutreffend. Da die Lichtgeschwindigkeit in allen Bezugssystemen stets den gleichen

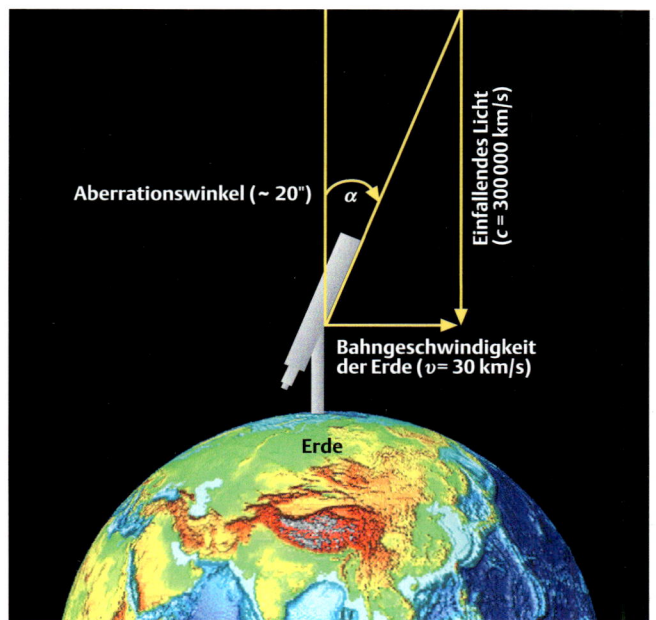

Abb. 2: Der beobachtete (scheinbare) Ort eines Gestirns weicht um den Winkel α vom wahren (geometrischen) Ort ab, da die Erde mit der Geschwindigkeit υ die Sonne umrundet und die Lichtgeschwindigkeit c den endlichen Wert von 300 000 km/s hat.

Wert aufweist, also konstant ist, muss bei hohen Geschwindigkeiten auch der relativistische Effekt berücksichtigt werden. Bei der recht niedrigen Umlaufgeschwindigkeit der Erde in ihrer Bahn von rund 30 km/s macht der Effekt maximal 0''0001 (entsprechend $(υ/c)^2$) aus und kann somit in der Praxis fast immer unberücksichtigt gelassen werden. Bei Raumschiffen, die mit vielleicht halber Lichtgeschwindigkeit durch die Galaxis reisen, müssen die Navigatoren die relativistischen Effekte der Aberration allerdings beachten.

Bevor Bradley sich der Himmelskunde zuwandte, hatte er zunächst Theologie studiert. Bereits mit 29 Jahren wurde er Professor für Astronomie in Oxford. Schließlich folgte er Edmond Halley im Jahre 1742 als Direktor des Greenwich Observatory nach und wurde damit dritter Astronomer Royal. Wie eingangs erwähnt, war Bradley auf der Suche nach Fixsternparallaxen. Er hatte für damalige Zeiten die Präzision der Bestimmung von Sternpositionen zu neuen Rekorden gebracht: Seine Messgenauigkeit erreichte die Größenordnung von Bogensekunden.

Bradley und sein Assistent Molyneux beobachteten von Dezember 1725 bis Dezember 1726 die Zenitdistanzen des Sternes γ Draconis (Eltanin) jeweils zur Kulminationszeit. Da Eltanin – ein Stern der 2. Größenklasse – eine Deklination von 51° besitzt, kulminiert er in Greenwich recht zenitnahe. Deshalb hatte ihn Bradley auch ausgewählt. Denn in Zenitnähe kann die schwer bestimmbare Refraktion (atmosphärische Strahlenbrechung) unberücksichtigt gelassen werden, da sie dort nahezu Null ist.

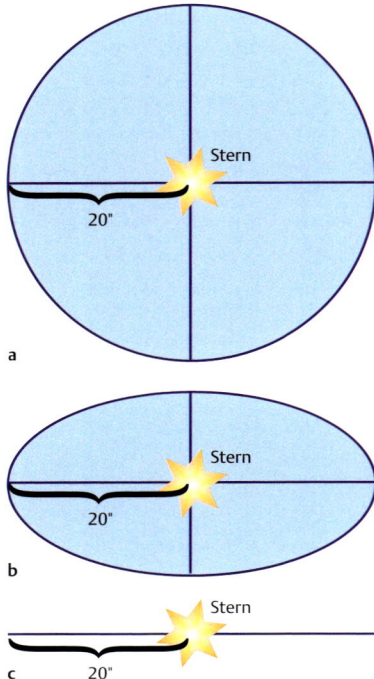

Abb. 3: Die Aberrationsellipsen fallen umso langgestreckter aus, je kleiner die ekliptikale Breite eines Sternes ist. In a steht das Gestirn in einem der beiden Ekliptikpole, in b befindet es sich in mittlerer ekliptikaler Breite, in c hält sich das Gestirn in der Ekliptik auf, die Aberrationsellipse wird zu einer geraden Strecke.

Bradley und Molyneux registrierten eine jährliche Ellipsenbewegung von Eltanin, wobei sie die große Halbachse zu 20" bestimmten. Schnell stellte sich jedoch heraus, dass es sich keineswegs um die Parallaxenellipse von Eltanin handelt, sondern seine elliptische Bewegung im Laufe eines Jahres wird durch den Effekt der Aberration hervorgerufen. Zum einen erfolgt nämlich die Abweichung nicht in Richtung der Sonne, wie dies beim parallaktischen Effekt zu erwarten ist, sondern in Richtung des Erdumlaufes, also um 90° gedreht. Zudem sind die Amplituden (Schwingungsweiten) der jährlichen Ortsveränderungen der Sterne von ±20" für alle Sterne gleich groß. Im Jahre 1728 gab Bradley selbst die genaue Beschreibung des Aberrationseffektes.

Infolge der Aberration des Lichtes beschreiben die Sterne jährlich Ellipsen, deren große Halbachse α (in Bogensekunden) sich aus $\tan \alpha = \upsilon/c$ bestimmt, wobei υ die Erdgeschwindigkeit in ihrer Bahn und c die Vakuumlichtgeschwindigkeit ist. Der Winkel α heißt jährliche Aberrationskonstante. Sie wurde zu $\alpha = 20{.}''47$ bestimmt.

Die Aberrationsellipsen fallen umso flacher aus, je näher ein Stern der Erdbahnebene steht. Sterne in der Ekliptik pendeln um ±20" in ekliptikaler Länge hin und her, die Ellipse wird zu einer geraden Strecke. An den Ekliptikpolen wieder beschreiben die Sterne Kreise mit dem Radius von 20" (siehe Abb. 3).

Die Aberrationsellipsen zeigen somit für alle Sterne gleich große Halbachsen. Somit können sie keine Parallaxen sein, sonst wären ja alle Sterne gleich weit entfernt. Die Parallaxen der Sterne sind außerdem viel kleiner, nämlich stets, < 1"! Deshalb wurde die erste trigonometrische Parallaxe eines Sternes erst viel später, nämlich im Jahre 1838 von Friedrich Wilhelm Bessel in Königsberg (Ostpreußen), gemessen. Aber auch die Aberration ist ein physikalischer Beweis für die Bewegung der Erde um die Sonne und damit für das heliozentrische Weltbild. Zu Bradleys Zeiten konnte aus der genauen Bestimmung der Aberrationskonstante die Lichtgeschwindigkeit ermittelt werden.

Durch die Rotation der Erde wird die tägliche Aberration hervorgerufen. Sie ist für einen Beobachter am Erdäquator am größten, da hier die lineare Rotationsgeschwindigkeit fast einen halben Kilometer pro Sekunde beträgt. Die Konstante der täglichen Aberration hat den Wert $\kappa = 0{.}''32$. In der geographischen Breite φ ergibt sich somit die tägliche Aberration zu $\alpha = \kappa \cos \varphi$, woraus auch folgt, dass α an den Erdpolen gleich Null ist.

Schließlich tritt durch die Drift des Sonnensystems relativ zu den Nachbarsternen die säkulare Aberration auf. Da sie in zeitlich kurzen Abschnitten für alle Sterne gleich groß ist, bleibt sie unberücksichtigt. In Sternkatalogen sind also die Positionen nicht um die säkulare Aberration korrigiert. Im Prinzip ließe sie sich durch stellarstatistische Methoden bei entsprechend großen Epochendifferenzen bestimmen.

Schließlich muss bei genauer Positionsbestimmung der Körper in unserem Sonnensystem die planetare Aberration be-

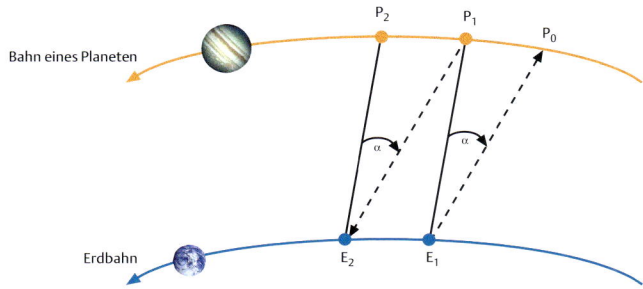

Bahn eines Planeten

Erdbahn

Abb. 4: Planetare Aberration: Zum Zeitpunkt 1 steht die Erde bei E_1 in ihrer Bahn und ein Planet in P_1. Aufgrund der Lichtlaufzeit sieht man den Planeten erst zum Zeitpunkt 2 am Ort P_1, wenn die Erde bereits E_2 erreicht hat. P_1 ist somit der scheinbare Ort des Planeten zum Zeitpunkt 2, während der wahre Ort in P_2 liegt. Die auftretende Abweichung um den Winkel α entspricht der planetaren Aberration. Zum Zeitpunkt 1 liegt der wahre Ort des Planeten in P_1, von der Erde (E_1) wird der Planet jedoch in P_0 beobachtet (scheinbarer Ort). Die Richtungen E_1P_1 und E_2P_2 geben somit die geometrischen Positionen an, die Richtungen E_1P_0 und E_2P_1 die scheinbaren Positionen des Planeten.

rücksichtigt werden. Bedingt durch die endliche Lichtgeschwindigkeit sieht man den Planeten nicht in der Richtung, die einer geraden Linie zwischen Beobachter und Planet zum gleichen Zeitpunkt entspricht (so genannte geometrische Position), sondern man erblickt ihn dort, wo er zu dem Zeitpunkt stand, als das empfangene Licht ihn verließ (scheinbare Position) – siehe Abb. 4. In die exakte Positionsbestimmung geht also noch die Bewegung des Planeten und die Aberrationszeit (= Lichtlaufzeit Planet–Erde) ein. Innerhalb der Aberrationszeit können die Bewegungen der Erde und des Planeten als gleichförmig und geradlinig angesehen werden.

Vergleicht man Sternörter mit Planetenpositionen in unmittelbarer Nachbarschaft – beispielsweise bei der Beobachtung eines engen Vorüberganges eines Planetoiden an einem Stern – so ist nur die Lichtlaufzeit Planetoid–Erde zu berücksichtigen und nicht die Terme der jährlichen und der täglichen Aberration – denn sie sind für beide Gestirne gleich groß. In umseitigem Kasten sind die wichtigsten Formeln zur Berechnung der Aberration angegeben.

Wie vorhin bemerkt, ist eine wesentliche Voraussetzung des Auftretens des Aberrationsphänomens die Endlichkeit der Lichtgeschwindigkeit. Schon im Altertum wurde vermutet, dass das Licht sich nicht unendlich schnell ausbreitet. Beweisen konnte dies damals allerdings niemand. Als Erster hat wohl Galileo Galilei versucht, die Endlichkeit der Lichtgeschwindigkeit experimentell zu beweisen. Er stellte zwei Beobachter, A und B, in rund einer Meile Distanz voneinander auf. Das Experiment erfolgte nachts. Ausgerüstet waren die beiden Beobachter mit Laternen. Wenn A seine Laterne abblendete, sollte B dies auch tun. A registrierte die Zeit, die zwischen seinem Abblenden und seiner Beobachtung des Erlöschens von Bs Laterne verstrich. Sie entsprach theoretisch der Lichtlaufzeit von A nach B und zurück. Praktisch scheiterte das Experiment wegen der extrem hohen Lichtgeschwindigkeit und der damals recht ungenauen Zeitmessung. Das Einzige, was A wirklich registrierte, war die Reaktionszeit von B, wenn dieser das Erlöschen der Laterne von A wahrnahm und daraufhin seine eigene Laterne abblendete.

Formeln zur Berechnung der Aberration

Jährliche Aberration

$\alpha^* = \alpha - \kappa(\sin \lambda_\odot + e \sin \Pi) \sin \alpha / \cos \delta$
$\quad - \kappa \cos \varepsilon (\cos \lambda_\odot + \cos \Pi) \cos \alpha / \cos \delta$
$\delta^* = \delta - \kappa(\sin \lambda_\odot + e \sin \Pi) \cos \alpha \sin \delta$
$\quad - \kappa \cos \varepsilon (\cos \lambda_\odot + e \cos \Pi) (tg\, \varepsilon \cos \delta - \sin \alpha \sin \delta)$

α, δ	geometrischer (wahrer) Sternort (äquatoriale Koordinaten Rektaszension und Deklination)
α^*, δ^*	scheinbarer Sternort (infolge der Aberration vom wahren Sternort abweichend)
$\lambda_\odot$	geometrische (wahre) ekliptikale Länge der Sonne
e	numerische Exzentrizität der Erdbahn
Π	Länge des Perihels
ε	Schiefe der Ekliptik
κ	Aberrationskonstante. Die Aberrationskonstante ergibt sich zu: $\kappa = na / (c\,(1-e^2)^{1/2})$
n	mittlere Geschwindigkeit der Erde in ihrer Bahn
a	große Halbachse der Erdbahn
c	Lichtgeschwindigkeit

Tägliche Aberration

$\Delta\alpha = 0{.}^s02133\,(r/R) \cos \varphi' \cos t / \cos \delta$
$\Delta\delta = 0{.}''3200\,(r/R) \cos \varphi' \sin t \sin \delta$

$\Delta\alpha, \Delta\delta$	Rektaszensions- und Deklinationsdifferenz scheinbarer minus geometrischer (wahrer) Sternort
r	geometrische Distanz Erdmittelpunkt-Beobachter
R	Äquatorradius der Erde
φ'	geozentrische Breite des Beobachters (in erster Näherung genügt auch die geographische Breite φ – vor allem für niedrige und hohe Breiten)
t, δ	Stundenwinkel und Deklination des Gestirns
t	$t = \vartheta - \alpha$ (Sternzeit minus Rektaszension)

Planetare Aberration (Aberrationszeit)

$\Delta\alpha = \alpha - (0.00578\,\Delta)\,d\alpha$
$\Delta\delta = \delta - (0.00578\,\Delta)\,d\delta$

Δ	geometrische Distanz Planet-Erde in AE (Astronomischen Einheiten)
$d\alpha, d\delta$	tägliche Differenz der geometrischen Positionen des Planeten
0.00578	Lichtlaufzeit für 1 AE in Tagen

Die *relativistische* Aberrationskomponente kann wegen der im Vergleich zur Lichtgeschwindigkeit geringen Erdbahngeschwindigkeit ($\upsilon/c \sim 0.0001$) fast immer unberücksichtigt gelassen werden. Die maximale Abweichung des scheinbaren vom wahren Sternort ist stets kleiner als eine tausendstel Bogensekunde.

Erstmals gelang es dem dänischen Astronomen Ole Römer (1644–1710), durch Beobachtungen der Jupitermonde die Lichtgeschwindigkeit zu bestimmen. Römer beobachtete gemeinsam mit Giovanni Domenico Cassini (1625–1712) die Erscheinungen der vier hellen Jupitermonde, insbesondere deren Verfinsterungen durch den Kernschatten des Jupiterglobus. Daraus leiteten sie die Umlaufzeiten der Monde recht zuverlässig ab. Mit bekannten Umlaufzeiten ließen sich aber die Verfinsterungen vorausberechnen. Römer und Cassini fiel jedoch auf, dass die Verfinsterungen gegenüber den Berechnungen sich immer mehr verspäteten, wenn Jupiter von einer Opposition ausgehend sich seiner Konjunktion mit der Sonne näherte. Von Opposition zu Konjunktion summierte sich die Verspätung auf tausend Sekunden. Wenn Jupiter sich hingegen von seiner Konjunktion wieder der Oppositionsstellung näherte, so verfrühten sich die Verfinsterungen gegenüber der Ephemeride. Erreichte Jupiter wieder seine Opposition zur Sonne, so stimmte die beobachtete Verfinsterungszeit wieder mit der vorausberechneten überein. Römer fand schnell den wahren Grund dieses Phänomens: Von Opposition zu Konjunktion wächst der Abstand Erde–Jupiter ständig an. In Konjunktion ist die Entfernung Erde–Jupiter um den Durchmesser der Erdbahn größer als in Opposition. Da der Erdbahndurchmesser 300 Millionen Kilometer beträgt und das Licht von Jupiter zur Erde in Konjunktion tausend Sekunden länger unterwegs ist, folgt daraus eine Lichtgeschwindigkeit von 300 000 Kilometer pro Sekunde. Allerdings war die von Römer 1676 ermittelte Lichtgeschwindigkeit mit 225 000 km/s zu klein geraten. Die Zeitmessung war nicht exakt genug erfolgt, und auch die Astronomische Einheit, also die mittlere Entfernung Erde–Sonne, war damals noch nicht genau bekannt. Cassini glaubte im Übrigen nicht an Römers Interpretation der Verspätungen der Verfinsterungszeiten. Für ihn breitete sich das Licht unendlich schnell aus. Römers Einsicht wurde schließlich durch die Entdeckung der Aberration des Sternenlichtes bestärkt. Wie vorhin ausführlich dargelegt, steckt in der Aberrationskonstante die Lichtgeschwindigkeit. Um mit dieser Methode die Lichtgeschwindigkeit zu bestimmen, ist jedoch die genaue Kenntnis der Erdgeschwindigkeit in ihrer Bahn erforderlich, was wieder die Kenntnis der Länge einer AE voraussetzt.

Erstmals im irdischen Labor hat 1849 A. Hippolytek Fizeau mit seiner Zahnradmethode die Lichtgeschwindigkeit gemessen. Er ließ einen reflektierten Lichtstrahl durch ein rasch rotierendes Zahnrad periodisch unterbrechen. Bei bekannter Zähnezahl, Rotationsfrequenz und Länge der Lichtwege von Quelle, Spiegel und Beobachter ließ sich die Lichtgeschwindigkeit ermitteln.

Kurz darauf, nämlich 1850, bestimmte Léon Foucault mit der Drehspiegelmethode die Lichtgeschwindigkeit. Beide Methoden wurden im Laufe der Zeit immer mehr verbessert. Mitte des 20. Jahrhunderts bestimmte man mit sehr genau dimensionierten Hohlraumresonatoren Wellenlänge und Frequenz von monochromatischem Licht. Das Produkt von Wellenlänge und Frequenz ergibt bekanntlich die Ausbreitungsgeschwindigkeit. Sie beträgt für Licht nach modernen Messungen c = 299 793 km/s (c steht für celeritas, lat.: Schnelligkeit, Geschwindigkeit).

Schließlich wurde im Jahre 1983 die Ausbreitungsgeschwindigkeit elektromagnetischer Wellen im Vakuum als Naturkonstante festgelegt:

c = 299 792 458 m/s

Danach ist die Länge eines Meters definiert als die Strecke, die das Licht in 1/299 792 458 SI-Sekunden zurücklegt.

Die Helligkeiten und Farben der Sterne

Hans-Ulrich Keller

Wer den nächtlichen, sternklaren Himmel betrachtet, stellt schnell zwei Eigenschaften der Sterne fest, ohne dass er irgendein Messgerät benutzt: Die Sterne sind unterschiedlich hell und leuchten zudem in verschiedenen Farben. Ein paar Sterne sind auffallend hell, einige Dutzend sind gut zu erkennen und einige Hundert sind gerade noch mit dem unbewaffneten Auge zu sehen. Klarerweise hängt die Zahl der beobachtbaren Sterne von den Sichtbedingungen ab. Stören helle, irdische Lichter wie Straßenlampen und Neonreklame oder das Licht des Vollmondes, so sind nur wenige Sterne zu sehen. Aber selbst in einer mondlosen, sehr klaren Nacht fernab irdischer Lichter kann man kaum mehr als drei- bis viertausend Sterne mit bloßen Augen erkennen. Rein gefühlsmäßig spricht man bei hellen Objekten von »großen Sternen«. Leuchtschwächere werden als »kleinere Sterne« bezeichnet. Wer neben dem mittleren Deichselstern namens Mizar im Großen Wagen das erheblich lichtschwächere Reiterlein erspäht, mag spontan ausrufen: »Sieh mal, neben Mizar steht ein ganz kleines Sternchen!«

Schon im Altertum hat man die Sterne nach Größenklassen eingeteilt. Die hellsten Sterne sind dabei die Sterne 1. Größe, die etwas schwächeren die 2. Größe und solche, die man gerade noch unter besten Sichtbedingungen ausmachen kann, sind Sterne 6. Größe. Diese Sterngrößen geben somit die Helligkeiten an, mit der uns die Sterne am Himmel erscheinen. Sie geben keineswegs die Durchmesser oder Massen der Sterne an. Die scheinbare Hel-

Tabelle 1: Scheinbare Helligkeit einiger Gestirne.

Sirius	$-1,^m5$	Sonne	$-26,^m7$
Kanopus	$-0,7$	Mond (voll)	$-12,6$
Toliman	$-0,3$	Merkur	$+3^m$ bis $-1,^m5$
Arktur	$0,0$	Venus	$-3,9$ bis $-4,7$
Wega	$0,0$	Mars	$+1,8$ bis $-2,9$
Kapella	$0,1$	Jupiter	$-1,7$ bis $-2,9$
Aldebaran	$0,9$	Saturn	$+1,3$ bis $-0,5$
Spica	$1,0$	Uranus	$5,5$
Deneb	$1,3$	Neptun	$7,9$
Polarstern	$2,0$	Pluto	$13,8$

ligkeit eines Sternes gibt auch nicht die wahre Leuchtkraft eines Sternes an. So gibt es Sonnen im All, die trotz ihrer großen Entfernung von uns zu den hellsten Sternen am irdischen Firmament zählen, andere, oft nahe Sonnen, sind mit bloßen Augen gar nicht zu sehen. Wie hell uns ein Gestirn am Himmel erscheint, hängt sowohl von seiner wahren Leuchtkraft als auch von seiner Entfernung ab.

Die am Himmel beobachteten Helligkeiten der Sterne werden *scheinbare* Helligkeiten genannt. Sie werden in »Größenklassen« angegeben. Die Bestimmung der scheinbaren Helligkeiten erfolgte ursprünglich rein visuell mit bloßen Augen. Dabei ist zu beachten, dass die Lichtempfindungen den Helligkeitsintensitäten nicht direkt proportional sind. Nach dem Weber-Fechner'schen psycho-physischen Grundgesetz, das von Ernst Heinrich Weber und Gustav Theodor Fechner im Jahre 1850 formuliert wurde, sind die Empfindungen (Reize) proportional den *Logarithmen* der Intensitäten der Reize. Eine doppelt so helle Lichtquelle erscheint daher nur rund dreißig Prozent heller als die Vergleichsquelle (der Logarithmus von 2 beträgt 0,3010). Die mit bloßen Augen sichtbaren Sterne umfassen ein Intensitätsverhältnis von etwa 1 : 100. Die schwächsten noch freiäugig erkennbaren Sterne, die Sterne 6. Größenklasse also, sind hundertmal lichtschwächer als die hellen Sterne, die zur 1. Größenklasse zählen. Oder anders ausgedrückt: Hundert Sterne 6. Größe auf einen Punkt zusammengenommen ergeben den Lichteindruck eines Sternes 1. Größe. Damit entspricht die Differenz von einer Größenklasse einem Intensitätsverhältnis von $1 : 100^{1/5}$ oder 1 : 2,512 ...

Da eine Helligkeitsdifferenz von fünf Größenklassen einem Intensitätsverhältnis von 1:100 entspricht, so entspricht die Helligkeitsdifferenz von einer einzigen Größenklasse einem Intensitätsverhältnis gleich der fünften Wurzel aus Hundert. Ein Stern 2. Größenklasse ist somit 2,512 mal lichtschwächer als ein Stern 1. Größe. Ein Stern 3. Größenklasse ist $2,512^2 = 6,31$ mal schwächer als ein Stern 1. Größe und ein Stern 4. Größe ist schließlich $2,512^3 = 15,85$ mal schwächer als der Vergleichsstern 1. Größe (siehe auch Tabelle 2).

Eine Differenz von zehn Größenklassen entspricht dann einem Intensitätsverhältnis von 1 : 10 000, eine von fünfzehn Größenklassen einem von 1 : 1 Million. Da Größe lateinisch magnitudo (Plural: magnitudines) heißt, bezeichnet man die Größenklassen mit einem kleinen, hochgestellten m. Ein Stern erster Größe hat die scheinbare Helligkeit 1^m. Zwischenstufen werden durch Dezimalzahlen angegeben. Ganz allgemein gilt: Sind I_1 und I_2 die Strahlungsintensitäten zweier Sterne sowie m_1 und m_2 ihre scheinbaren Helligkeiten, so lautet ihre Beziehung:

$$\lg (I_1 / I_2) = -0,4 (m_1 - m_2)$$
$$m_1 - m_2 = -2,5 \lg (I_1 / I_2)$$

Das negative Vorzeichen auf der jeweils rechten Seite beider Gleichungen drückt aus: Mit wachsender Zahl der Größenklassen

Tabelle 2: Größenklassen und Intensitätsverhältnisse.

Größen-klassen-differenz	Intensitäts-verhältnis	Größen-klassen-differenz	Intensitäts-verhältnis
1	2,512	0,1	1,096
2	6,310	0,2	1,202
3	15,849	0,3	1,318
4	39,811	0,4	1,445
5	100,0	0,5	1,585
6	251,2	0,6	1,738
7	631,0	0,7	1,905
8	1 585	0,8	2,089
9	3 981	0,9	2,291
10	10 000		
11	25 119		
12	63 096		
13	158 489		
14	398 107		
15	1 000 000		
20	100 000 000		
25	10 000 000 000		

werden die Sterne immer lichtschwächer. Ein Stern mit 11^m ist hundertmal lichtschwächer als ein Stern mit 6^m und zehntausendmal schwächer als einer mit 1^m.

Einst zählte man alle Sterne heller als 2^m zur ersten Größenklasse. Doch hier gibt es gewaltige Unterschiede. So hat man die Größenklassenskala in den Bereich der negativen Zahlen erweitert. Gestirne, die heller als 1^m sind, werden mit 0^m, -1^m, -2^m usw. klassifiziert. Wega in der Leier ist demnach ein Stern mit 0^m, Kanopus im Schiffskiel hat $-0^m,7$ und Sirius im Großen Hund ist $-1^m,5$ hell. Jupiter kann $-2^m,5$ hell werden, Mars in seltenen Fällen $-2^m,9$ und Venus leuchtet im größten Glanz mit $-4^m,7$. Sie strahlt damit rund zweihundertmal heller als ein Stern erster Größe! Der Vollmond erreicht -13^m, die Sonne gar -27^m. Die Sonne übertrifft somit den Vollmond um das 160 000fache an Helligkeit. Mit optischen Hilfsmitteln lassen sich auch Sterne beobachten, die lichtschwächer als 6^m sind. In einem guten Fernglas kann man Sterne bis 10^m erkennen und in großen Teleskopen kann man Sterne bis 21^m beobachten. Sie sind Millionen mal lichtschwächer als die schwächsten mit bloßen Augen sichtbaren Sterne. Mit dem Hubble-Weltraumteleskop lassen sich sogar Sterne erfassen bis zu einer Grenzgröße von etwa 28^m, also Lichtpünktchen, die nochmals um den Faktor 1000 lichtschwächer sind als die schwächsten Sterne, die bodengebundenen Teleskopen zugänglich sind, mit Ausnahme der ganz großen Teleskope

Tabelle 3: Zahl der Sterne mit abnehmender scheinbarer Helligkeit.

Scheinbare Helligkeit	Anzahl
-1^m	2
0	6
1	12
2	39
3	105
4	445
5	1 460
6	4 720
7	15 000
8	46 100
9	139 000
10	379 000
11	1 020 000
12	2 580 000
13	5 970 000
14	13 100 000
15	27 500 000

vom Typ VLT (Very Large Telescope). Das VLT-System auf dem Paranal in Chile erfasst ähnlich schwache Sterne wie das Hubble-Space-Telescope, das die Erde umkreist und ohne störende Lufthülle beobachten kann.

Je lichtschwächer uns die Sterne am Nachthimmel erscheinen, desto zahlreicher sind sie. Bis zur 3. Größenklasse zählt man rund hundert Sterne, bis zur 6. Größe sind es dann schon etwa fünftausend – die maximale Zahl aller unter günstigsten Sichtbedingungen mit bloßen Augen erkennbaren Sterne. Im Fernglas kann man schon rund eine halbe Million ferner Sonnen sehen. Bis zu 15^m steigt die Zahl der beobachtbaren Sterne auf dreißig Millionen an.

Absolute Helligkeiten

Die scheinbaren Helligkeiten sagen zunächst nichts über die wirklichen Leuchtkräfte der Sterne aus. Rote Zwergsterne in nur wenigen Lichtjahren Distanz sind so lichtschwach, dass ihre scheinbaren Helligkeiten unter 6^m liegen und somit dem unbewaffneten Auge verborgen bleiben. Riesensterne wie Beteigeuze und Rigel im Orion sind hingegen so leuchtkräftig, dass sie trotz Entfernungen von einigen Hundert Lichtjahren zu den scheinbar hellsten Sternen am irdischen Firmament zählen.

Stünden alle Sterne in gleicher Entfernung, dann entspräche die beobachtete scheinbare Helligkeit auch ihrer wirklichen

Leuchtkraft. In einer solchen fiktiven Normentfernung erschienen uns die leuchtkraftschwachen Sterne auch wirklich schwach, die leuchtkräftigsten dagegen wären dann die hellsten Sterne. Eine solche Normdistanz wurde zu zehn Parsec (knapp 33 Lichtjahre) festgelegt. Steht ein Stern in zehn Parsec Entfernung, so entspricht seine *scheinbare* Helligkeit der *absoluten* Helligkeit. Die absolute Helligkeit wird daher ebenfalls in Größenklassen angegeben. Um die absolute nicht mit der scheinbaren Helligkeit zu verwechseln, bezeichnet man diese mit einem großen M (Magnitudo).

Um die absolute Helligkeit (M) eines Sternes zu ermitteln, muss man seine scheinbare Helligkeit (m) und seine Entfernung (r) kennen. Dann ergibt sich die absolute Helligkeit zu

$$M = m + 5 \cdot (1 - \lg r)$$

Dabei wird die Distanz r in Parsec (pc) angegeben und lg ist der Brigg'sche Logarithmus (zur Basis 10). Meist findet man diese Gleichung in folgender Form angegeben:

$$m - M + 5 = 5 \lg r$$

Die Differenz (m − M) wird *Entfernungsmodul* genannt. Der Entfernungsmodul ist somit ein Maß für die Distanz eines Himmelsobjektes. Bei Sternhaufen und Galaxien wird häufig der Entfernungsmodul als Distanzindikator angegeben, also die Differenz von scheinbarer minus absoluter Helligkeit.

In der Praxis muss allerdings beim Entfernungsmodul die scheinbare Helligkeit bezüglich der interstellaren Absorption noch korrigiert werden. Denn der interstellare Staub verschluckt einen Teil des Sternenlichtes, so dass die scheinbare Helligkeit geringer ist als es nach der absoluten Helligkeit und der vorgegebenen Entfernung eines Sternes zu erwarten wäre.

Unsere Sonne hat eine absolute Helligkeit von $+4^M,8$. Das bedeutet: Stünde die Sonne in einer Distanz von 33 Lichtjahren, so erschiene sie uns als Sternchen 5. Größe, also mit bloßen Augen gerade noch sichtbar. Die Wega in der Leier ist wesentlich leuchtkräftiger als die Sonne. Ihre absolute Helligkeit beträgt $0^M,5$, die von Arktur im Bootes $-0^M,3$, von Kapella im Fuhrmann $-0^M,6$ und von Sirius im Großen Hund $1^M,4$. So hell würden uns die genannten Sterne in einer Entfernung von 10 pc = 32,6 Lichtjahren erscheinen.

Bolometrische Helligkeiten

Sterne sind in erster Näherung so genannte Schwarze Strahler, das heißt, sie senden elektromagnetische Strahlung aller Wellenlängen aus, wobei das Spektrum dieser Strahlung (also die Intensitätsverteilung über alle Wellenlängen) von der Oberflächentemperatur bestimmt wird und der berühmten Planck-Kurve entspricht. Sterne senden somit nicht nur sichtbares Licht aus, sondern auch kurzwelligere Strahlung wie Ultraviolett oder Röntgenstrahlung sowie langwelligere im Bereich des Infraroten, der Mikrowellen und der Radiostrahlung (siehe Abb. 2). Die meisten Sterne senden den überwiegenden Teil ihrer Strahlung jedoch im Bereich des sichtbaren Lichtes aus. Unsere Augen sind im gelben Farbbereich am empfindlichsten. Gelbe Sterne erscheinen uns heller als tiefrote oder blaue gleicher Strahlungsleistung. Die Farben der Sterne wieder werden durch deren Oberflächentemperaturen bestimmt. Einst hat man die scheinbaren Helligkeiten der Sterne schlicht mit dem Auge (und eventuell plus Teleskop) geschätzt. Als man begann, Sternhelligkeiten photographisch zu bestimmen, stellte sich schnell heraus, dass man die spektrale Empfindlichkeit des Empfängers bzw. Detektors (Auge, photographische Schicht, Multiplier, CCD-Chip etc.) berücksichtigen muss. Jeder Detektor registriert nur einen Teil der einfallenden Sternstrahlung aller Wellenlängen. Die gemessene scheinbare Helligkeit ist somit stets nur in einem bestimmten Spektralbereich erfolgt und vernachlässigt die übrigen Wellenlängen. Die über den gesamten Spektralbereich integrierte Helligkeit wird *bolometrische Helligkeit* genannt. Sie ist stets größer als die in einem bestimmten Farbbereich gemessene Helligkeit. Die Differenz zwischen einer beobachteten Helligkeit in einem bestimmten Spektralbereich und der bolometrischen Helligkeit wird *bolometrische Korrektion* genannt. Sie ist eine Funktion der Farbe des Sterns und der spektralen Empfindlichkeit des Detektors.

Die Farben der Sterne verraten uns nicht nur deren Oberflächentemperatur, sondern zusammen mit anderen Messgrößen, wie scheinbare Helligkeiten und Parallaxen, auch wichtige Zustandsgrößen wie Leuchtkräfte und Durchmesser.

Nachts sind alle Katzen grau, sagt der Volksmund. Im Mondlicht sehen wir keine Farben der Gegenstände, wir erkennen nur ihre unterschiedlichen Helligkeiten. Im Gegensatz dazu erscheinen dem normalsichtigen Auge die Sterne am nächtlichen Himmel farbig – allerdings nur die helleren. Arktur leuchtet orange, Antares rötlich, Kapella gelblich und Rigel bläulich. Bei lichtschwächeren Sternen sind hingegen keine Farben zu erkennen. Viele Menschen haben den Eindruck, dass die schwächeren Sterne grün oder grünblau leuchten, andere empfinden sie schlicht als weiß. Der Eindruck, dass schwächere Sterne grünlich aussehen, hängt mit Bau und Funktion des menschlichen Auges zusammen. Die Netzhäute unserer Augen besitzen zwei verschiedene Gruppen von lichtempfindlichen Rezeptoren (Empfängern): die Stäbchen und die Zapfen. Die Netzhaut eines Auges ist mit rund 75 bis 150 Millionen Stäbchen bestückt sowie mit drei bis sechs Millionen Zapfen. Der Stäbchenapparat ist für das Erkennen von Helligkeitsunterschieden eingerichtet, die Buntheit der Welt hingegen vermittelt uns der Zapfenapparat, der für das Farbensehen zuständig ist.

Der Stäbchenapparat ist lichtempfindlicher als der der Zapfen. Sinkt die Beleuchtungsstärke unter etwa drei Lux, dann werden nur noch die Stäbchen vom Restlicht erregt, man spricht von Dunkeladaption. Das Auge erkennt nur noch Helligkeitsunterschiede, aber keine Farben mehr. Zum Rand der Netzhaut hin nimmt die Stäbchendichte pro Flächeneinheit zu, die der Zapfen ab. In der zentralen Netzhautgrube (Fovea centralis), der Stelle schärfsten Sehens, finden sich nur Zapfen. Deshalb kann man mit dunkeladaptierten Augen kaum lesen. Andererseits sieht man sehr lichtschwache Sterne an der Wahrnehmbarkeitsgrenze nur dann, wenn man »knapp daneben« schaut. Man erkennt sie dann mit den peripheren Stäbchen. Blickt man dagegen den lichtschwachen Stern direkt an, so scheint er verschwunden zu sein.

Noch ein anderer Effekt tritt bei schwacher Beleuchtung auf, wenn nur noch der Stäbchenapparat Lichtreize an den Sulcus calcarinus (Sehzentrum im Hinterlappen des Neocortex) leitet: Mit fortschreitender Dämmerung wird Grün und Blau ununterscheidbar, rote Flächen erscheinen plötzlich dunkler als grüne oder blaue. Man spricht vom Purkinje-Phänomen nach seinem Entdecker. Johann Evangelista, Ritter von Purkinje (1787–1869), beschreibt seine Beobachtungen folgendermaßen: »Großen Einfluss auf die Intensität der Farbenqualität hat der Beleuchtungsgrad. Um sich deutlich davon zu überzeugen, nehme man vor Anbruch des Tages, wenn es eben schwach zu dämmern beginnt, die Farben vor sich. Zunächst sieht man nur Schwarz und Grau. Gerade die lebhaftesten Farben, Rot und Grün, erscheinen am dunkelsten. Gelb kann man von Rosenrot lange nicht unterscheiden. Blau konnte ich zuerst bemerken. Die roten Nuancen, die sonst bei Tageslicht am hellsten scheinen, nämlich Karmin, Zinnober und Orange, zeigen sich lange am dunkelsten. Grün erscheint mehr bläulich und die gelbe Tinte entwickelt sich erst mit zunehmendem Tageslicht.«

Ursache für das von Purkinje beschriebene Phänomen, beim Dämmerungssehen Rot dunkler zu empfinden als Grün oder Blau, ist die unterschiedliche spektrale Empfindlichkeit des Stäbchenapparats und des Zapfenapparates (siehe Abb. 1). Die Stäbchen sind bei einer Wellenlänge von 5130 Å (es ist 1 Å = 0.1 nm = 1 Zehnmilliardstel Meter) am lichtempfindlichsten, die Zapfen jedoch bei 5630 Å. Die Stäbchen sind also für eine Lichtwellenlänge am empfindlichsten, die bei normaler Beleuchtung vom Zapfenapparat als Blaugrün erkannt wird, während die Zapfen für gelbes Licht die maximale Empfindlichkeit zeigen. Beim Dämmerungssehen erkennt das Auge zwar keine Farben mehr, aber was beim Tagessehen als Blau oder Grün empfunden wird, erscheint jetzt heller als Rot, wo die Empfindlichkeitskurve der Stäbchen bereits absackt. Die Empfindung, grünblaue Sterne zu sehen, ist somit ein rein psychophysiologischer Effekt. Bei den hellsten Sternen, sowie den mit freien Augen sichtbaren Planeten, reicht die Lichtintensität aus, auch den Zapfenapparat anzu-

Abb. 1: Zum Purkinje-Phänomen: Die maximale Empfindlichkeit des Stäbchenapparats (grüne Linie) liegt bei kürzeren Wellenlängen als die des Zapfenapparates (orange Linie).

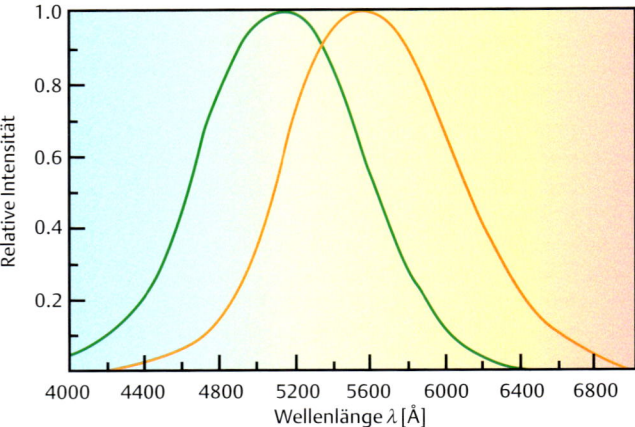

regen – man erkennt echte Sternfarben. Vergleicht man Helligkeiten schwacher Sterne, so ist Vorsicht geboten: Rote Sterne erscheinen dem dunkeladaptierten Auge lichtschwächer als sie sind. Wer visuelle Photometrie betreibt, sollte nur Sterne gleicher Farbe miteinander vergleichen.

Blickt man durch ein Teleskop, das mit seinem Objektiv mehr Licht sammelt als das bloße Auge, dann zeigen auch die lichtschwächeren Sterne Farben – blau, weiß, gelb, orange und rot. Dies wird besonders bei Doppelsternpaaren mit starkem Farbkontrast deutlich.

Die Farben der Sterne werden durch die unterschiedlichen Temperaturen an den Sternoberflächen hervorgerufen. Darauf hat als einer der Ersten der italienische Astrophysiker Angelo Secchi (1818–1878) hingewiesen. Secchi hatte sich ausführlich mit Sternspektren befasst und eine Klassifikation nach fallender Temperatur eingeführt.

Die uns bläulich-weiß erscheinenden Sterne weisen Oberflächentemperaturen von rund 8000 bis 20 000 K auf, gelbe Sterne von 5000 bis 7000 K, orange von rund 4000 K. Hier steht das »K« für Kelvin, die Einheit der thermodynamischen (absoluten) Temperaturskala; es ist 0 K = –273.15° C (Celsius) und 273.15 K = 0° C.

Unter 3500 K sehen wir die Sterne rötlich. Noch kühlere Sterne strahlen im Infraroten, besonders heiße Sterne senden die meiste Strahlungsenergie im ultravioletten Licht aus. Infrarotstrahlung können wir nicht sehen, aber auf unserer Haut spüren, wenn wir eine Hand beispielsweise einer heißen Herdplatte nähern. Ultraviolettes Licht sehen wir ebenfalls nicht, seine Wirkung wird aber bei einem Sonnenbrand nur zu deutlich.

Den Zusammenhang zwischen Temperatur eines Gegenstandes (Stern, Eisenrad etc.) und der Farbe seines Lichtes hat der deutsche Physiker Wilhelm Wien (1864–1928) beschrieben. Das

Wien'sche Verschiebungsgesetz lautet: $T \cdot \lambda_{max}$ = const. Dies bedeutet: Je heißer ein Körper ist, desto kürzer ist die Wellenlänge der elektromagnetischen Strahlung, bei der die maximale Energie abgestrahlt wird. Setzt man für T die Temperatur in Kelvin ein und gibt die Wellenlänge in Zentimeter an, so nimmt die Konstante den Wert 0.28978 an. Danach ergibt sich für die Sonne bei einer Oberflächentemperatur (untere Photosphäre) von 5780 K die Wellenlänge 5021 Å, bei der sie den Gipfel ihrer Strahlungsleistung erreicht.

Die Sonne strahlt also im gelben Farbbereich mit maximaler Intensität (manche empfinden Licht dieser Wellenlänge als gelb-grün. Die subjektiven Farbeindrücke variieren von Auge zu Auge relativ stark. Selbst zwischen linkem und rechtem Auge eines Menschen gibt es Differenzen in der Farbempfindung).

Das Wien'sche Verschiebungsgesetz lässt sich direkt aus dem Planck'schen Strahlungsgesetz ableiten, das Max Planck (1858–1947) allerdings erst später aufgestellt hat. Das Planck'sche Strahlungsgesetz gibt die spektrale Energieverteilung der elektromagnetischen Strahlung an, die ein Schwarzer Strahler aussendet. Jeder Körper gibt elektromagnetische Strahlung ab, deren Stärke und spektrale Verteilung allein von seiner Temperatur abhängt. Die spektrale Verteilung lässt sich nur dann exakt berechnen, wenn der strahlende Körper mit seiner Umgebung im thermischen Gleichgewicht ist. In diesem Fall wird sämtliche Strahlung, die auf den Körper auftrifft, von ihm absorbiert: Man nennt ihn deshalb »schwarz«. Ein solcher »schwarzer Körper« ist also keinesfalls unsichtbar! Nur für diesen Idealfall kann die Strahlungsintensität explizit als Funktion der Wellenlänge und der Temperatur angegeben werden. Jedoch war es mit den Mitteln der klassischen Physik nicht möglich, diese Funktion abzuleiten, dafür musste Max Planck zusätzlich die Hypothese der Quantennatur des Lichtes einführen. In Abb. 2 sind Planck-Kurven für einige Schwarze Strahler unterschiedlicher Temperaturen eingetragen. Man erkennt sofort: Je heißer der Schwarze Körper ist, desto mehr Energie strahlt er ab. Die gesamte Strahlungsenergie wird durch die von der jeweiligen Planck-Kurve umschlossene Fläche angegeben. Den Zusammenhang zwischen der Gesamtemission und der Temperatur beschreibt das Stefan-Boltzmann-Gesetz

$$S = \sigma T^4$$

(nach Josef Stefan und Ludwig Boltzmann). σ = 5.662 · 10^{-5} erg cm^{-2} K^{-4} s^{-1} ist die Stefan-Boltzmann-Konstante.

Nun sind reale Strahlungsquellen, wie beispielsweise die Sterne, offenbar nicht im Gleichgewicht mit ihrer Umgebung, man kann sie deshalb nur näherungsweise als Schwarze Körper behandeln. Um für solche Strahlungsquellen einen Näherungswert der Temperatur angeben zu können, wurde der Begriff der Effektivtemperatur eingeführt, der gemäß

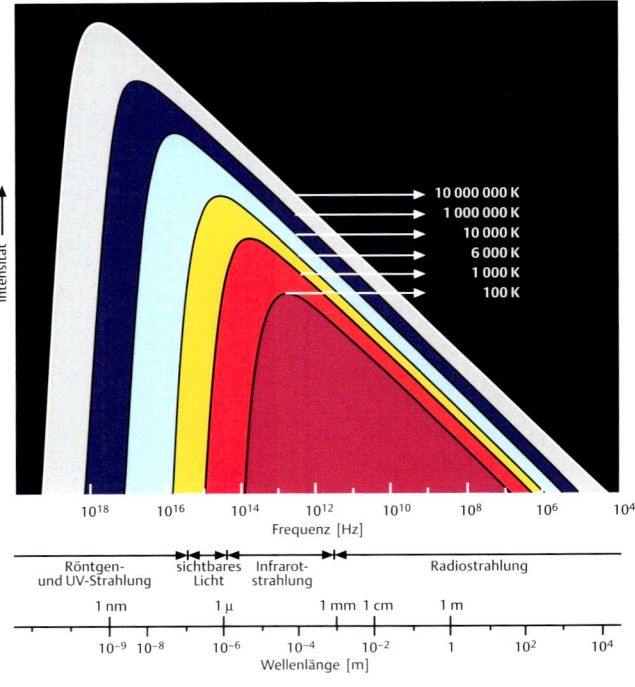

$$S = \sigma\, T_{eff}^{\,4}$$

definiert ist. Es ist also die Temperatur desjenigen Schwarzen Körpers, der die gleiche Gesamtenergie pro Zeiteinheit ausstrahlt, wie die betrachtete reale Strahlungsquelle.

Weiter erkennt man aus Abb. 2 unmittelbar, dass sich das Maximum der Strahlungsintensität mit steigender Temperatur zu immer kürzeren Wellenlängen verschiebt, genau wie Wilhelm Wien es beschrieb. Darüber hinaus wird ersichtlich, dass Schwarze Körper, die ihr Strahlungsmaximum aufgrund ihrer hohen Temperatur im kurzwelligen Bereich haben, auch in anderen, längerwelligen Bereichen erhebliche Mengen an Energie emittieren. Dies gilt auch für Sterne. Heiße, uns bläulich erscheinende Sterne leuchten auch im roten Spektralbereich. Hätten wir nur rotempfindliche Augen, so könnten wir diese Sterne dennoch erkennen.

Die Farben der Sterne verraten uns somit ihre Oberflächentemperaturen. Freilich ist die Angabe, jener Stern leuchte rötlicher als dieser, etwas ungenau. Wie erwähnt, ist auch die Farbtüchtigkeit des Auges von Mensch zu Mensch sehr unterschiedlich. Farbenblinde können überhaupt keine Aussagen über die Farben der Sterne machen.

Deshalb hat der deutsche Astronom Karl Schwarzschild (1873–1916) eine Maßzahl eingeführt, den so genannten Farbindex (gelegentlich auch: Farbenindex), um die Farbe eines Sternes

Tabelle 4: Die Farbindices einiger Gestirne.

Gestirn	B–V [mag]	Farbe	Gestirn	B–V [mag]	Farbe
Spica	−0.23	blau	Arktur	+1.23	orange
Regulus	−0.11	blau	Aldebaran	+1.53	rot
Rigel	−0.03	bläulichweiß	Antares	+1.83	tiefrot
			Beteigeuze	+1.86	tiefrot
Wega	0.00	bläulichweiß			
Sirius	+0.01	bläulichweiß	Merkur	+0.91	gelb
Deneb	+0.09	weiß	Venus	+0.82	gelb
			Mars	+1.36	orange-rot
Prokyon	+0.40	gelblich	Jupiter	+0.83	gelb
Sonne	+0.65	gelb	Saturn (Kugel)	+1.04	tiefgelb
Kapella	+0.80	gelb	Mond	+0.92	gelb

genauer zu charakterisieren. Schwarzschild bemerkt, dass die Helligkeitseinstufung der Sterne auf einer photographischen Aufnahme anders ausfällt als bei einer Durchmusterung des Himmels mit Auge und Teleskop. Denn die lichtempfindliche Schicht einer Photoplatte hat in einem anderen Wellenlängenbereich ihre maximale Empfindlichkeit als das Auge. Zu Schwarzschilds Zeiten waren Photoplatten für kurzwelliges (blaues) Licht wesentlich empfindlicher als für längerwelliges (gelbes oder rotes). Das Auge jedoch registriert mit seinem Zapfenapparat gelbes Licht stärker als blaues. Inzwischen kann man photographische Schichten für verschiedene Farben sensibilisieren. Bei einer Helligkeitsmessung spielt die spektrale Empfindlichkeit des Empfängers (Auge, Photoplatte bzw. Film, lichtelektrische Zelle, CCD-Chip usw.) eine entscheidende Rolle. Beobachtet man die beiden hellsten Sterne im Orion, die rote Beteigeuze und den blauen Rigel, mit bloßen Augen, so erscheinen sie etwa gleich hell. Eine unsensibilisierte (blauempfindliche) Photoschicht erhält jedoch von Beteigeuze weniger blaues Licht als von Rigel. Somit erscheint Beteigeuze auf dieser Aufnahme deutlich schwächer als Rigel. Ein rotempfindlicher Empfänger (beispielsweise ein CCD-Chip mit einem Rotfilter, das blaues Licht absorbiert) zeigt eine hellere Beteigeuze und einen schwächeren Rigel (siehe Abb. 3).

Deshalb hat Schwarzschild zwei Helligkeitsskalen eingeführt: die »photographische« (pg) und die »visuelle« (vis). Wird die Helligkeit eines Sterns in beiden Skalen in Größenklassen bestimmt, so gibt die Differenz beider Helligkeiten ein Maß für seine Farbe. Diese Differenz heißt Farbindex. Er ist definiert zu: $FI = m_{pg} - m_{vis}$. Da man heute in verschiedenen Spektralbereichen Sternhelligkeiten bestimmt, gilt allgemein:

$$FI = m_{kurzwellig} - m_{langwellig}$$

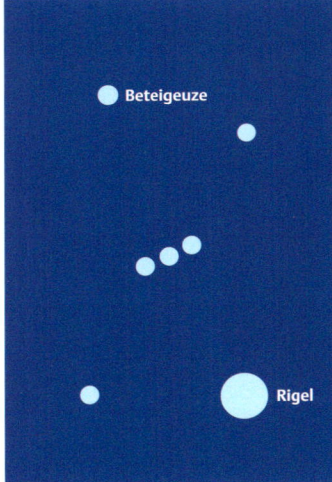 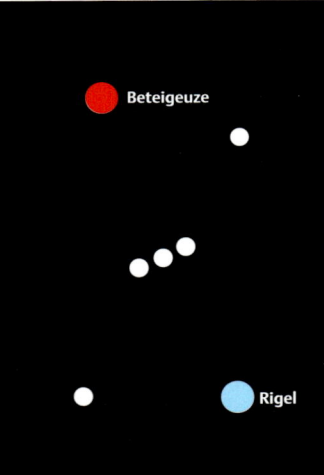 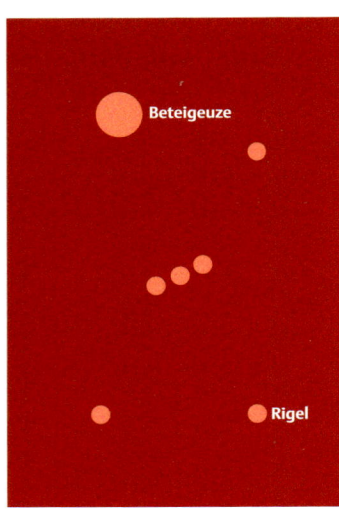

Abb. 3: Die rote Beteigeuze im Sternbild Orion erscheint durch ein Blaufilter deutlich lichtschwächer als der blaue Rigel (links). Ohne Filter sehen wir Beteigeuze und Rigel etwa als gleich hell an (Mitte). Ein Rotfilter lässt Beteigeuze heller als Rigel erscheinen (rechts). Die Helligkeitsbestimmung der Sterne ist sowohl von ihrer Farbe als auch von der spektralen Empfindlichkeit des Empfängers abhängig.

Der von Schwarzschild eingeführte Farbindex ist allerdings nur ein grobes Maß für die spektrale Intensitätsverteilung eines Sternes. Im Idealfall müsste man die gesamte Planck-Kurve vermessen, was technisch sehr aufwendig und teils gar nicht möglich ist. Etwas genauer erfasst man die spektrale Verteilung, wenn man die Helligkeiten der Sterne in mehr als zwei Farbbereichen bestimmt (Mehrfarbenphotometrie).

Harold L. Johnson und William W. Morgan haben im Jahre 1951 eine Dreifarbenphotometrie eingeführt, die in der Astronomie allgemein unter der Bezeichnung »UBV-System« bekannt ist. Durch Wahl geeigneter Empfänger in Kombination mit Filtern kann man heute in fast jedem Spektralbereich Helligkeiten (also Strahlungsintensitäten) messen. Johnson und Morgan haben folgende Schwerpunktswellenlängen für ihre Dreifarbenphotometrie vorgeschlagen: $\lambda_U = 3650$ Å, $\lambda_B = 4400$ Å und $\lambda_V = 5555$ Å. U steht dabei für Ultraviolett, B für Blau und V für Visuell (grüngelber Farbbereich). In Abb. 4 sind die relativ breitbandigen Farbkurven dargestellt. Die gemessenen Helligkeiten m_U, m_B und m_V werden üblicherweise als U-, B- und V-Helligkeiten bezeichnet. Es lassen sich nun jeweils zwei Farbindices bilden, nämlich U–B und B–V, die aussagekräftiger sind als der klassische (früher auch »international« genannte) Farbindex nach Schwarzschild. In Tabelle 4 sind die Farbindices (B–V) für einige Gestirne angegeben. Johnson und Morgan haben die Maxima ihrer Empfindlichkeitskurven (die so genannten Schwerpunktwellenlängen) so gelegt, dass für Sterne der Spektralklasse A0 V = 0^m (z.B. Wega) U–B = 0^m und B–V = 0^m wird. Solche Sterne erscheinen uns bläulich-weiß. Außerdem waren sie bemüht, den B- und den V-Bereich so zu wählen, dass sie in etwa den Schwarzschild'schen m_{pg} und m_{vis} entsprechen, was allerdings nur näherungsweise gelungen ist. Im Schnitt dif-

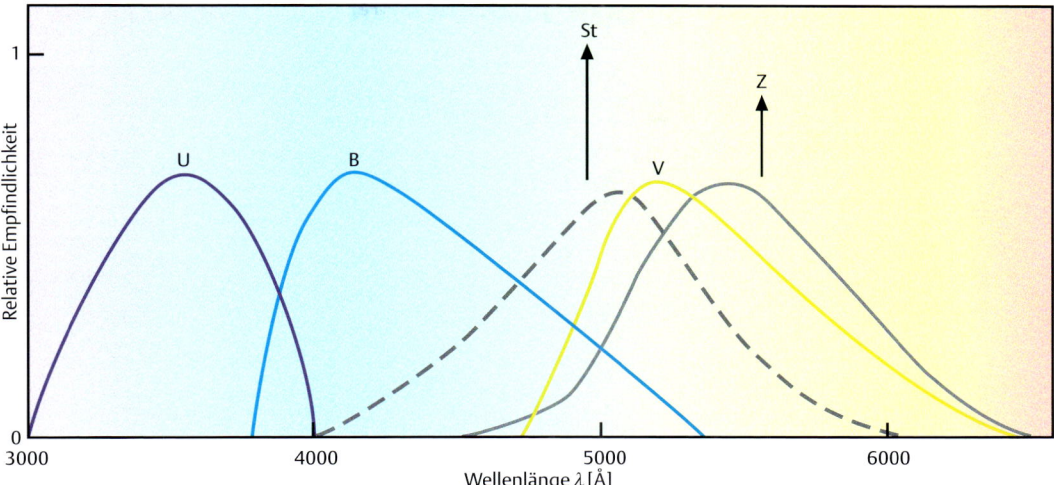

ferieren die V-Helligkeiten um 0.2 mag zu den alten m_{vis}. Ein weiterer Gesichtspunkt kommt hinzu: Sterne sind keine idealen Schwarzen Strahler, sondern eben nur in erster Näherung. In ihren Spektren finden sich Absorptionslinien und -banden. Besonders im Bereich des Balmersprungs bei 3646 Å weicht das reale Sternspektrum vieler Sterne erheblich von einer Planck-Kurve ab. Johnson und Morgan haben den U- und den B-Bereich so gelegt, dass sie gerade außerhalb dieser kritischen Wellenlänge liegen.

Inzwischen gibt es noch weitere Systeme der Mehrfarbenphotometrie. So hat Johnson selbst eine Erweiterung nach dem langwelligen Ende des Spektrums eingeführt (Rot: R = 7100 Å, Infrarot: I = 9700 Å). Wilhelm Becker wiederum hat das RGU-System vorgeschlagen (Ultraviolett: U = 3700 Å, Grün: G= 4810 Å und Rot: R = 6380 Å).

Der Farbindex ist also eine Funktion der Oberflächentemperatur der Sterne (siehe auch Tabelle 5). Allerdings erscheinen viele Sterne röter, zeigen also einen größeren Farbindex, als es ihrer Temperatur nach zu erwarten wäre. Diese Rötung ist im Mittel umso stärker, je weiter die Sterne entfernt sind. Die Ursache dieser Rötung liegt in der Absorption des Sternenlichtes durch die Staubkomponente der interstellaren Materie. Die Schwächung des Sternenlichtes erfolgt selektiv: Kurzwelliges (blaues) Licht wird stärker gestreut als langwelliges (rotes). Der gemessene Farbindex wird somit größer sein als für einen Stern seiner Spektralklasse (bzw. Oberflächentemperatur) sonst zu erwarten. Ein Maß für diese Verfärbung stellt der Farbexzess (FE) dar. Er ist festgelegt durch die Beziehung: $FE = FI_{ind} - FI_{mittel}$, also individueller (gemessener) Farbindex vermindert um den mittleren Farbindex, den der Stern entsprechend seiner Oberflächentemperatur aufweisen sollte. Im UBV-System ergibt sich

Abb. 4: Die Empfindlichkeitskurven des UBV-Systems nach Johnson und Morgan. Ferner sind die Empfindlichkeitskurven des Stäbchenapparats (St) und der Zapfen (Z) im menschlichen Auge eingezeichnet.

Tabelle 5: Der Farbindex als Funktion der Temperatur und bolometrischen Korrektion.

T [Kelvin]	B–V [mag]	B.C. [mag]
35 000	–0.45	–4.6
21 000	–0.31	–3.0
13 500	–0.17	–1.6
9700	0.00	–0.68
8100	+0.16	–0.30
7200	+0.30	–0.10
6500	+0.45	0.00
6000	+0.57	–0.03
5400	+0.70	–0.10
4700	+0.84	–0.20
4000	+1.11	–0.58
3300	+1.39	–1.20

der Farbexzess zu: $E_{U-B} = (U-B) - (U-B)_0$, bzw. $E_{B-V} = (B-V) - (B-V)_0$.

Gleichgültig, in welchem Spektralbereich man Sternhelligkeiten auch misst, stets erhält man einen gegenüber der gesamten abgestrahlten Energie zu kleinen Helligkeitswert. Man bezeichnet die über den gesamten Spektralbereich integrierte Helligkeit als bolometrische Helligkeit. Vor allem die Erdatmosphäre, die nur ein schmales Fenster im optischen Bereich öffnet, verhindert die Messung der bolometrischen Helligkeit, obwohl sie im Prinzip mit einem Bolometer durchführbar wäre. Die Differenz zwischen der V-Helligkeit und der bolometrischen Helligkeit wird als bolometrische Korrektion bezeichnet: $m_{bol} = m_V + B.C.$ Dabei normiert man die bolometrische Korrektion so, dass sie für Sterne mit der Oberflächentemperatur von 6500 K gleich Null ist. Dies ist sinnvoll, weil die maximale Emission im gelben Farbbereich liegt, in dem die Erdatmosphäre am durchlässigsten, das Auge am empfindlichsten und die Helligkeitsmessung vergleichsweise einfach zu bewerkstelligen ist. Je weiter ein Stern vom gelben Farbbereich entfernt ist (also heiße, blaue oder kühle, rote Sterne), desto größer fällt die bolometrische Korrektion aus (siehe Tabelle 5). Dabei ist der Wert der B.C. stets negativ, denn je heller ein Gestirn, desto kleiner der Zahlenwert der Größenklasse. Für unsere Sonne als gelb-grüner Stern beträgt die B.C. nur -0.07^m, für die Wega hingegen -0.68^m und für Arktur schon eine ganze Größenklasse (-1^m).

Der Farbindex gibt nicht nur die Farben der Sterne an, sondern er spielt für astrophysikalische Untersuchungen eine bedeutende Rolle. Trägt man die Farben der Sterne eines Haufens gegenüber der scheinbaren Helligkeit der Haufenmitglieder in ein Diagramm ein, so erhält man das Farbenhelligkeitsdiagramm (FHD), mit dessen Hilfe sich wichtige Eigenschaften wie

Entfernung und Alter eines Sternhaufens bestimmen lassen. Ersetzt man die scheinbare Helligkeit durch die absolute bzw. wahre Leuchtkraft und den Farbindex durch die Oberflächentemperatur oder die Spektralklasse, so ergibt sich das Hertzsprung-Russell-Diagramm (HRD), das wegen seiner überragenden Bedeutung auch »Zentraldiagramm der Astrophysik« genannt wird. Der folgende Beitrag informiert eingehend über diese wichtigen Diagramme.

Spektren, HR-Diagramm und Sternentwicklung

Hans-Ulrich Keller

Die Farben der Sterne verraten uns deren Oberflächentemperaturen. Noch wesentlich mehr Informationen liefern die Spektren der Sterne. Unter einem Spektrum versteht man die diagrammartige Darstellung der Strahlungsintensität in Abhängigkeit von der Wellenlänge eines leuchtenden (strahlenden) Körpers. Um ein Sternspektrum zu erhalten, wird das Sternenlicht mittels eines Spektrographen (Gitter- oder Prismenspektrograph) zerlegt. Dabei erhält man von den meisten Sternen ein kontinuierliches Farbband wie es auch vom Sonnenspektrum her bekannt ist (vgl. Abb. 1).

Einige wenige Sterne liefern ein Emissionslinienspektrum mit nur schwachem, kaum erkennbarem Kontinuum. In den kontinuierlichen Farbbändern der Spektren wiederum zeigen sich mehr oder weniger zahlreiche dunkle Linien und Bänder, die man als Absorptionslinien bezeichnet. Anordnung, Zahl, Form und Stärke dieser Spektrallinien lassen Rückschlüsse zu auf die chemische Zusammensetzung und die physikalischen Parameter wie Temperatur, Dichte, Druck, Turbulenzen, magnetische Felder, Rotation usw. der Sternatmosphären. Die charakteristischen Merkmale des Linienspektrums geben Informationen über den physikalischen Zustand der Sternoberfläche.

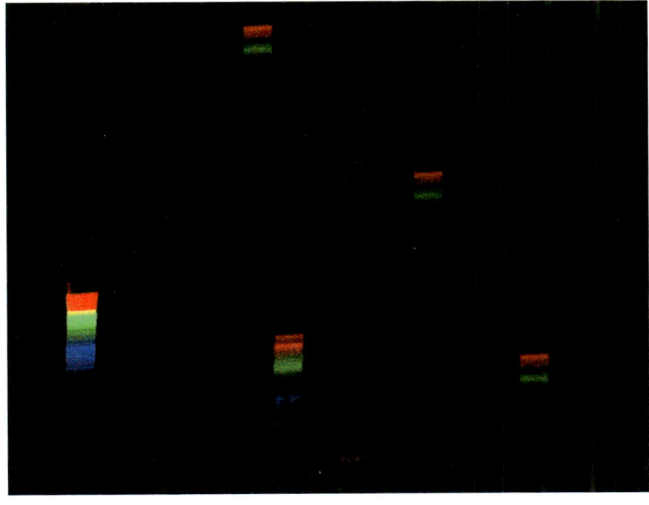

Abb. 1: Sternspektren von Aldebaran (nahe dem linken Bildrand) und einigen Hyadensternen. Aufnahme von Christian Thiele mit einem selbstgebauten Objektivprisma-Spektrographen an einem 210 mm-Teleobjektiv, eine Minute belichtet auf Kodak Gold 400 (vgl. SuW 11/1997, S. 977).

Joseph von Fraunhofer (1787–1826) hat bereits zu Beginn des 19. Jahrhunderts die ersten Untersuchungen an Sternspektren durchgeführt. Deshalb spricht man heute von *Fraunhofer-Linien*, wenn man die dunklen Absorptionslinien im Farbband eines Sternspektrums meint.

Die Spektralklassen

Die heute allgemein benutzte Klassifikation der Sternspektren wurde von Edward C. Pickering (1846–1919) und Anny Cannon (1863–1941) eingeführt, die umfangreiche Spektraluntersuchungen am Harvard-Observatorium durchführten. Sie klassifizierten die Sternspektren und gaben den einzelnen Typen die Buchstaben des Alphabets: A, B, C ... K, M, N usw. Einige Typen mussten wieder ausgeschlossen, andere umbenannt werden. Schließlich sortierte man die klassifizierten Typen nach fallender Oberflächentemperatur, wobei die heute noch verwendete *Harvard-Klassifikation* entstand. Sie lautet:

$$O - B - A - F - G - K - M$$

Rund 99 Prozent aller Sterne passen in dieses Schema. Der Spektraltyp eines Sternes gibt somit Farbe und Oberflächentemperatur an. Außerdem verrät er auch die grobe chemische Zusammensetzung der Materie an der Sternoberfläche (siehe Tabelle 1).

Außer den oben angegebenen Spektralklassen gibt es noch einige weitere: C, R, N, S, Q (Novae), P (P Cygni-Sterne) und W (Wolf-Rayet-Sterne). Sie sind allesamt recht selten in ihrem Auftreten.

Tabelle 1: Die Spektraltypen.

Typ	T_{eff}	Merkmale
O	30 000 – 150 000	sehr heiße Sterne, He II-Linien in Absorption, häufig Emissionslinien, diffuse Linien, H – schwach
B	20 000	He I in Absorption (stark), He II fehlt, Auftauchen der Balmerserie (H^α, H^β...)
A	10 000	Balmerserie sehr stark (»Wasserstoff-Sterne«), erste Ca II-Linien
F	7 000	Balmerserie abnehmend, Ca II – zunehmend erste Metall-Linien
G	6 000	Balmer weiter abnehmend (schwächer), Ca II stark, Fe und andere Metalle, »Sonnenspektrum«
K	5 000	starke Metall-Linien, Molekül-Banden (TiO)
M	3 500	neutrale Metall-Linien, besonders Ca I, starke TiO-Banden, vermehrte Molekülbanden
C (R, N)	–	Banden des Cyans (CN), CO, C_2 statt TiO (»rußende Sterne«)
S	–	Banden des Zirkonoxids (ZrO)
Q	–	Novae
P	–	Planetarische Nebel
W	–	Wolf-Rayet-Sterne (starke Emissionslinien, fast kein Kontinuum)

Zur Feineinteilung der Spektraltypen wird eine Dezimalunterteilung verwendet: ... B0, B1, B2 ... B9, A0, A1, A2 ... A9, F0, F1, F2, F3... usw. ... Die Amerikaner merken sich die Reihenfolge der Spektraltypen am besten mit folgendem Satz: **O B**e **A F**ine **G**irl **K**iss **M**e.

Die Leuchtkraftklassen

Die wahren Leuchtkräfte der Sterne sind recht unterschiedlich. Am eindrucksvollsten wird dies erkennbar, wenn man einen offenen Sternhaufen betrachtet. In ihm sind alle Sterne etwa gleich weit von uns entfernt. Die scheinbar hellsten Objekte im Haufen müssen daher auch die tatsächlich leuchtkräftigsten sein, während die schwächsten Sternchen eben die mit der geringsten Leuchtkraft sind. Untersucht man nun die Sterne nach Helligkeit *und* Farbe, so fällt auf, dass die blauen Sterne meist heller sind als die weißen, diese wiederum heller als die gelben, während die roten die lichtschwächsten sind. Andererseits fallen einige rote Sterne auf, die besonders hell sind und die sogar die blauen Sterne noch an Leuchtkraft übertreffen.

Schon im Jahre 1905 hat der aus Dänemark stammende Astronom Ejnar Hertzsprung (1873–1967) darauf hingewiesen, dass Sterne umso lichtschwächer sind, je röter sie leuchten, dass es aber bei gleichem Spektraltyp (ein Kriterium für die Farbe) auch große Leuchtkraftdifferenzen gibt, vor allem bei roten Sternen. Hertzsprung vermutete richtig, dass die hellen, roten Sterne Riesen sein müssen.

Die Leuchtkraft eines Sternes hängt von zwei Größen ab, nämlich von seiner Oberflächentemperatur und von seinem Durchmesser. Je heißer ein Stern ist, desto mehr Energie strahlt er *pro Flächeneinheit* ab. Je größer die Sternkugel ist, desto heller strahlt der Stern, da mehr Fläche leuchtet. Die Leuchtkraft L eines Ster-

Abb. 2: Ejnar Hertzsprung (1873–1967).

nes ist daher proportional dem Quadrat seines Radius R und der vierten Potenz seiner effektiven Oberflächentemperatur T:

$$L \sim R^2\, T^4$$

Haben nun zwei Sterne die gleiche Farbe und somit die gleiche Temperatur, sind aber verschieden hell, so können ihre Leuchtkraftunterschiede nur durch ihre verschiedenen Durchmesser bewirkt werden. Eine eindimensionale Einteilung der Sterne nach dem Spektraltyp reicht nicht aus, meinten die Astronomen W. W. Morgan, P. C. Keenan, E. Kellman, W. P. Bidelman und Nancy Roman vom berühmten Yerkes-Observatorium in Williams Bay nahe Chicago. Sie führten um das Jahr 1943 die sogenannten *Leuchtkraftklassen* der Sterne ein, die nicht mit den Helligkeitsangaben in Größenklassen zu verwechseln sind. Nach den ersten drei der erwähnten Astronomen bezeichnet man diese Klassifizierung auch als MKK-System. Es lautet:

Ia	Helle Überriesen	IV	Unterriesen
Ib	Überriesen	V	Hauptreihensterne (Zwerge)
II	Helle Riesen	VI	Unterzwerge
III	Normale Riesen	VII	Weiße Zwerge

Tatsächlich sagen die Leuchtkraftklassen etwas über die Durchmesser der Sterne aus, ob es sich bei einer Sonne um eine Riesenkugel oder um einen zwergenhaften Sternball handelt. Am deutlichsten wird dies, wenn man von einem Sternhaufen ein Farben-Helligkeits-Diagramm (FHD) erstellt.

Farben-Helligkeits-Diagramme (FHD)

Ein FHD erhält man, wenn man die Sterne in ein Diagramm einträgt, wobei auf der Ordinate (senkrechte Achse) eines rechtwinkeligen (kartesischen) Koordinatensystems die scheinbare Helligkeit und auf der Abszisse (waagrechte Achse) der Farbindex angegeben ist. Trägt man nun in ein solches Farben-Helligkeits-Diagramm die Sterne eines Haufens mit ihren scheinbaren Helligkeiten und Farben ein, so zeigt sich, dass die Sterne nicht beliebig verstreut sind, sondern dass sie sich entlang eines schmalen Bandes zusammenfinden, das von links oben, von den blauen und hellen Sternen, nach rechts unten im Diagramm verläuft, wo die roten und lichtschwachen Sterne ihren Platz haben (vgl. Abb. 3).

Dieses Band wird Hauptreihe (engl.: main sequence) genannt. Etliche Sterne finden sich jedoch nicht auf der Hauptreihe, sondern sind im FHD rechts oben angesiedelt. Sie sind rote, jedoch keineswegs lichtschwache, sondern sehr helle Sterne. Von der Hauptreihe zweigt also ein Arm ab, den man Riesenast (engl.: giant branch) nennt. Die Bezeichnung ist zutreffend. Tatsächlich sitzen in der rechten oberen Ecke der FHDs *die* Sterne mit den größten Durchmessern. Sie übertreffen unsere Sonne

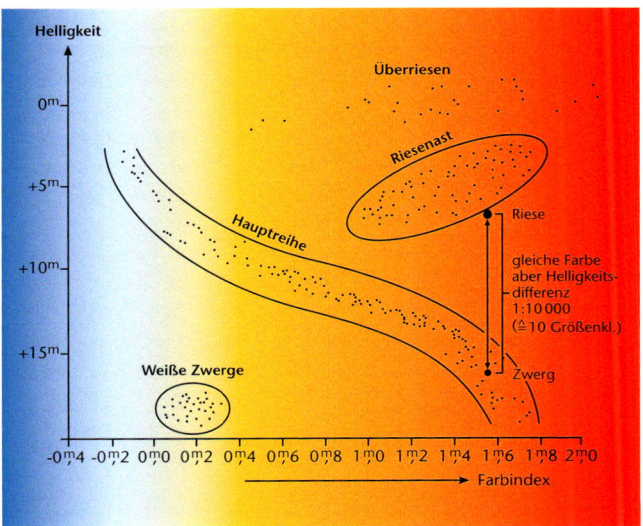

Abb. 3: Ein schematisches Farben-Helligkeits-Diagramm (FHD). Erläuterungen im Text.

häufig um mehr als das Hundertfache an Durchmesser, während rechts unten die kleinen Zwergsterne sitzen. Die Größen der Sterne lassen sich unmittelbar aus dem FHD eines Sternhaufens ablesen (vgl. Abb. 4).

Die Sterne eines Haufens sind von uns gleich weit entfernt. Bei gleicher Distanz entsprechen die Unterschiede in den scheinbaren Helligkeiten auch den wirklichen Leuchtkraftdifferenzen.

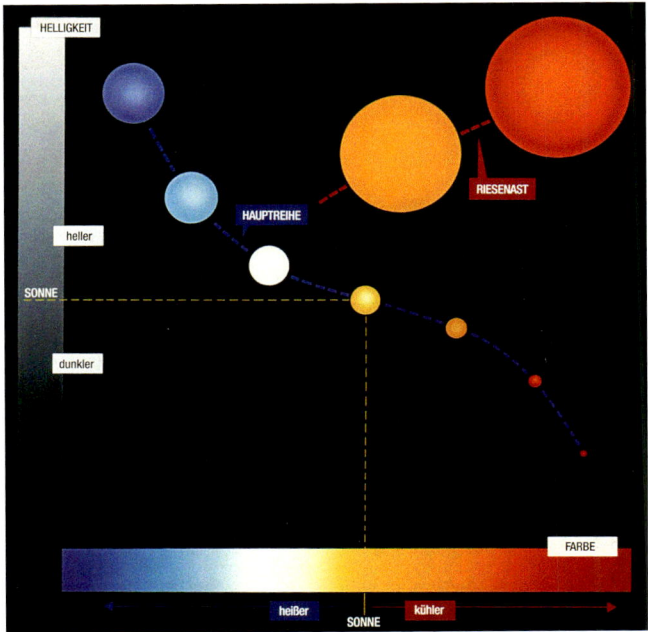

Abb. 4: Schematische Darstellung der Sterndurchmesser im FHD. Die wahren Größenverhältnisse sind noch weitaus extremer als hier dargestellt.

Die scheinbar hellsten Sterne sind auch die wirklich leuchtkräftigsten des Haufens. Diejenigen Sterne, die am lichtschwächsten erscheinen, sind auch die mit der geringsten Leuchtkraft.

Hat ein Stern im FHD am roten Ende der Farbskala (also weit rechts) die Helligkeit 5^m, so ist er 10 000-mal heller als ein roter Stern mit 15^m, der auf der Hauptreihe rechts unten sitzt. Da beide Sterne die gleiche Farbe, das heißt den gleichen Farbindex aufweisen, sind sie an ihren Oberflächen gleich heiß und strahlen pro Quadratkilometer die gleiche Energiemenge ab. Der 10 000-mal hellere Stern muss somit einen hundertmal größeren Durchmesser besitzen. Aus dem FHD lassen sich somit die wahren Durchmesser der Sterne ermitteln. Dabei fallen die gewaltigen Unterschiede in der Größe der Sterne auf, so dass man von Riesen und Zwergen spricht.

Hertzsprung-Russel-Diagramme (HRD)

Abb. 5: **Henry Norris Russell** (1877–1957).

Im Jahre 1913 hat der amerikanische Astronom Henry Norris Russell (1877–1957) die absoluten Helligkeiten der Sterne in der Sonnenumgebung gegen ihre Spektralklassen (Farben) in einem Diagramm aufgetragen. Statt der scheinbaren Helligkeit wie im FHD hat Russell die absolute Helligkeit auf der Ordinate aufgetragen. Dies ist zweckmäßig, denn die absolute Helligkeit ist ein Maß für die wirkliche Leuchtkraft der Sterne. Während im FHD, wo die Ordinate scheinbare Helligkeiten anzeigt, nur Sterne gleicher Entfernung (z. B. Sternhaufenmitglieder) einzutragen sind, bei denen die Differenzen der scheinbaren Helligkeiten den wahren Leuchtkraftunterschieden entsprechen, bewirkt das von Russell eingeschlagene Verfahren das Gleiche, aber für Sterne mit beliebigen Entfernungen.

Ein FHD, das auf der Ordinate absolute Helligkeiten oder auch Leuchtkräfte in Einheiten der Sonnenleuchtkraft und auf der Abszisse den Spektraltyp oder die Oberflächentemperatur statt des Farbindex anzeigt, wird Hertzsprung-Russell-Diagramm, abgekürzt HRD, genannt. Das HRD hat eine solche Bedeutung erlangt, dass man gerne vom Zentraldiagramm der Astrophysik spricht. Aus ihm lassen sich wichtige physikalische Eigenschaften sowohl von Einzelsternen als auch von ganzen Sterngesellschaften erkennen, respektive ableiten. Das HRD spiegelt Zustandsgrößen wie Leuchtkräfte, Massen, Durchmesser, Oberflächentemperaturen und Alter der Sterne wider. Wäre dies nicht der Fall, so wären die Sterne im HRD beliebig verstreut, also rein zufällig verteilt.

Beim ursprünglichen HRD von Russell für Sterne in der Sonnenumgebung ist die obere Hauptreihe kaum besetzt, ebenso der Riesenast. Man hat es hier mit einem Auswahleffekt zu tun. In der Sonnenumgebung fehlen rote Riesensterne ebenso wie leuchtkräftige, heiße, blaue Sterne fast vollständig. Anders sieht das HRD aus, wenn man es für alle Sterne bis etwa 6^m scheinba-

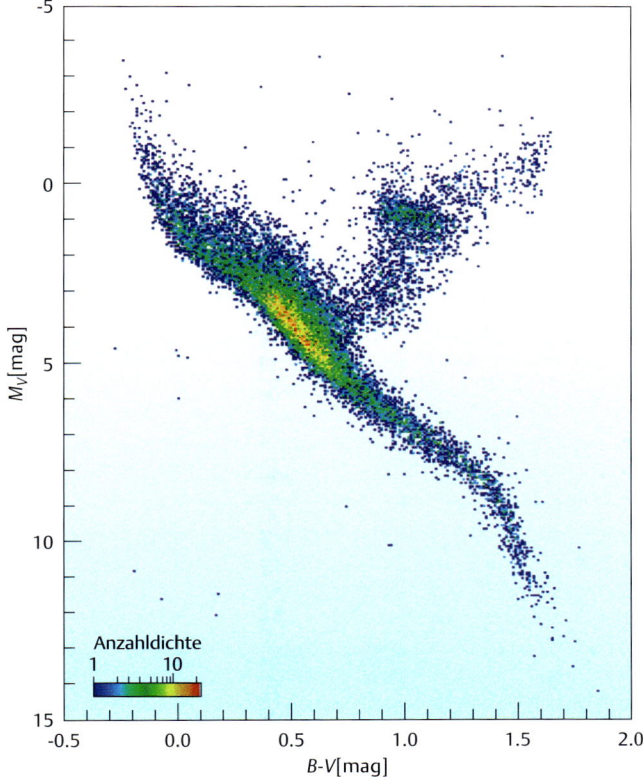

Abb. 6: Ein HRD von 16 631 Einzelsternen, die vom Astrometrie-Satelliten Hipparcos besonders gut vermessen wurden. Die Dichte der Sternpunkte ist farblich kodiert. Darstellung von H. Schrijver (Utrecht).

rer Helligkeit erstellt. Dann ist die obere Hauptreihe gut besetzt, ebenso der Riesenast. Zwischen dem Riesenast und der Hauptreihe klafft eine Lücke, die als »Hertzsprung-Gap« bezeichnet wird. Links unten im HRD sind heiße, aber extrem leuchtschwache Sterne angesiedelt. Dies ist der Bereich der Weißen Zwerge. Ein HRD, das alle Sterne bis zu einer Grenzgröße an scheinbarer Helligkeit enthält, bewirkt aber einen Auswahleffekt. Es bevorzugt die leuchtkräftigen Riesensterne. Denn sie sind in viel größerer Entfernung als die durchschnittlichen Sterne hinsichtlich ihrer Leuchtkraft und erst recht der roten Zwergsterne, die nur in unmittelbarer Sonnenumgebung erfasst werden. Ein HRD von fast 17 000 Sternen aus Hipparcos-Daten ist in Abb. 6 zu sehen.

Sternpopulationen

Das HRD lässt auch erkennen, dass es unterschiedliche Sterngesellschaften gibt, nämlich ältere Sterne und jüngere. Walter Baade hat dafür den Begriff »Populationen« in die Astrophysik eingeführt. Zur Population I gehören die Sterne jüngerer Generation. Sie haben einen höheren Anteil an schwereren Elementen (bis etwa vier Prozent). Die Astronomen nennen sie »metallreich«. Man findet sie meist in Gebieten reichhaltiger interstellarer Materie wie in den Armen von Spiralgalaxien. Wie die interstellare Materie auch, sind die Sterne der Population I zur Milchstraßenebene hin konzentriert. Die ältere Sternbevölkerung zählt zur Population II. Sterne der Population II sind metallarm. Sie finden sich zumeist in kugelförmigen Sternhaufen. Sie nehmen einen sphärischen Raum um unsere Milchstraße ein, sie bevölkern den so genannten Milchstraßenhalo.

Offene Sternhaufen sind zur Milchstraßenhauptebene konzentriert und beherbergen Sterne der Population I. Die Abgrenzung beider Populationen gegeneinander ist nicht scharf. Es gibt verschiedene Mischungen. Heute unterscheidet man meist zwischen fünf Populationen (siehe Tabelle 2).

Das HRD eines offenen Sternhaufens sieht signifikant anders aus als das eines Kugelhaufens. Bei offenen Sternhaufen ist die obere Hauptreihe gut besetzt, während der Riesenast oft nur schwach ausgeprägt ist. Je jünger der Haufen, desto weniger Sterne enthält der Riesenast (vgl. hierzu auch die Abb. 5 und 6 im späteren Beitrag über »Sternhaufen der Milchstraße«). Bei Kugelhaufen wieder fehlt der obere Teil der Hauptreihe fast völlig, der Riesenast hingegen ist dicht besetzt. Je älter der Kugelhaufen ist, desto tiefer liegt der Abknickpunkt von der Hauptreihe zum Riesenast. Die Lage dieses Punktes lässt direkt auf das Alter des Sternhaufens schließen. Denn die Entwicklungswege der Sterne bedingen das Erscheinungsbild eines HRD. So ent-

Tabelle 2: Die Sternpopulationen.

Population	Vertreter	Typisches Alter in Jahren
Halo-Population II	Kugelhaufen RR Lyrae-Sterne	$> 6 \cdot 10^9$
Intermediäre Population II	Schnell-Läufer langperiodische Variable	$5 \cdot 10^9$
Scheibenpopulation	Novae Planetarische Nebel Sterne der galaktischen Scheibe, Bewegungshaufen Offene Sternhaufen	$3 \cdot 10^9$
Ältere Population I	»Metallreiche« Sterne	10^9
Extreme Population I	OB- und T-Assoziationen H II-Gebiete Heiße Riesen	10^8

steht beispielsweise die Hertzsprung-Lücke, die den Riesenast von der Hauptreihe trennt, durch die kurze Verweildauer der Sterne in diesem Gebiet, während sie die längste Zeit ihrer Existenz auf der Hauptreihe sitzen. Die ausgebrannten Sterne, die so genannten Weißen Zwerge wiederum, sind im HRD links unten angesiedelt.

Die Geburt neuer Sterne

Sterne sind glühend heiße Gasbälle, die ihre gewaltige Energieausstrahlung die längste Zeit durch Kernfusionsprozesse decken. Sie bilden sich aus interstellaren Gaswolken, die kontrahieren und zu kleineren Portionen fragmentieren. Ab einer bestimmten Dichte und Temperatur im Zentrum der schrumpfenden Gaskugel setzt das so genannte Wasserstoffbrennen ein, der Atommeiler ist gezündet. Dies ist der eigentliche Geburtsakt eines Sternes. Der überwiegende Teil der Sternmasse besteht aus Wasserstoff. Bei Temperaturen von fünf bis dreißig Millionen Grad und mehr wird Wasserstoff in verschiedenen Prozessen zu Helium fusioniert. Jeweils vier Wasserstoffatomkerne, also Protonen, ergeben einen Heliumkern, ein so genanntes Alpha-Teilchen. Dabei wird ein Teil der Masse in Energie umgewandelt gemäß der Einstein-Gleichung: Energie = Masse mal Lichtgeschwindigkeitsquadrat. Unsere Sonne verliert auf diese Weise pro Sekunde vier Millionen Tonnen an Masse, die in Energie umgewandelt wird und sie leuchten lässt. Die Atomumwandlung geschieht nur bei sehr hohen Temperaturen im Herzen der Sterne. Die freigesetzte Strahlung muss sich dann ihren Weg nach außen durch den Sternenleib erkämpfen. In manchen Schichten ist die Sternmaterie nicht genügend durchlässig für die von innen nach außen dringende Strahlung. Die einzelnen Materiezellen erhitzen sich, steigen auf, dehnen sich aus, kühlen ab, schrumpfen und sinken wieder etwas tiefer. Die Materie brodelt in diesen Schichten wie kochendes Wasser, man spricht von einer Konvektionszone.

Flammt ein neugeborener Stern auf, so nimmt er auf der Hauptreihe im HRD Platz. Wo genau, hängt von seiner Masse ab. Massereichere und damit heißere Sterne sind auf der Hauptreihe links oberhalb der Sonne angesiedelt. Die massereichsten, heißen und blauen Sterne vom Spektraltyp O und B sind dabei am höchsten Ast der Hauptreihe zu finden. Masseärmere Sterne sind rechts unterhalb der Sonnenposition auf der Hauptreihe beheimatet. Dort sitzen die düster vor sich hin glimmenden roten Zwergsterne von einer halben Sonnenmasse und weniger.

Die Zone, in der die Sterne nach Zünden des Atomfeuers, also nach ihrer Geburt, aufsetzen, heißt Null-Alter-Hauptreihe (engl.: Zero Age Main Sequence, abgekürzt ZAMS). Hier verbringt ein Stern die meiste Zeit seines Lebens in einem relativ stabilen Zustand. Der Gas- und Strahlungsdruck, der den Stern aufzublähen versucht, hält der Schwerkraft, die den Stern zusammendrücken möchte, die Waage. Oberflächentemperatur und Durchmesser des Sternes, somit also seine Leuchtkraft, ändern sich während seiner Lebenszeit auf der Hauptreihe nur sehr langsam.

Auf dem Weg zum Roten Riesen

Wie lange ein Stern lebt und auf der Hauptreihe verharrt, hängt entscheidend von seiner Masse ab. Je massereicher ein Stern ist, desto kürzer seine Lebenserwartung. Die massereichsten Sterne hält es nur einige zehn Millionen Jahre auf der Hauptreihe, die Sonne verbringt hier rund zehn Milliarden Jahre (vgl. Tabelle 3 zum Lebenslauf der Sonne), rote Zwergsterne gut und gern dreizehn Milliarden Jahre und darüber. Massereiche Sterne gehen mit ihrem Kernbrennstoff viel verschwenderischer um. Durch eine höhere Zentraltemperatur wird das Atomfeuer in ihrem Inneren stärker entfacht, die Umwandlung von Wasserstoff in Helium erfolgt schneller. Mit der Zeit bildet sich im Zentrum eines Sternes eine Heliumkugel, gewissermaßen die Asche des Wasserstoffbrennens. Die Wasserstoffbrennzone hingegen wandert langsam aber stetig nach außen. Schließlich kollabiert der Heliumkern ab einer bestimmten Größe. Die Zentraltemperatur schnellt auf über hundert Millionen Grad hinauf, eine neue Energiequelle wird aktiv: Bei solch hohen Temperaturen verwandelt sich Helium in Kohlenstoff (3 α- oder Salpeterprozess). Bei massereichen Sternen geht das atomare Spiel noch weiter. Immer schwerere Elemente werden in atomaren Kernreaktionen produziert. Sauerstoff, Stickstoff, Silizium, Neon und schließlich Eisen werden im Sterninneren gebildet. Entwickelte, massereiche Sterne besitzen einen Eisenkern, der von Schalen verschiedener Fusionsprodukte umschlossen wird. Man spricht daher auch vom Zwiebelschalenmodell. Wenn die Wasserstoffbrennschale nach außen wandert und sich ein Heliumkern bildet, der kontra-

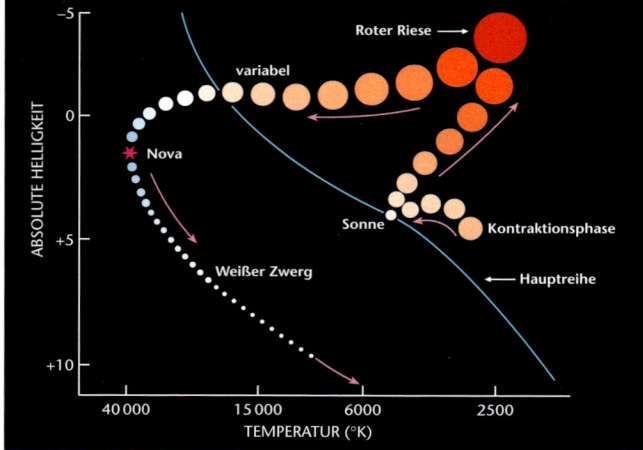

Abb. 7: Der Entwicklungsweg der Sonne im Hertzsprung-Russell-Diagramm. Die Entwicklung vom Hauptreihenstern über das Stadium des Roten Riesen bis hin zum Weißen Zwerg ist hier stark vereinfacht dargestellt.
Zum zeitlichen Ablauf vgl. auch Tabelle 3.

hiert, dann bleibt dies nicht ohne Auswirkungen auf die Größe und Oberflächentemperatur und damit auf Helligkeit und Farbe der Sterne. Der Stern bläht sich auf, die Oberflächentemperatur sinkt, er wird zu einem Roten Riesen. Damit entfernt er sich von der Hauptreihe im HRD nach rechts oben, und man findet ihn am Riesenast wieder. Rote Riesensterne blasen einen erheblichen Teil ihrer Masse als Sternwind ins Weltall ab. Dabei wird die interstellare Materie mit schwereren Elementen angereichert. Bei der Bildung neuer Sterne ist damit auch das Baumaterial für Planetensysteme vorhanden.

Tabelle 3: Lebenslauf der Sonne (nach J. Sackmann, A. I. Boothroyd und K. E. Kraemer 1993).

Sonnenalter in Milliarden Jahren	Ereignis	Masse (heutiger Wert = 1)	Leuchtkraft (heutiger Wert =1)	Temperatur in Kelvin	Durchmesser (heutiger Wert = 1)
0	Wasserstoffbrennen setzt ein, neugeborene Sonne landet auf der Hauptreihe.	1	0.70	5586	0.90
4.55	Heutiger Zustand	1	1	5779	1
9.37	Wasserstoff im Kern ist aufgebraucht, die Sonne verlässt die Hauptreihe. Schalenbrennen von Wasserstoff.	1	1.67	5819	1.28
11.64	Sonne wird zum Roten Riesen. Massenverluste durch starken Teilchenwind setzen ein.	1	2.73	4902	2.30
12.23	Erstes maximales Aufblähen, Heliumbrennen im Kern setzt ein.	0.72	2349	3107	166
12.32	Kurze Beruhigungsphase.	0.71	42.4	4819	9.4
12.345	Alles Helium im Kern zu Kohlenstoff und Sauerstoff verbrannt. Schalenbrennen des Heliums beginnt.	0.71	130	4375	20
12.36535	Mehrere Ausbrüche beim Heliumschalenbrennen. Daten für den 4. Helium-Flash. Dabei bläht sich die Sonne kurzzeitig enorm auf.	0.5454	5190 (kurzzeitiger maximaler Wert)	3660 (kurzzeitiger maximaler Wert)	177
12.36544	5. Helium-Flash. Sonne umgibt sich mit planetarischem Nebel. Danach langsames Ausglühen als Weißer Zwerg.	0.5414	90	74080	0.058

Die Endstadien der Sterne

Im fortgeschrittenen Lebensalter werden Sterne fast immer für bestimmte Zeitspannen instabil. Sie beginnen zu pulsieren. Ihre Oberflächen schwingen über einen Gleichgewichtszustand hinaus. Der Stern bläht sich auf und schrumpft anschließend wieder. Manche Sterne blasen ihre äußeren Hüllen vollständig ab, ein planetarischer Nebel entsteht (vgl. Abb. 8). Der übrig bleibende Sternenkern entwickelt sich zu einem Weißen Zwerg.

Massereichere Sterne wieder detonieren nach Beendigung der Kernfusionsprozesse in ihren Zentren in einer gewaltigen Explosion, einer Supernova vom Typ II. Für wenige Stunden oder Tage leuchten sie so hell wie hundert Milliarden Sonnen, also so hell wie eine große Galaxie. Übrig bleibt ein Neutronenstern, der wegen seiner raschen Rotation auch Pulsar genannt wird, da er periodisch im Bereich von Millisekunden bis einigen Sekunden Lichtblitze und Radiowellen ins All schleudert.

Auch das Endstadium der Sterne wird durch ihre Masse bestimmt. Weiße Zwerge sind schon kleine Gebilde von etwa der Größe eines Planeten. Da sie aber etwa Sonnenmasse besitzen, ist ihre Materie ungeheuer dicht gepackt. Je mehr Masse sie aufweisen, desto kleiner sind sie. Bei mehr als 1.44 Sonnenmassen kann das entartete Elektronengas der Schwerkraft nicht mehr standhalten, der Stern bricht zu einem Neutronenstern zusammen. Nach ihrem Entdecker heißt die Massenobergrenze für Weiße

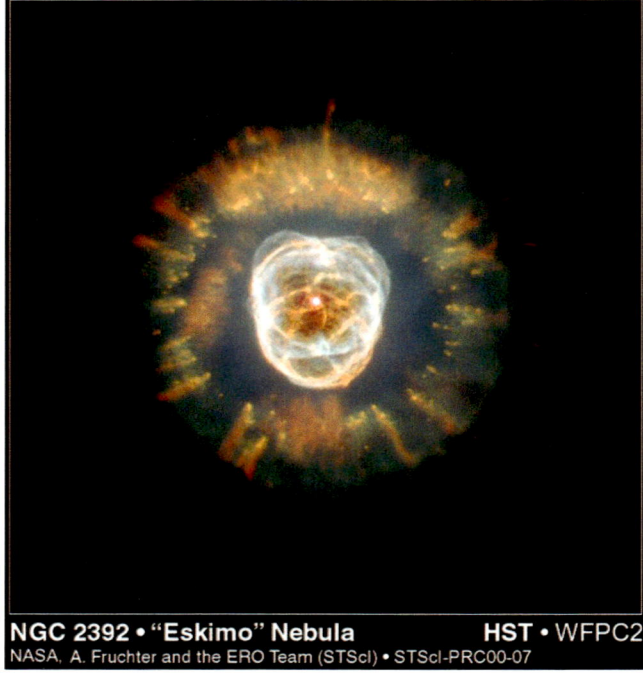

Abb. 8: Der planetarische Nebel NGC 2392 im Sternbild der Zwillinge ist rund 3000 Lichtjahre entfernt und mit seinem hellen Zentralstern ein schönes Beobachtungsobjekt für Amateurfernrohre. In dieses Entwicklungsstadium könnte auch unsere Sonne in acht Milliarden Jahren kommen. Aufnahme mit dem Hubble-Weltraumteleskop (NASA/STScI).

NGC 2392 • "Eskimo" Nebula   HST • WFPC2
NASA, A. Fruchter and the ERO Team (STScI) • STScI-PRC00-07

Zwerge Chandra-Limit oder auch Chandrasekhar-Grenze. Neutronensterne haben nur etwa zwanzig bis dreißig Kilometer Durchmesser, aber die enorme Dichte von Millionen Tonnen pro Kubikzentimeter. Da der Drehimpuls beim Kollaps weitgehend erhalten bleibt, rotieren Neutronensterne extrem rasch. Auch für Neutronensterne gibt es eine Massengrenze, oberhalb derer er nicht stabil sein kann. Er kollabiert zu einem Schwarzen Loch, aus dessen Schwerkraftschlund sich nicht einmal mehr Lichtquanten befreien können: das Objekt wird unsichtbar. Näheres zu diesen exotischen Gebilden findet man im späteren Kapitel über Schwarze Löcher.

Literatur

Kaler, J. B.: Sterne und ihre Spektren. Spektrum Akademischer Verlag, 1994.

Langer, N.: Leben und Sterben der Sterne. C. H. Beck München, 1995.

Scheffler, H.; Elsässer, H.: Physik der Sterne und der Sonne. B.I.-Wissenschaftsverlag Mannheim, 1974.

Die Nachbarsterne der Sonne

Volker Kasten

Für seine Nachbarn entwickelt man verständlicherweise ein gewisses Interesse – das ist im täglichen Leben ebenso wie beim Blick zu den Sternen. Welche der zahllosen Sterne des Nachthimmels gehören zu unseren Nachbarn in der Milchstraße, wie weit sind sie entfernt und welche Eigenschaften haben sie?

Während im Alltag die Identifizierung der Nachbarn im Allgemeinen keine Probleme bereitet, gestaltet sich dies im Fall der Sterne schon schwieriger. Denn leider ist es ja nicht so, dass man die Entfernung der Fixsterne einfach an ihrer Helligkeit ablesen könnte, nach dem Motto: je heller, desto näher.

Die ersten Sternparallaxen

Während die Mondentfernung schon im alten Griechenland bekannt war und die Abstände von Sonne und Planeten in der zweiten Hälfte des 17. Jahrhunderts entschlüsselt wurden, dauerte es bis weit in das 19. Jahrhundert hinein, ehe die ersten Fixsternentfernungen gemessen werden konnten. Friedrich Wilhelm Bessel an der Königsberger Sternwarte, Wilhelm Struve in Dorpat und Henderson an der Kapsternwarte gelang es schließlich im Jahr 1838, die Entfernung dreier Sterne zu bestimmen: 61 Cygni, Wega und Alpha Centauri.

Dies geschah durch so genannte Parallaxenmessungen, deren Prinzip in Abb. 1 veranschaulicht wird. Wenn man einen Fixstern im Verlauf eines Jahres von der Erde aus beobachtet, zeigt er vor dem Hintergrund weit entfernter Sterne eine kleine Verschiebung (Parallaxe). Aus dem Parallaxenwinkel lässt sich dann nach den Regeln der Trigonometrie sehr einfach die gesuchte Entfernung berechnen. Allerdings geht es bei Sternparallaxen stets um sehr kleine Winkel. Selbst beim nächsten Sternsystem Alpha Centauri beträgt die Parallaxe nur 0.77 – so winzig erscheint uns eine Euromünze, wenn wir sie aus sechs Kilometern Entfernung betrachten!

Einen enormen Fortschritt bei Sternparallaxen brachte zuletzt der Astrometriesatellit Hipparcos, der in den Jahren 1989 bis 1993 die Parallaxen von 118 000 Sternen mit Genauigkeiten von einer tausendstel Bogensekunde und über eine Million Sterne mit etwas geringerer Genauigkeit gemessen hat. Aber selbst mit Hipparcos ließen sich keine allzu großen Tiefen der Milch-

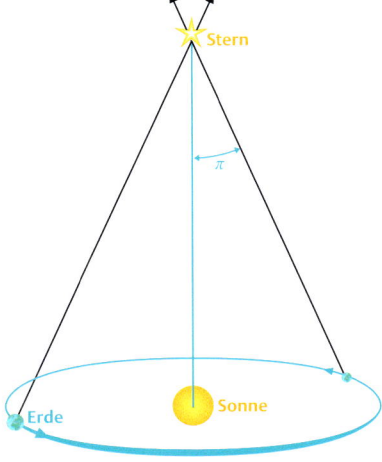

Abb. 1: Beim jährlichen Umlauf der Erde um die Sonne zeigt ein angepeilter Stern eine Positionsverschiebung (Parallaxe-π). Der Effekt ist hier stark übertrieben gezeichnet, denn alle Fixsternparallaxen sind kleiner als 1".

straße ausloten. Für Sterne in 1000 Lichtjahren Entfernung beträgt die Unsicherheit der Hipparcos-Daten bereits 30 %. Und der vielleicht 3000 Lichtjahre entfernte Stern Deneb im Schwan hat eine so kleine Parallaxe, dass selbst Hipparcos die Segel streichen musste.

Sterntypen und Hertzsprung-Russell-Diagramm

Um unsere Sternnachbarn näher zu beschreiben und – wie wir das im täglichen Leben mit Nachbarn wohl auch gern tun – in bekannte Kategorien einzuordnen, beziehen wir uns im Folgenden häufig auf ihre Einteilung in Spektralklassen und die Lage

Abb. 2: Das Hertzsprung-Russell-Diagramm. Außer den hier besprochenen Nachbarsternen sind noch einige weitere bekannte Sterne eingezeichnet. Weitere Erläuterungen findet man im Text.

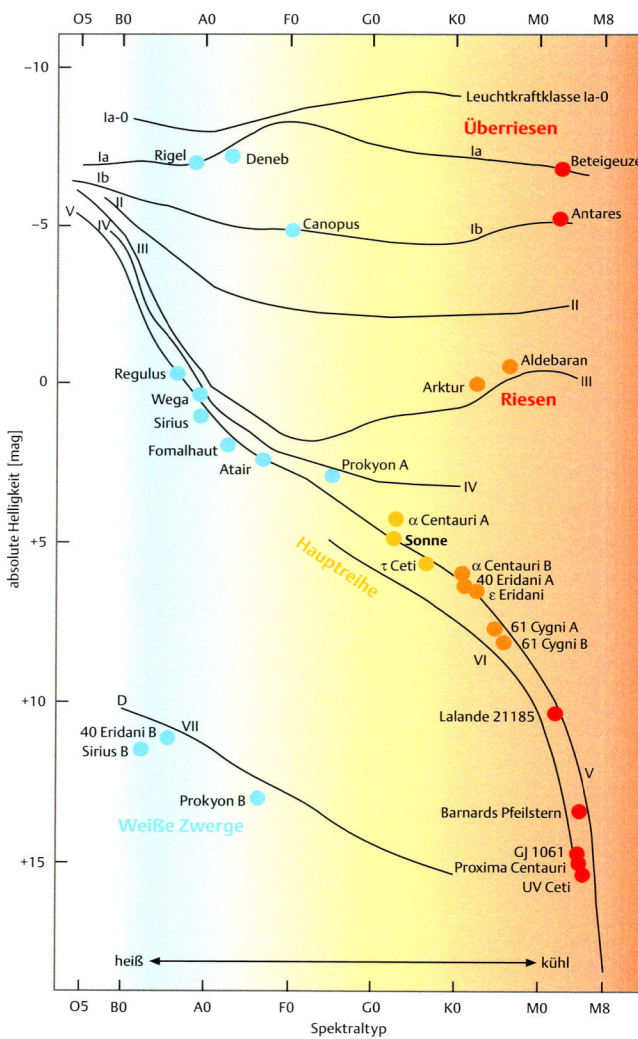

Tabelle 1: Die Nachbarsterne bis zum Sirius.

Name	Rekt.	Dekl.	Entf. [LJ]	m_V [mag]	Spktr.	Bemerkungen
Proxima Cen	$14^h29.8^m$	−62°41'	4.22	11.0	M5 V	Flarestern
α Cen A	14 39.7	−60 50	4.39	−0.01	G2 V	sonnenähnlich
α Cen B	14 39.7	−60 50	4.39	1.35	K0 V	Distanz AB = 14"
Barnards Stern	17 57.8	4 22	5.94	9.54	M4 V	Größte EB
Wolf 359	10 56.5	7 01	7.80	13.5	M6 V	extrem lichtschwach
Lalande 21185	11 03.3	+35 58	8.31	7.49	M2 V	planet. Begleiter?
L 726-8 A	1 38.8	−17 57	8.57	12.4	M6 V	
L 726-8 B	1 38.8	−17 57	8.57	13.2	M6 V	Flarestern UV Cet
Sirius A	6 45.2	−16 43	8.60	−1.44	A1 V	hellster Stern
Sirius B	6 45.2	−16 43	8.60	8.4	DA 2	Weißer Zwerg

im Hertzsprung-Russell-Diagramm (HRD). Die nötigen Informationen hierzu finden sich im vorangehenden Beitrag von H.-U. Keller.

An dieser Stelle sei nur erinnert an die Hauptreihensterne, zu denen fast alle Sonnennachbarn gehören.

Die Sterne links oben auf der Hauptreihe (Spektraltypen O und B) sind die massereichsten, leuchtkräftigsten und heißesten – sie strahlen bläulich. Dagegen handelt es sich bei den Sternen am rechten unteren Rand der Hauptreihe (Typen K und M) um massearme, kleine und kühle Sterne, die rötlich leuchten. Unsere Sonne ist ein Hauptreihenstern vom Spektraltyp G2 und stellt in vielerlei Hinsicht einen durchschnittlichen Stern dar.

Alpha Centauri

Beginnen wir unsere Erkundungstour in die Sonnenumgebung beim nächsten Nachbarn, dem 4.3 Lichtjahre entfernten System Alpha Centauri. Alpha Centauri, manchmal auch Rigel Kentaurus oder Toliman genannt, leuchtet als heller Stern in den Wolken der südlichen Milchstraße, unweit vom Kreuz des Südens (vgl. Abb. 3). Mit seiner Helligkeit von −0.3 mag nimmt er unter den hellsten Fixsternen des Himmels hinter Sirius und Canopus den dritten Rang ein.

Eigentlich ist Alpha Centauri gar kein einzelner Stern, sondern ein Doppelstern – und zwar einer der schönsten des ganzen Himmels! Das entdeckte ein gewisser Pater Richaud in Indien, als er gegen Ende des Jahres 1689 einen Kometen beobachtete, der auf seiner Bahn durch südliche Sternbilder dicht an Alpha Centauri vorbeizog.

Wie bei Doppelsternen üblich, nennt man die beiden Komponenten Alpha Centauri A und B. Sie haben die Helligkeiten −0.01 mag bzw. +1.35 mag und umrunden sich auf einer stark

Abb. 3: Die südliche Milchstraße mit Alpha und Beta Centauri (links der Bildmitte) und dem Kreuz des Südens (rechts). Aufnahme von Wolfgang Paech in Namibia mit einem 85-mm-Objektiv (f/4), 20 min belichtet auf Scotchchrome 400.

elliptischen Bahn einmal in 80 Jahren. Für den irdischen Beobachter variiert der scheinbare Abstand der Komponenten zwischen 2 und 22 und liegt zurzeit bei 14".

Die Komponenten von Alpha Centauri sind Hauptreihensterne vom Spektraltyp G2 (Komponente A) bzw. K1 (Komponente B). Die hellere Komponente ähnelt in vielem unserer Sonne: Es ist ein gelblicher Stern von gut Sonnengröße, dessen Leuchtkraft das 1.6fache unseres Tagesgestirns beträgt. Komponente B ist als K1-Stern etwas masseärmer und kühler, mit nur 45 % der Sonnenleuchtkraft. Beide Sterne dürften sieben Milliarden Jahre alt und damit etwas bejahrter als unsere Sonne sein.

Proxima, der allernächste Stern

Als Henderson die Parallaxe von Alpha Centauri maß, hatte er durch Zufall auch gleich den nächsten Nachbarstern erfasst – jedenfalls beinahe den nächsten.

Im Jahr 1915 wurde nämlich R. T. Innes auf ein unscheinbares Sternchen 11. Größe aufmerksam, das am Himmel nur 2° von Alpha Centauri entfernt steht. Dieser schwache Stern bewegt sich parallel zu Alpha, allerdings beträgt der Abstand zum Paar AB rund 1/5 Lichtjahr, so dass die Umlaufszeit annähernd 500 000 Jahre betragen müsste. Nach Messungen einer Forschergruppe (J. Anosova et al.) aus dem Jahr 1994 ist Proxima Centauri allerdings gar nicht im Umlauf um das AB-Paar, sondern bewegt sich parallel hierzu durch den Raum, wobei zu dieser kleinen Bewegungsgruppe sogar noch einige weitere Sterne gehören könnten.

Dieser Begleiter wird Proxima Centauri genannt – also »nächster Stern«. Tatsächlich steht Proxima uns noch etwas näher als die Komponenten A und B: Hipparcos-Messungen ergaben für Proxima eine Entfernung von 4.22 Lichtjahren, während A und B 4.39 Lichtjahre von uns entfernt sind.

Bei Proxima Centauri handelt es sich um einen wahrhaft kümmerlichen Sternnachbarn, einen Roten Zwerg vom Spektraltyp M5, der am untersten Ende der Hauptreihe angesiedelt ist (siehe Abb. 2). Er dürfte nur von Jupitergröße sein und hat eine sehr niedrige Oberflächentemperatur von nur 2400 K (das »K« steht für Kelvin, eine in der Sternphysik übliche Temperatureinheit, die um 273° höher als die Celsiusskala liegt).

Derart kühle und rote Sterne geben einen Großteil ihrer Strahlung im Infrarotbereich ab und erscheinen unserem Auge deshalb noch schwächer, als sie eigentlich sind. Aber selbst wenn man die Ausstrahlung über sämtliche Wellenlängen berücksichtigt, kommt Proxima nur auf 1/700 der Sonnenleuchtkraft.

Wie einige andere M-Zwerge auch, zeigt Proxima gelegentliche Helligkeitsausbrüche (»Flares«). Sie gehen wahrscheinlich auf Energieausbrüche in der Chromosphäre des Sterns zurück. Ähnliche Flares kann man in abgemilderter Form auch auf unserer Sonne beobachten.

Der Schnellste: Barnards Pfeilstern

Der nächste Sternnachbar jenseits des Systems Alpha Centauri leuchtet so schwach, dass man schon ein lichtstarkes Fernglas braucht, um ihn zu erkennen. Es ist Barnards Pfeilstern, ein unscheinbares Lichtpünktchen der Helligkeit 9.5 mag im Sommersternbild des Ophiuchus. Die Hipparcos-Daten liefern als Entfernung 5.94 Lichtjahre. Für uns, die wir auf Alpha Centauri verzichten müssen, ist Barnards Stern also der nächste beobachtbare Nachbar.

Die Bezeichnung »Pfeilstern« hat der Stern erhalten, weil er ein wahrer Schnellläufer ist und unter allen Fixsternen des Himmels die größte Eigenbewegung zeigt: Von Jahr zu Jahr ver-

Abb. 4: Barnards Pfeilstern auf seinem Weg durch den Ophiuchus. Im rechtem Bild ist seine Bewegung über anderthalb Jahre dargestellt. Eigenbewegung und Parallaxe überlagern sich zu einer Schlingerbewegung des Sterns.

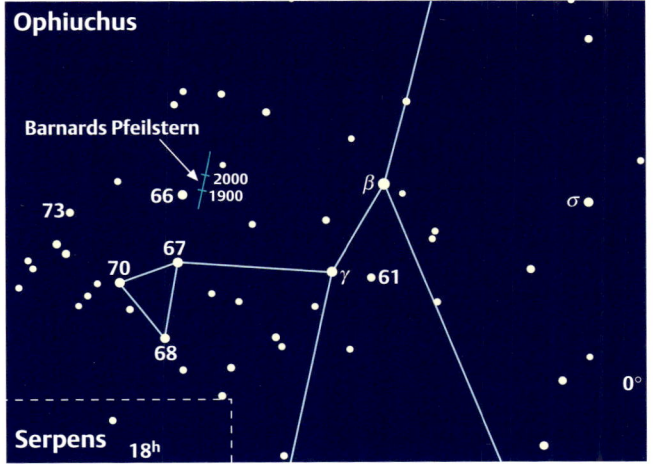

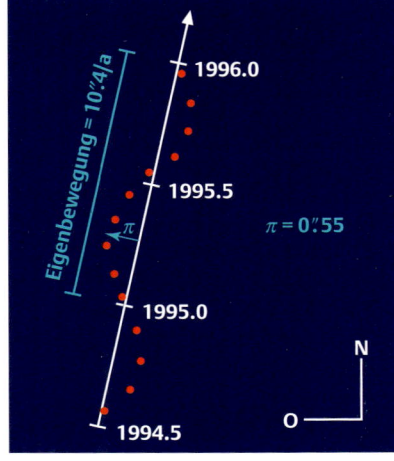

schiebt sich seine Position vor dem Hintergrund ferner Sterne um gut 10″. Entdeckt hat diesen Rekordhalter der vor allem durch seine Nebelphotographien bekannte Astronom E. E. Barnard im Jahr 1916. Die rasche Eigenbewegung des Sterns führt zusammen mit der jährlichen Parallaxe zu einer Art Schlingerbewegung, die in Abb. 4 dargestellt ist.

Barnards Stern ist ein Roter Zwerg vom Spektraltyp M4, ebenso wie Proxima Centauri nur jupitergroß, aber etwas leuchtkräftiger.

Noch drei Rote Zwerge

Bevor wir auf unserer Besichtigungstour den nächsten hellen Nachbarstern (Sirius) erreichen, sind noch drei Rote Zwerge zu vermelden:

➤ Wolf 359 ist ein extrem leuchtschwaches Objekt der Helligkeit 13.5 mag im Sternbild Löwe und wurde photographisch von Max Wolf in Heidelberg entdeckt. Mit dem Spektraltyp M6 liegt er am untersten Rand der Hauptreihe und ist wohl nur von Jupitergröße. Er wurde von Hipparcos nicht vermessen, dürfte aber einen Abstand von 7.80 Lichtjahren haben.

➤ In 8.31 Lichtjahren Entfernung trifft man auf Lalande 21185, ein immerhin 7.5 mag helles Feldstecherobjekt im Großen Bären. Eventuell wird dieser nahe M2-Stern von planetaren Begleitern umkreist, deren Existenz aber noch nicht endgültig gesichert ist.

➤ Der Doppelstern L 726-8 schließlich besteht aus zwei leuchtschwachen Roten Zwergen (Spektrum M6) von 12. bis 13. Größe und ist 8.57 Lichtjahre entfernt. Die schwächere Komponente ist UV Ceti, ein Flare-Stern wie Proxima Centauri. Seine plötzlichen und unvorhersagbaren Helligkeitsausbrüche dauern nur wenige Minuten und können mehrere Größenklassen betragen, so dass dieses Objekt für Amateure, die über größere Instrumente und viel Ausdauer verfügen, durchaus interessant ist.

Der Strahlendste: Sirius

Nun gelangen wir zum Glanzlicht unserer Umgebung: zu Sirius, dem Hauptstern im Großen Hund. Er ist mit seiner Helligkeit von −1.44 mag der hellste Fixstern des gesamten Himmels. Von ihm trennen uns 8.60 Lichtjahre, er ist also doppelt so weit entfernt wie das System Alpha Centauri.

In unseren Breiten erhebt sich Sirius nie hoch über den Horizont, und deshalb kann man bei diesem hellen Gestirn oft ein kräftiges Funkeln in allen möglichen Farbnuancen beobachten, das besonders die horizontnahen Sterne infolge der Luftunruhe zeigen.

Von Natur aus strahlt Sirius aber ein schönes, weißes Licht aus, mit einem Stich ins Bläuliche. Das Spektrum weist ihn als Hauptreihenstern vom Typ A1 aus. Die A-Sterne sind erheblich massereicher, heißer und leuchtkräftiger als unser Tagesgestirn. Sirius' Sternkörper dürfte fast doppelt so groß sein wie die Sonne und die 2.4fache Sonnenmasse besitzen. Seine Oberfläche ist nicht nur größer, sondern mit 10 000 K auch viel heißer als unser eigener Stern, so dass insgesamt eine Leuchtkraft vom 22fachen der Sonne resultiert.

Sirius zeigt eine jährliche Eigenbewegung von 1".3, das macht immerhin 3/4° in zweitausend Jahren aus. Er gehörte neben Arktur und Aldebaran zu denjenigen Sternen, an denen Edmond Halley im Jahr 1718 durch Vergleich mit antiken Sternpositionen die Eigenbewegung der Fixsterne entdeckt hat.

Der Siriusbegleiter

Abgesehen von seiner Eigenbewegung und Parallaxe zeigt Sirius zusätzlich noch winzige Abweichungen in seiner Bewegung, die zuerst Bessel (1844) aufgefallen sind. Bessel deutete dieses Verhalten zutreffend als die Gravitationswirkung eines damals noch unbekannten Begleiters. Dieser Begleiter, heute Sirius B genannt, wurde dann im Jahr 1862 durch den Teleskopbauer Alvan G. Clark mit Hilfe des seinerzeit weltgrößten Refraktors tatsächlich entdeckt. Die Abb. 5 zeigt ein Amateurphoto des Siriusbegleiters.

Sirius B umläuft seinen Zentralstern auf einer lang gestreckten Bahn einmal in 50 Jahren und erreichte zuletzt im Jahr 1994 sein Periastron. Der Winkelabstand von Sirius A und B schwankt während eines Umlaufs zwischen 3" und 11".

Obwohl die Helligkeit des Begleiters mit 8.4 mag angegeben wird, ist seine Beobachtung wegen der Nähe des alles überstrahlenden Hauptsterns äußerst schwierig. Immerhin konnte ihn Robert Burnham, der Autor des schon klassischen »Celestial Handbook«, wiederholt mit einem zehnzölligen Spiegelteleskop erkennen. Zurzeit steht der Begleiter allerdings nur etwa 6" von

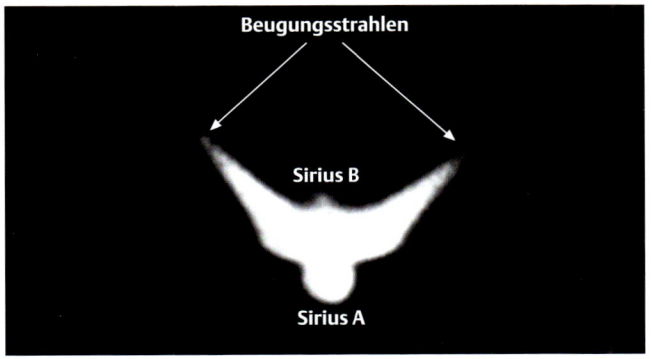

Abb. 5: Sirius A und Sirius B (in der Mitte zwischen den Beugungsstrahlen). Aus Bernhard Wedel: »Die Beobachtung des Siriusbegleiters mit einem Spezialkameraansatz« (SuW 19, 303 [9/1980]).

Sirius entfernt und dürfte für die meisten Amateure unbeobachtbar sein.

Die wahre Natur des Siriusbegleiters blieb lange Zeit rätselhaft. Heute wissen wir, dass es sich bei Sirius B um einen so genannten Weißen Zwerg handelt. Weiße Zwerge stellen die traurigen Endstadien vieler Sterne (auch dereinst unserer Sonne) dar – wir sehen die langsam ausglühenden Kerne. Sirius B ist mit 24 800 K noch sehr heiß und hat die Masse der Sonne. Er ist jedoch nur knapp von Erdgröße, so dass der Siriusbegleiter extrem verdichtet sein muss – man spricht von »entarteter« Materie. Ein Kubikzentimeter dieser Sternmaterie dürfte die Masse von einigen tausend Kilogramm besitzen!

Im Umkreis von 30 Lichtjahren

Je weiter man in die Tiefe der Galaxis vordringt, desto mehr Sterne geraten ins Blickfeld. Eine kürzlich veröffentlichte Liste enthält immerhin 25 Systeme mit zusammen 34 Einzelsternen im Umkreis von 13 Lichtjahren um die Sonne, und es dürften schon einige hundert Sterne sein, die uns näher als 30 Lichtjahre stehen.

Abb. 6 vermittelt einen Eindruck von der räumlichen Verteilung der sonnennahen Sterne. Es sind alle hier besprochenen Nachbarsterne eingezeichnet, aber im Raumgebiet jenseits von Sirius ist die Darstellung nicht mehr vollständig. Wahrscheinlich kennt man auch noch gar nicht alle leuchtschwachen Sternnachbarn. So wurde der Stern Gliese-Jahreiss 1061 erst im Jahr 1996 entdeckt, ein Roter Zwerg von der 13. Größe im südlichen Sternbild Horologium. Er schob sich mit seiner Entfernung von nur 12.1 Lichtjahren gleich an die 20. Stelle in der Liste der nächsten Sternsysteme vor.

Echte Attraktionen, also Leuchtkraftgiganten wie Rigel, Deneb oder Beteigeuze, fehlen leider in der Sonnenumgebung. So kann man sich nur ausmalen, wie es wäre, etwa den Deneb

Abb. 6 : Die Sterne der Sonnenumgebung. Zur besseren Orientierung ist die Äquatorebene der Erde mit einem Koordinatenraster eingezeichnet. Die Farbe (Spektren) und ungefähren Größenverhältnisse sind angedeutet. Dargestellt sind nur die im Artikel besprochenen Nachbarsterne, von Systemen nur die Hauptsterne.

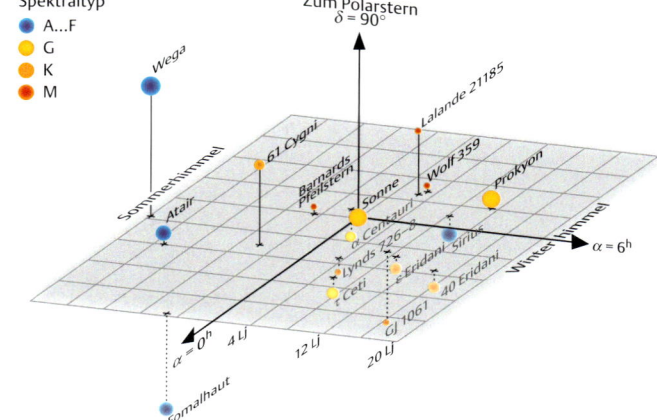

Tabelle 2 : Daten einiger Nachbarsterne jenseits von Sirius.

Name	Rekt.	Dekl.	Entf. [LJ]	Helligk. m_v	Spktr.	Bemerkungen
ε Eridani	3^h32^m9	−9°27'	10.5	3.72	K2 V	Staubscheibe
Prokyon A	7 39.3	+5 13	11.4	0.40	F5 IV–V	
Prokyon B	7 39.3	+5 13	11.4	10.7	DA	Weißer Zwerg
61 Cygni A	21 06.9	+38 45	11.4	5.20	K5 V	BY Dra
61 Cygni B	21 06.9	+38 45	11.4	6.05	K7 V	Distanz AB = 30"
τ Cet	1 44.1	−15 56	11.9	3.49	G8 V	sonnenähnlich
GJ 1061	3 36.0	−44 31	12.1	13.0	M5 V	erst 1996 entdeckt
40 Eridani A	4 15.3	−7 39	16.5	4.4	K1 V	
40 Eridani B	4 15.3	−7 39	16.5	9.5	DA	Weißer Zwerg
40 Eridani C	4 15.3	−7 39	16.5	11.2	M4 V	Distanz BC = 9"
Atair	19 50.8	+8 52	16.8	0.76	A7 V	schnelle Rotation
Fomalhaut	22 57.7	−29 37	25.1	1.17	A3 V	Staubscheibe
Wega	18 36.9	+38 47	25.3	0.03	A0 V	Staubscheibe

vor unserer stellaren Haustür, in Siriusentfernung, zu haben: Er würde mit einer Helligkeit von −11 mag die Nächte erhellen und damit dem Mond Konkurrenz machen!

Die meisten auffallenden Sterne unseres Himmels sind Hunderte von Lichtjahren von uns entfernt und kaum mehr als Sonnennachbarn in der Milchstraße anzusprechen – auch wenn sie noch zum »lokalen Spiralarm« unserer Galaxis gehören, in dem auch die Sonne steht. Diese fernen Sterne erscheinen uns nur deshalb heller als viele Nachbarsterne, weil sie von Natur aus wesentlich leuchtkräftiger sind. Von den 48 Sternen, die heller als Sterne der 2. Größenklasse sind, stehen uns nur sechs näher als 30 Lichtjahre: Außer Alpha Centauri und Sirius sind dies Prokyon, Atair, Fomalhaut im Südlichen Fisch und Wega in der Leier.

Prokyon

Wenn der prachtvolle Himmelsjäger Orion mit seinem Großen und Kleinen Hund im Gefolge am Winterhimmel steht, können wir mit Sirius und Prokyon zwei unserer hellsten Sternnachbarn bewundern (vgl. Abb. 7). Schauen wir uns den Hauptstern des Kleinen Hundes, Prokyon, einmal genauer an! Mit seiner scheinbaren Helligkeit von 0.40 mag ist Prokyon immerhin der achthellste Stern des Himmels. Seine Entfernung zu uns beträgt 11.4 Lichtjahre, er ist also nur um ein Drittel weiter von uns entfernt als Sirius.

Wenn man die beiden Hundssterne einmal im Fernglas vergleicht, fällt auf, dass Prokyon gegenüber dem kalten Weiß des Sirius einen wärmeren, sahnegelben Farbton besitzt. Prokyon ist nämlich ein Hauptreihenstern vom Spektraltyp F5, also kühler (7000 K) und gelblicher als der A-Stern Sirius, aber heißer als

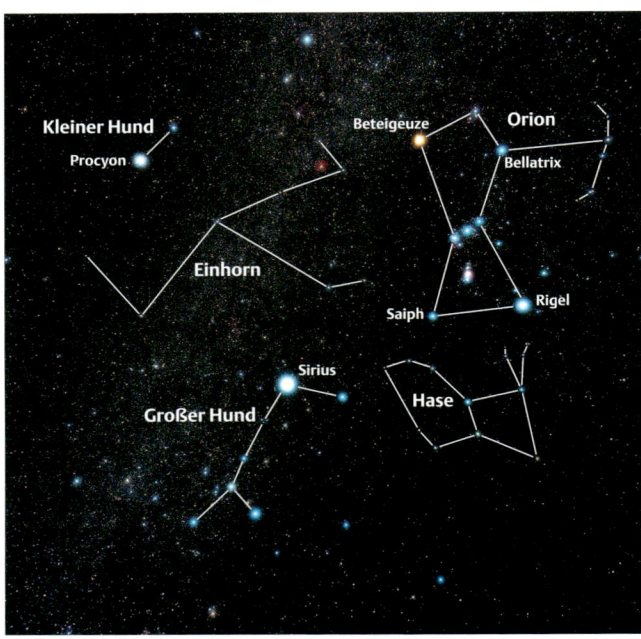

unsere Sonne, ein G-Stern mit 5800 K. Im Vergleich zur Sonne dürfte Prokyon gut doppelt so groß und fast doppelt so massereich sein. Erst sieben Exemplare unserer Sonne zusammengenommen würden die gleiche Leuchtkraft aufbringen wie Prokyon.

Ebenso wie Sirius wird auch Prokyon von einem Weißen Zwerg, Prokyon B genannt, umkreist. Dieser Begleiter verriet sich zunächst wieder indirekt, durch Schlingerbewegungen seines Zentralsterns, bevor er im Jahr 1896 am Lick-Observatorium tatsächlich gesichtet werden konnte. Mit seiner Helligkeit von nur 10.7 mag und einem Abstand zwischen 2".2 und 5" vom Hauptstern ist Prokyon B noch schwieriger zu beobachten als Sirius B.

Mit Staubscheibe: Epsilon Eridani

Rechterhand vom Orion, im ausgedehnten Sternbild des Eridanus, finden wir den mittelhellen Stern Epsilon Eridani, einen tiefgelben Hauptreihenstern vom Typ K2 mit einer Helligkeit von 3.7 mag. Dieser Stern ist nur 10.5 Lichtjahre entfernt und unter allen mit bloßen Augen sichtbaren Sternen nach Alpha Centauri und Sirius unser drittnächster Nachbar.

Epsilon Eridani ist fast so groß wie die Sonne, besitzt 3/4 der Sonnenmasse und hat nur ein Drittel ihrer Leuchtkraft. Er ist viel jünger als die Sonne: Man schätzt sein Alter auf höchstens 1/2 bis 1 Milliarde Jahre. Vor kurzem machte ein Forscherteam vom Joint Astronomy Centre auf Hawaii die aufregende Entdeckung, dass Epsilon Eridani von einem Materiegürtel umgeben ist, der ähnliche Ausmaße hat wie der Kuiper-Gürtel jenseits der Bahn Neptuns in unserem Sonnensystem (vgl. Abb. 8).

Angesichts dieses Bildes frohlockte der Astronom Benjamin Zuckerman von der Universität von Los Angeles: »Dies ist das erste Mal, dass man ein Sternsystem gefunden hat, das wirklich dem frühen Sonnensystem ähnelt. Wenn ein Astronom das Sonnensystem vor vier Milliarden Jahren hätte beobachten können, dann dürfte es ähnlich wie heute Epsilon Eridani ausgesehen haben«.

Nahe am Stern erkennt man auf der Abbildung eine staubfreie Zone – vielleicht haben sich hier bereits Planeten gebildet und den Staub eingefangen? Und im Ring fällt ein hellerer Fleck auf, hinter dem sich ebenfalls ein neuer Planet verbergen mag.

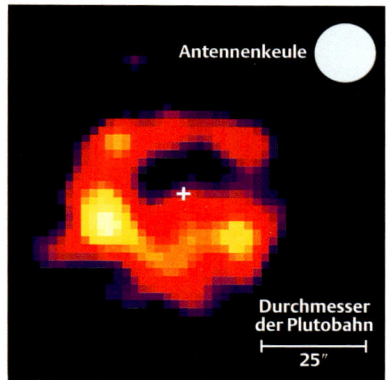

Abb. 8: Der Staubring von Epsilon Eridani, aufgenommen bei Submillimeter-Wellenlängen mit dem James Clerk Maxwell Telescope auf dem Mauna Kea (Hawaii). Der Zentralstern (Markierung) ist bei dieser Wellenlänge nicht zu sehen.

Keine intelligenten Nachbarn?

Auch wenn sich um Epsilon Eridani schon Planeten gebildet haben sollten: Leben wird dort noch nicht entstanden sein, dafür ist das System zu jung. Das wusste der Astronom Frank Drake noch nicht, als er Ende der 1950er Jahre die Suche nach Radiosignalen außerirdischer Zivilisationen aufnahm und die sonnenähnlichen Sterne Epsilon Eridani und Tau Ceti als erste Ziele auswählte.

Tau Ceti ist ein sonnenähnlicher Nachbarstern vom Spektraltyp G8 und mit 11.9 Lichtjahren nicht viel weiter von uns entfernt als Epsilon Eridani. Er lässt sich mit seiner Helligkeit von 3.5 mag bequem mit bloßen Augen im Sternbild Walfisch (Cetus) erkennen.

Leider hat die radioastronomische Suche nach intelligenten extrasolaren Zivilisationen bis zum heutigen Tag keinerlei positive Ergebnisse gezeigt.

Ein Weißer Zwerg für Amateure

Verweilen wir noch etwas im Sternbild Eridanus! Wer einen dieser exotischen Weißen Zwerge selbst einmal im Fernrohr betrachten möchte, dem sei das interessante Dreifachsystem 40 Eridani empfohlen, das auch die Bezeichnung o² Eridani trägt.

Die hellste Komponente A in diesem 16.5 Lichtjahre entfernten System ist 4.4 mag hell und damit unschwer mit bloßen Augen auszumachen. Es handelt sich um einen tiefgelben Hauptreihenstern vom Spektraltyp K1.

Selbst in kleinen Fernrohren fällt 83" östlich der Hauptkomponente sofort ein Sternchen 9.5ter Größe auf, und diese Komponente B ist nun der versprochene »leichte« Weiße Zwerg! Seit seiner Entdeckung durch Wilhelm Herschel im Jahr 1783 hat sich dieser Begleiter nur wenig fortbewegt. Die Umlaufzeit um die Hauptkomponente wird grob auf 7000 bis 9000 Jahre veranschlagt.

Im Jahr 1851 entdeckte Otto Struve nahe der Komponente B ein weiteres schwaches Sternchen. Diese Komponente C ist ein Roter Zwerg vom Spektraltyp M4 und umrundet B einmal in 248 Jahren auf einer recht elliptischen Bahn. Der Winkelabstand B–C beträgt derzeit etwa 9" – das wäre mit jedem Amateurfernrohr zu trennen. Ein gewisses Problem stellt jedoch die Lichtschwäche der Komponente C dar: Sie ist nur von 11.2ter Größe, so dass man schon etwas mehr »Öffnung« braucht, um 40 Eridani komplett als Dreifachsystem zu sehen. Im C8 des Verfassers (ein unter Sternfreunden weit verbreitetes Instrument, dessen Stärken allerdings nicht in der Doppelsternbeobachtung liegen) ließen sich jedenfalls alle drei Komponenten zweifelsfrei erkennen.

Der abgeplattete Atair

Auch der Sommerhimmel hat interessante Nachbarsterne zu bieten – allen voran natürlich Atair im Adler und Wega in der Leier, die zusammen mit dem über hundertmal weiter entfernten Deneb die Eckpunkte des Sommerdreiecks bilden (vgl. Abb. 9).

Atair ist ein Hauptreihenstern vom Spektraltyp A7 und steht in einer Entfernung von 16.8 Lichtjahren. Mit seiner Helligkeit

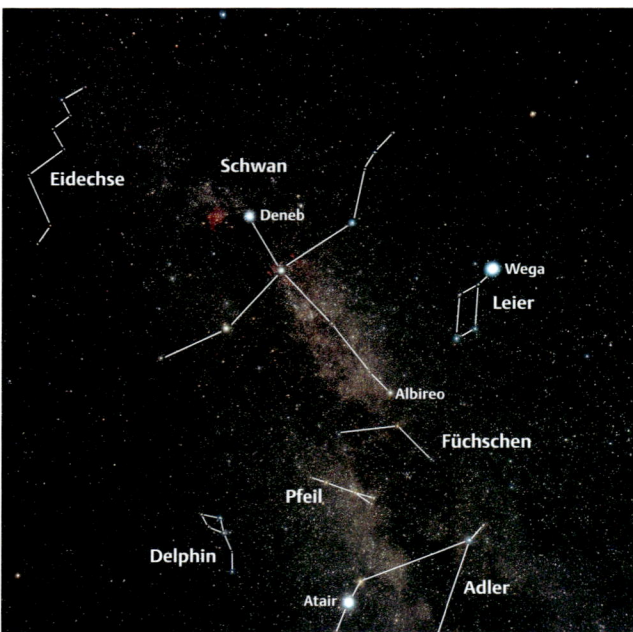

Abb. 9: Das Sommerdreieck mit Atair, Wega und Deneb (E. Slawik).

von 0.76 mag rangiert er in der Liste der hellsten Sterne an zwölf-
ter Stelle. Im Vergleich zu unserer Sonne ist Atair anderthalbmal
so groß und mit 7800 K Oberflächentemperatur auch heißer, so
dass eine Leuchtkraft vom Elffachen der Sonne resultiert.

Wenn wir mit einem Raumschiff im Anflug auf Atair wären,
böte sich uns wahrscheinlich ein seltsamer Anblick: Der Stern
erschiene uns stark abgeplattet, am Äquator doppelt so dick wie
zwischen den Polen. Diese Abplattung ist eine Folge der unge-
wöhnlich schnellen Rotation des Sterns: Atair braucht für eine
volle Umdrehung nur 6.5 Stunden – das ist rasant im Vergleich
zu unserer Sonne, die sich für eine Umdrehung gut 25 Tage Zeit
nimmt!

Natürlich konnte noch niemand den Atair mit seinem Win-
keldurchmesser von nur 0".0029 tatsächlich auflösen und abgeplattet sehen. Aber das Sternenlicht Atairs, genauer: sein Spektrum, liefert uns doch Informationen über die Drehgeschwindigkeit. Erinnern wir uns an den so genannten Doppler-Effekt:
Das Licht und die Spektrallinien einer Quelle erscheinen uns
blauverschoben, wenn sich die Quelle auf uns zu bewegt, und
rotverschoben, wenn sie sich von uns entfernt. Was bedeutet das
für die Spektrallinien eines rotierenden Sterns?

Durch die Rotation bewegt sich stets ein Teil seiner Oberfläche auf uns zu, während sich die andere Hälfte von uns entfernt.
Dadurch kommt eine typische Spektrallinie bei uns teils rot- und
teils blauverschoben an: Sie wirkt »verschmiert« (vgl. Abb. 10).

Aus dieser Verbreiterung der Spektrallinien lässt sich auf die
Drehgeschwindigkeit schließen. So haben wir erfahren, dass
Sterne im oberen Teil der Hauptreihe (Spektraltyp F und früher)
ziemlich schnell rotieren, während die späteren Typen und Rote
Zwerge offenbar abgebremst sind und sich nur noch langsam
drehen.

Wega und Fomalhaut

An Sommerabenden ist die strahlendweiße Wega der erste Stern,
der hoch über uns in Zenitnähe sichtbar wird. Mit ihrer Helligkeit von 0.03 mag ist Wega der fünfthellste Stern des Himmels.
Und obwohl sie 25.3 Lichtjahre und damit anderthalbmal so
weit von uns entfernt steht wie Atair, erscheint sie uns doch
merklich heller als der Adlerstern. Dies zeigt schon, dass Wega
leuchtkräftiger als Atair sein muss. Sie ist ähnlich Sirius ein
Hauptreihenstern vom Typ A0 und besitzt die Leuchtkraft von
49 Sonnen. Ihr Sternkörper dürfte gut dreimal so groß wie unsere Sonne sein, und ihre Oberfläche ist mit 9200 K auch wesentlich heißer als die unseres Tagesgestirns. Mit einem Alter von
etwa 300 Millionen Jahren ist Wega ein junger Stern und ist wie
Epsilon Eridani von einer Staubscheibe umgeben.

Auch Fomalhaut, der 1.2 mag helle Hauptstern im Sternbild
Südlicher Fisch, besitzt eine Staubscheibe. An Herbstabenden

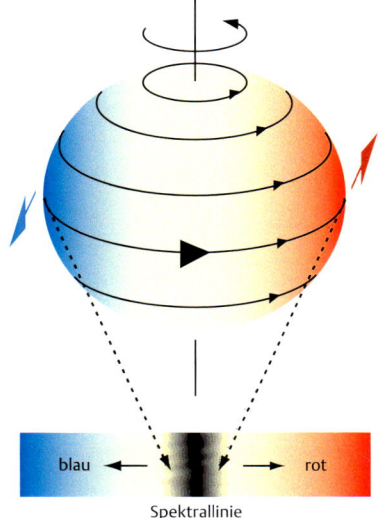

Abb. 10: So verrät sich die rasche
Rotation eines Sterns in seinem
Spektrum. Der Doppler-Effekt
bewirkt, dass ein Teil des
Sternlichtes, das uns erreicht,
blauverschoben ist, ein anderer Teil
aber rotverschoben. Daher
erscheinen die Spektrallinien
verschmiert. Je schneller der Stern
rotiert, desto größer ist die
Linienverbreiterung.

kann man Fomalhaut tief im Süden funkeln sehen. Es handelt sich um einen respektablen Hauptreihenstern mit dem Spektraltyp A3, der 17-mal so leuchtkräftig ist wie die Sonne, und mit 25.1 Lichtjahren ähnlich weit von uns entfernt steht wie Wega.

61 Cygni

Kehren wir am Ende unserer Besichtigungstour zum Doppelstern 61 Cygni zurück, dem ersten Sternsystem, dessen Abstand gemessen wurde. Man kann ihn als schwaches Sternchen 5. Größe rund 8 Grad südöstlich von Deneb im Sterngewimmel der Sommermilchstraße soeben noch mit bloßen Augen entdecken. Die Entfernung zu 61 Cygni beträgt nur 11.4 Lichtjahre, so dass wir hier immerhin das viertnächste mit bloßen Augen erkennbare Sternsystem vor uns haben!

Die beiden Komponenten sind von der 5.2ten bzw. 6.0ten Größe und stehen zurzeit rund 30" auseinander, so dass 61 Cygni bereits in leistungsstarken Ferngläsern zu trennen ist und ein wunderschönes Beobachtungsobjekt für kleine Fernrohre abgibt. Schon im Fernglas fällt die kräftige Orangefärbung der Partnersterne auf, die vom Spektraltyp K5 bzw. K7 sind. Beide Komponenten dürften etwa halb so groß wie unsere Sonne sein und besitzen nur 4 bis 8 % der Sonnenleuchtkraft. Die hellere Komponente ist leicht veränderlich und wird als ein BY-Draconis-Stern klassifiziert, bei dem die Helligkeitsschwankungen durch Flecken auf dem rotierenden Stern verursacht werden. Etwa 650 Jahre benötigen die beiden Sterne, um sich auf einer deutlich elliptischen Bahn zu umrunden (vgl. Abb. 11).

61 Cygni fiel zuerst im Jahr 1792 auf, als der spätere Ceres-Entdecker Piazzi seine große jährliche Eigenbewegung von 5".2 bemerkte. Diese rasche Bewegung ließ vermuten, dass der Stern uns nahe steht und eine große Parallaxe zeigt. Aus diesem Grund wählte ihn Bessel für seine Parallaxenmessungen aus, die dann bekanntlich zum Erfolg führten. Hierüber berichtet Bessel in den »Astronomischen Nachrichten«:

»Im Jahr 1837 konnte ich auf ununterbrochene Fortsetzung einer Beobachtungsreihe von 61 Cygni rechnen. Die Aussicht auf ihren Erfolg hatte durch die Hoffnung, welche Struve nach seinen Beobachtungen von Alpha Lyrae (Wega) unterhielt, neue Unterstützung erhalten (...). Was ich jetzt mitteile, beruht auf der Fortsetzung [der Beobachtungen] bis zum 2. Oktober 1838. Wenn man die jährliche Parallaxe von 61 Cygni (= 0".3136) annimmt, so erhält man seine Entfernung in mittleren Entfernungen der Erde von der Sonne ausgedrückt = 657 700 und die Zeit, welche das Licht gebraucht, um diese Entfernung zu durchlaufen, = 10.28 Jahre.«

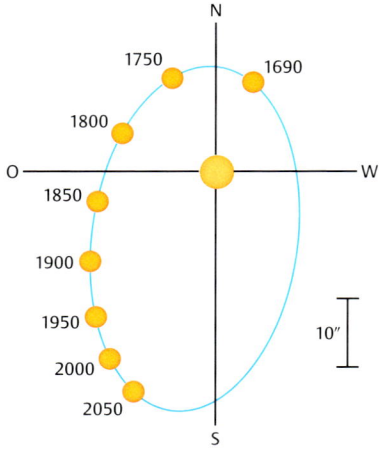

Abb. 11: Die Bahn des Begleiters um den Hauptstern des Paares 61 Cygni.

Ein Blick in die Zukunft

Wir haben nun die wichtigsten Nachbarsterne kennen gelernt – unsere heutigen Nachbarn. Aber es geht unter den Sternen nicht anders zu als im richtigen Leben: Mit der Zeit trennen sich die Wege, vertraute Nachbarn ziehen fort, neue kommen hinzu. In der Welt der Sterne dauert nur alles etwas länger, doch im Laufe von Hunderttausenden von Jahren ziehen auch sie ihrer eigenen Wege und entschwinden aus unserem galaktischen Umfeld.

Wenn Eigenbewegung und Radialgeschwindigkeit eines Sterns bekannt sind, lässt sich seine räumliche Bewegung berechnen und damit auch die frühere und zukünftige Stellung zur Sonne. So wissen wir, dass Alpha Centauri, Sirius und auch Wega sich uns in Zukunft noch etwas annähern. Dadurch wird Wega in 290 000 Jahren, wenn sie nur noch 17.2 Lichtjahre von uns entfernt ist, die Rolle des hellsten Fixsterns übernommen haben und für unsere Nachfahren mit der Helligkeit −0.8 am Himmel stehen.

Schließlich ist auch für Nervenkitzel gesorgt: Ein heute noch 65 Lichtjahre entferntes Sternchen, Gliese 710 genannt, kommt ziemlich genau auf uns zu und dürfte in 800 000 Jahren in vielleicht 0.6 Lichtjahren Entfernung am Sonnensystem vorbeifliegen. Nach den Hipparcos-Daten ist aber auch ein »Volltreffer« nicht ganz auszuschließen.

Algol, Mira und die Veränderlichen

Volker Kasten

Man schrieb den Abend des 11. November 1572. Tycho Brahe, der nach seinen Studienjahren nach Dänemark zurückgekehrt war, trat vor das Haus, um wie gewöhnlich einen Blick zum Himmel zu werfen. Die Herbststernbilder am Südhimmel mit dem strahlend hellen Jupiter in den Fischen, auch der prachtvolle Orion, der schon im Südosten heraufkam – all dies war Tycho seit Kindesbeinen vertraut. Doch nun richtete er sein Augenmerk nach oben, zum Zenit. Über das, was er dort in der Cassiopeia sah, berichtet er:

»Fast genau über mir leuchtete ein neuer, ungewöhnlicher Stern, der alle anderen Sterne an Helligkeit übertraf. Ich war mir ganz sicher, dass ich zuvor an jener Stelle noch nie einen Stern gesehen hatte. Ich muss zugeben, dass ich beim Anblick dieses neuen Sterns an meinen Sinnen zweifelte. Erst als mir auch andere Personen bestätigten, dass dort wirklich ein heller Stern zu sehen war, schwanden meine Zweifel. Ein echtes Wunder ist geschehen, wie es das seit Anbeginn der Welt noch nie gegeben hat.« Zwei Wochen lang strahlte Tychos »Wunderstern« so hell wie die Venus, und erst sechzehn Monate später war die Helligkeit so weit abgesunken, dass man den Stern mit bloßen Augen nicht mehr wahrnehmen konnte.

Wir wissen heute, dass Tycho Augenzeuge einer Supernovaexplosion wurde, die sich rund 10 000 Lichtjahre entfernt in der Milchstraße ereignet hatte. Supernovae bilden eine spezielle Gruppe unter den Veränderlichen Sternen – das sind ganz allgemein Sterne, deren Helligkeit im Laufe von Tagen, Monaten oder Jahren schwankt.

Weitere Veränderliche werden entdeckt

Die Entdeckung weiterer Veränderlicher ging zunächst nur langsam voran. So entdeckte David Fabricius im August 1596 den Veränderlichen Mira im Walfisch, im Jahr 1604 leuchtete wiederum eine Supernova auf, die unter anderem auch von Kepler beobachtet wurde, und 1667 bemerkte Geminiano Montanari, dass der Stern Algol im Perseus offenbar veränderlich ist. Der taubstumme und schon im Alter von 21 Jahren an einer Lungenentzündung, die er sich in langen Beobachtungsnächten zugezogen haben soll, verstorbene John Goodricke bestimmte 1783 die genaue Periode des Algol-Lichtwechsels und entdeckte auch die Veränderlichkeit von δ Cephei und β Lyrae. Als F. W. Argelander im Jahr 1844 seine »Aufforderung an die Freunde der Astronomie zur Beobachtung der Veränderlichen Sterne« in Schumachers Jahrbuch veröffentlichte, waren erst 22 Veränderliche Sterne bekannt.

Mit der Einführung der Himmelsphotographie und systematischer Suchprogramme stieg die Zahl der bekannten Veränderlichen dann aber steil an. Heute verzeichnet der Moskauer General Catalogue of Variable Stars (GCVS) rund 28000 Veränderliche Sterne. Davon konnte allein die Sonneberger Sternwarte rund 11 000 Neuentdeckungen verbuchen. In den Jahren 1989–1993 hat der Astrometriesatellit Hipparcos die Helligkeiten und Entfernungen einer Vielzahl von Veränderlichen mit hoher Genauigkeit vermessen und außerdem achttausend neue Veränderliche entdeckt.

Lichtkurven

Für den Amateurastronomen bieten die Veränderlichen ein interessantes Betätigungsfeld mit der Chance, sogar kleine Beiträge zur professionellen Forschung zu liefern. Die Helligkeit eines Veränderlichen lässt sich visuell, photographisch, photoelektrisch oder mit einer CCD-Kamera überwachen. Wenn man über einen gewissen Zeitraum Helligkeitsbeobachtungen angestellt hat, kann man Lichtkurven zeichnen, wie sie in den Abb. 1–3 zu sehen sind.

Aus einer Lichtkurve lassen sich vor allem die gesuchten Zeitpunkte für das Minimum (kleinste Helligkeit) und das Maximum (größte Helligkeit) sowie die Amplitude (Schwankungsbreite) des Lichtwechsels ablesen. Bei manchen Veränderlichen wiederholt sich die Form der Lichtkurve in regelmäßigen Zeitabständen. Dann spricht man von einem periodischen Veränderlichen, dessen Periode zum Beispiel durch den zeitlichen Abstand zweier aufeinander folgender Minima gegeben wird. Vorhersagen für hellere periodische Veränderliche finden sich in astronomischen Jahrbüchern und Zeitschriften, auch die Zeitschrift »Sterne und Weltraum« (SuW) gibt aktuelle Beobachtungstips. Ausführlichere Informationen und Beobachtungsanleitungen erhält man bei der Bundesdeutschen Arbeitsgemeinschaft für Veränderliche Sterne (BAV), Munsterdamm 90, D-12169 Berlin.

Bei den Veränderlichen lassen sich zahlreiche Gruppen unterscheiden, von denen wir einige genauer betrachten wollen.

Die Bedeckungsveränderlichen

Bei einer Sonnenfinsternis zieht bekanntlich unser Mond vor der Sonne vorüber und »verdunkelt« sie vorübergehend. Etwas Ähnliches kann auch bei fernen Doppelsternsystemen geschehen, wenn die beiden umkreisenden Sterne sich von Zeit zu Zeit gegenseitig bedecken. Von der Erde aus gesehen, vermindert sich dadurch das Gesamtlicht des Systems, und wir beobachten einen Bedeckungsveränderlichen.

Der berühmteste Bedeckungsveränderliche ist Algol im Perseus, dessen Lichtkurve in Abb. 1 wiedergegeben ist. Alle 68 Stunden verfinstert sich Algol von 2.1 mag auf 3.4 mag. Dieser Helligkeitsabfall lässt sich innerhalb weniger Stunden schön mit dem bloßen Auge verfolgen!

Während Algol die meiste Zeit konstant im Maximallicht leuchtet, ändert sich die Helligkeit des Bedeckungsveränderlichen β Lyrae kontinuierlich zwischen 3.3 mag und 4.4 mag mit einer Periode von 12.91 Tagen (vgl. Abb. 2). Bei diesem engen Doppelsternsystem sind beide Sternpartner ellipsoidisch verformt, sodass sich den Bedeckungen noch ein Rotationslichtwechsel überlagert.

Man kennt inzwischen mehrere tausend Bedeckungsveränderliche. In Verbindung mit spektroskopischen Untersuchungen liefern ihre Lichtkurven wichtige Informationen über die Größe und Masse der beteiligten Sterne.

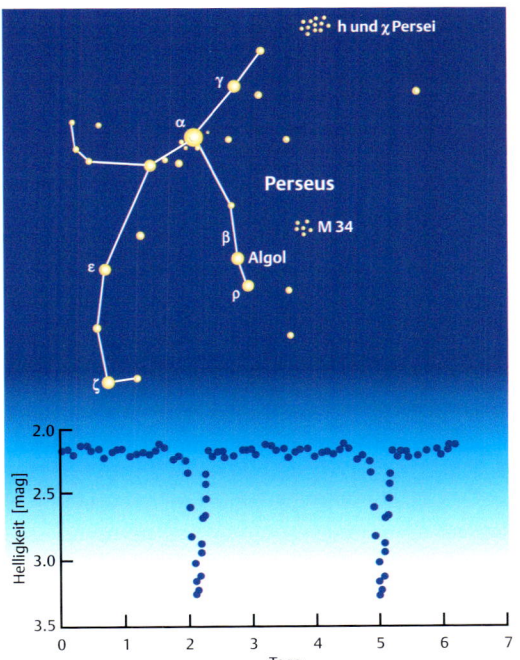

Abb. 1: Das Sternbild Perseus mit Algol und einer Lichtkurve dieses Bedeckungsveränderlichen.

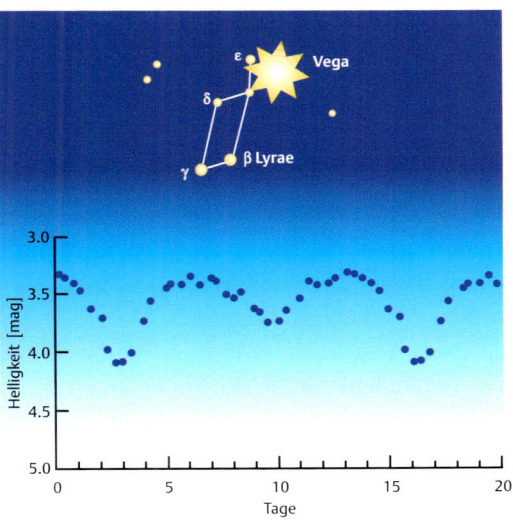

Abb. 2: Das Sternbild Leier mit β Lyrae und einer Lichtkurve dieses Veränderlichen.

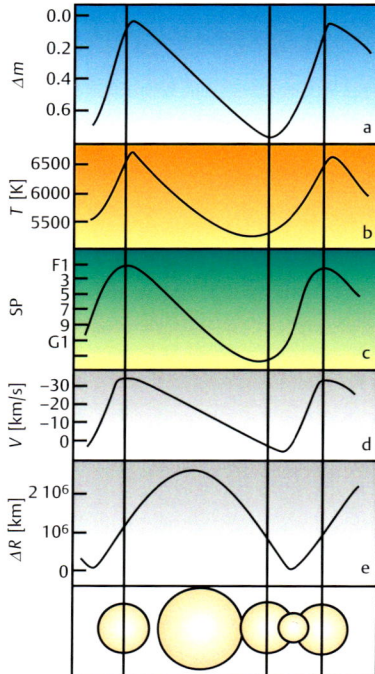

Abb. 3 a–e: Periodische Schwankungen bei δ Cephei. Dargestellt sind von oben nach unten (a) Helligkeit (Lichtkurve in mag), (b) Farbtemperatur, (c) Spektraltyp, (d) Radialgeschwindigkeit und (e) Radiusänderung $\Delta R = R - R_{min}$.

Die Cepheiden

Anders als bei den Bedeckungsveränderlichen, liegt bei den Cepheiden (und weiteren Gruppen von Veränderlichen) die Ursache des Lichtwechsels im Stern selbst.

Der prominenteste Vertreter und Namensgeber der »klassischen Cepheiden« ist δ Cephei. Seine Helligkeit schwankt mit einer Periode von 5.37 Tagen zwischen 3.5 mag und 4.3 mag, so dass sich die Helligkeitsschwankungen leicht mit bloßen Augen verfolgen lassen. Der Lichtwechsel dieses Sterns ist begleitet von periodischen Verschiebungen seiner Spektrallinien, was Harlow Shapley im Jahr 1914 richtig auf rhythmische Pulsationen der äußeren Sternschichten zurückführte. Die Cepheiden gehören also zu den Pulsationsveränderlichen.

Wie sich Helligkeit, Radius und Oberflächentemperatur von δ Cephei im Verlauf einer Periode verändern, stellt Abb. 3 dar. Mancher Leser mag sich vielleicht vorstellen, dass der Stern dann am hellsten leuchtet, wenn er sich am meisten aufgeblasen hat. Aber dies ist ein Irrtum! Die Leuchtkraft eines Sterns hängt ja nicht nur von seinem Radius ab, sondern auch von der Temperatur. Die Kurven in Abb. 3 zeigen nun, dass sich Radius und Temperatur bei δ Cephei phasenverschoben verhalten: Es resultiert eine Helligkeitskurve, die ihr Maximum etwa bei der Maximaltemperatur erreicht. Seinen größten Radius erreicht der Stern halbwegs zwischen dem Helligkeitsmaximum und dem Minimum.

Weitere schon mit bloßen Augen sichtbare Cepheiden sind η Aquilae in der östlichen Schwinge des Adlers und ζ Geminorum am Winterhimmel. Auch der 430 Lichtjahre entfernte Polarstern sei erwähnt. Er gehört zu einer Untergruppe von Cepheiden, die man W-Virginis-Sterne nennt; wegen der geringen Helligkeitsamplitude fallen die Lichtschwankungen des Polarsterns visuell aber kaum auf.

Insgesamt kennt man heute rund 500 Cepheiden in der Milchstraße. Ihre Perioden liegen im Bereich von 1–70 Tagen, die Amplituden betragen bis zu zwei Größenklassen. Cepheiden sind durchweg gelbe Überriesen, die im Verlauf ihrer Entwicklung die Hauptreihe verlassen haben und nun einen »Instabilitätsstreifen« im HR-Diagramm durchqueren. Aufgrund ihrer enormen Leuchtkraft vom Zehntausendfachen unserer Sonne lassen sich diese kosmischen Leuchtfeuer auch in anderen Galaxien bis hin zum Virgo-Galaxienhaufen beobachten.

Cepheiden spielen eine entscheidende Rolle bei der Entfernungsbestimmung im Weltall. Wie nämlich die Astronomin Henrietta Leavitt im Jahr 1912 entdeckte, verraten uns Cepheiden ihre wahre Leuchtkraft einfach durch die Periodendauer: Je langsamer ein solcher Stern pulsiert, desto größer ist seine Leuchtkraft (Perioden-Leuchtkraft-Beziehung). Wenn man aber die wahre Leuchtkraft eines Sterns kennt, liefert ein Vergleich mit seiner scheinbaren Helligkeit sofort die Distanz zum Stern (vgl. auch den späteren Beitrag zur kosmischen Entfernungsbestimmung). Und falls der Cepheide in einer fremden Galaxie steht, ist somit auch die Entfernung zu dieser Galaxie bestimmt.

RR-Lyrae-Sterne

RR-Lyrae-Sterne sind Pulsationsveränderliche wie die Cepheiden, aber mit kürzeren Perioden von 0.3–1.2 Tagen und Amplituden von 0.5–1.5 Größenklassen. Um den Namensgeber dieser Gruppe, RR Lyrae, zu beobachten, braucht man schon ein Fernglas, denn seine Helligkeit schwankt zwischen 7.2 und 8.6 mag mit einer Periode von knapp 14 Stunden.

Anders als die Cepheiden besitzen RR-Lyrae-Sterne alle eine ähnliche Leuchtkraft, etwa das 75fache unserer Sonne. Man trifft sie überall in der Galaxis, auch in den alten Sterngesellschaften der Kugelsternhaufen, die manchmal hunderte dieser Veränderlichen enthalten. Weil die Leuchtkraft der RR-Lyrae-Sterne bekannt ist, können sie wie die Cepheiden als Entfernungsanzeiger dienen. Tatsächlich haben sie wesentlich dazu beigetragen, die Verteilung der Kugelsternhaufen zu ermitteln und unser Milchstraßensystem auszuloten.

Mira und die Roten Veränderlichen

Mirasterne sind langsam pulsierende Rote Riesen mit Perioden im Bereich von 80 bis über 500 Tagen. Wegen ihrer großen Amplituden von 3–8 Größenklassen stellen sie gerade auch für den visuell beobachtenden Amateur beliebte Beobachtungsziele dar.

Namensgeber dieser Gruppe ist natürlich die Mira (o Ceti). Im Maximum erreicht Mira meist 3 mag und ist dann für einige Wochen leicht mit bloßen Augen als zusätzlicher Stern im Walfisch erkennbar. Im Minimum braucht man dagegen ein Fernrohr, um den nur noch 10 mag hellen Veränderlichen zu erspähen. Miras Periodenlänge beträgt durchschnittlich 332 Tage, aber der Lichtwechsel verläuft bei den Mirasternen nie ganz regelmäßig. Nach den Messungen des Astrometrie-Satelliten Hipparcos ist Mira 420 Lichtjahre von uns entfernt und besitzt den 460fachen Durchmesser der Sonne. Weil Miras Masse jedoch kaum größer als die der Sonne ist, muss die Materie in diesem Sternenriesen unglaublich dünn verteilt sein.

Unter den Pulsationsveränderlichen gibt es auch etliche Rote Riesen oder gar Überriesen, deren Lichtwechsel »halbregelmäßig« bis gänzlich irregulär verläuft. Das hellste und prominenteste Mitglied dieser Gruppe ist Beteigeuze, der linke Schulterstern des Orion, dessen Helligkeit in den letzten Jahren zwischen 0.3 mag und 0.9 mag variierte. Als weitere helle Vertreter seien noch Antares im Skorpion, α im Herkules sowie Herschels tiefroter Granatstern, μ Cephei, genannt.

Kataklysmische Systeme

Viele Leser werden sich noch an die letzten Augusttage des Jahres 1975 erinnern, als das Sternbild des Schwans plötzlich ganz fremdartig aussah: Unweit von Deneb strahlte da ein neuer Stern von 2. Größe! Derart helle Novae sind recht selten, weniger spektakuläre und nur im Fernglas oder im Teleskop erkennbare Novae tauchen dagegen öfter auf. Manche Amateure haben sich sogar auf die Novajagd spezialisiert und überwachen regelmäßig vor allem das Band der Milchstraße.

Bei einer Novaerscheinung steigert ein zuvor unscheinbares Sternpünktchen seine Helligkeit innerhalb einiger Tage um 7 bis 15 Größenklassen. Anders als der Name »Nova« suggeriert, handelt es sich keineswegs um neue Sterne, sondern um explosive Vorgänge in Doppelsternsystemen.

Unsere Abb. 4 veranschaulicht die Grundsituation: Ein kompakter weißer Zwergstern wird von einem kühleren Stern umkreist und saugt von dessen Oberfläche Wasserstoff ab. Diese Materie sammelt sich in einer Akkretionsscheibe um den Weißen Zwerg und reichert sich auch auf dessen Oberfläche an, wo es schließlich zu einem explosiven Zünden des Wasserstoffbrennens kommt und die Wasserstoffhülle abgestoßen wird. Auslöser der Explosion ist also eine »Überschwemmung« (griechisch: kataklysmos) des Weißen Zwergs, und so spricht man in diesen Fällen von kataklysmischen Veränderlichen.

Nach dem Ausbruch dürfte das System innerhalb von Jahren wieder in den Ausgangszustand zurückkehren, und es ist zu vermuten, dass sich ein Novaausbruch – eventuell erst nach Jahrtausenden – wiederholt. Man kennt auch einige Fälle von rekurrierenden (sich wiederholenden) Novae wie T Pyxis, T in der Nördlichen Krone oder RS Ophiuchi, zwischen deren Ausbrüchen jeweils einige Jahrzehnte liegen. Die weniger heftigen Ausbrüche der Zwergnovae wie U Geminorum oder Z Camelopardalis zeigen sogar Ausbrüche in Abständen von nur Wochen oder Monaten.

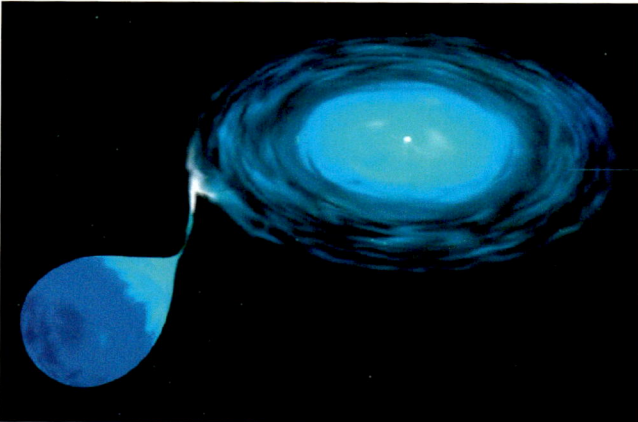

Abb. 4: Darstellung eines kataklysmischen Doppelsternsystems. Erläuterungen siehe Text.

Die Supernovae

Kehren wir zum Schluss zu den Supernovaerscheinungen, der wohl spektakulärsten Gruppe unter den Veränderlichen, zurück. Im äußeren Erscheinungsbild ähneln sie den Novaereignissen: Irgendwo an unserem Himmel oder auch in einer fernen Galaxie leuchtet plötzlich ein »neuer« Stern auf! Dabei übertreffen die freigesetzten Energien einer Supernovaexplosion die einer Nova um viele Größenordnungen, sodass eine Supernova kurzzeitig so hell aufleuchten kann wie eine ganze Galaxie. Je nach dem Verlauf der Helligkeitskurve und dem Spektrum unterscheidet man bei Supernovae die Typen Ia, Ib, Ic und II.

Während Supernovae vom Typ II in ihrem Spektrum Wasserstofflinien zeigen, fehlen diese Linien bei den Typen I. Im physikalischen Mechanismus unterscheiden sich die besonders leuchtstarken Typ-Ia-Supernovae von allen übrigen. Sie treten in engen Doppelsternsystemen auf. Dabei strömt Materie vom Begleitstern auf einen Weißen Zwerg über, dessen Masse sich der Chandrasekhar-Grenze (1.4 Sonnenmassen) nähert. Wenn diese Massengrenze überschritten wird, implodiert der Weiße Zwerg: Sein Kohlenstoff und Sauerstoff verbrennen schlagartig zu Nickel, das explosionsartig in die Umgebung abgestoßen wird. Der Weiße Zwerg dürfte bei dieser Explosion zerstört werden. Die weitere Helligkeitsentwicklung einer solchen Supernova wird dann vor allem vom radioaktiven Zerfall des Nickels und seiner Zerfallsprodukte gesteuert. Supernovae vom Typ Ia eignen sich gut als Standardkerzen zur Entfernungsbestimmung im Kosmos, weil die freigesetzten Leuchtkräfte jeweils ähnlich groß sind.

Bei den übrigen Supernovatypen (Ib, Ic und II) dürfte es sich um den explosiven Kollaps sehr massiver Einzelsterne am Ende ihres Lebens handeln, wenn die Masse ihres ausgebrannten Eisenkerns über der Chandrasekhar-Grenze liegt. Solche Sternexplosionen hinterlassen einen Neutronenstern oder gar ein Schwarzes Loch.

In fernen Galaxien kann man Supernovae häufig beobachten, allerdings erscheinen sie uns dann wegen der großen Entfernung sehr schwach und sind deshalb mit Amateurfernrohren nur selten zu erkennen. Nahe Supernovae in der Milchstraße sind leider extrem selten. Zwar schätzt man, dass in unserer Galaxis durchschnittlich alle 25 Jahre eine Supernova explodiert, doch bleiben die meisten dieser Ereignisse für uns hinter interstellaren Staubwolken verborgen.

So hat man nach den eingangs beschriebenen Supernovae von 1572 (Tycho) und 1604 (Kepler) bis heute keine einzige Supernova in unserer Galaxis mehr beobachtet. Deshalb war es eine wissenschaftliche Sensation, als im Jahr 1987 eine immerhin 3 mag helle Supernova vom Typ II wenigstens vor unserer galaktischen Haustür – in der Großen Magellan'schen Wolke – auf-

leuchtete (vgl. Abb. 5). Zum ersten Mal konnten bei dieser Gelegenheit Neutrinos nachgewiesen werden, wie sie nach den theo-
retischen Vorstellungen beim Kollaps eines massiven Sterns auch
entstehen sollten.

Abb. 5: Die Supernova 1987A in der
Großen Magellan'schen Wolke.
Aufnahme mit der Weitfeld-Kamera
des reparierten Hubble-
Weltraumteleskops aus dem Jahr
1994. Der helle zentrale Ring
besteht wahrscheinlich aus
Material, das der Vorgängerstern
in den letzten Stadien seiner
Entwicklung ausgestoßen hat.

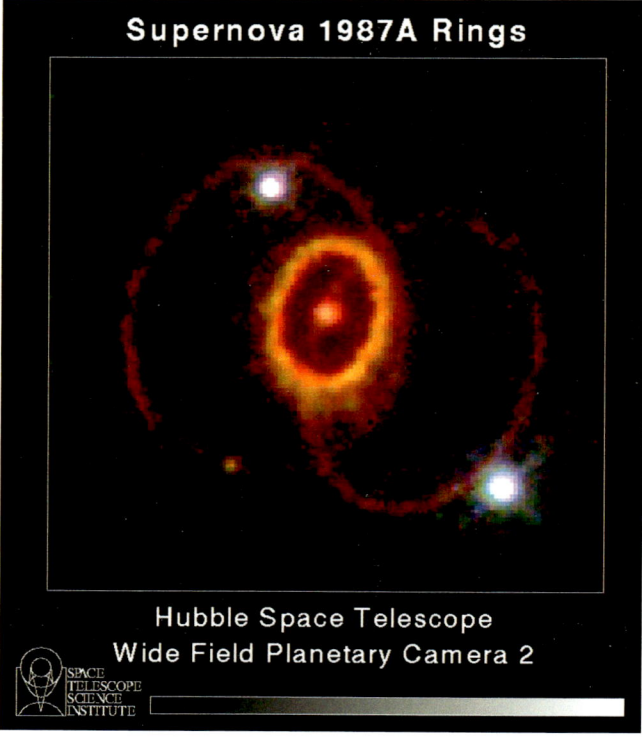

Literatur

Hoffmeister, C.; Richter, G. & Wenzel, W.: Veränderliche Ster-
ne. Springer Verlag, 1998.
Levy, D.: Observing Variable Stars. A Guide for the Beginner.
Cambridge University Press, 1998.
Schreiber, M.: Akkretionsscheiben in kataklysmischen Verän-
derlichen. SuW 9–10/2002, S. 28–36.

Von der Milchstraße und anderen Galaxien

Was ist die Milchstraße?

Johannes Viktor Feitzinger

Fernab großer Städte in mondlosen Nächten, besonders einprägsam im Sommer und im Herbst, fällt ein milchiges Band auf, das
sich über unsere Köpfe hinweg am Himmelsgewölbe aufspannt:
die Milchstraße. Das matt schimmernde Band ist zerfasert und
zerrissen, gabelt sich im Sternbild Adler und läuft im Sternbild
Skorpion wieder zusammen. Es umrundet die gesamte Himmelskugel. Wenn man ein Fernglas zur Hand nimmt, wird aus dem
milchigen Band eine unendliche Anzahl schwach leuchtender
Sterne. Da diese Sterne so zahlreich sind, reicht ihr Licht aus, um
den dunklen Himmelshintergrund zu erhellen. In einer einzigen
Nacht ist es nicht möglich, mehr als die Hälfte dieses Bandes zu
sehen. Während des Jahreslaufes kann man auch Teile sehen, die
man bei der ersten Beobachtung nicht erblicken konnte.

Um über das gesamte Milchstraßenband den Blick schweifen
lassen zu können, müssen wir die Erde umrunden. Hierbei
erkennen wir, dass das Lichtband nicht gleichmäßig hell ist, sondern in einigen Himmelsregionen kräftig ausdünnt. Die geschil-
derten Beobachtungstatsachen führen uns zu einem ersten Ver-
ständnis der Milchstraße. Die schwachen Sterne sind in einem
schmalen Band, den Stern Sonne umschlingend, angeordnet.
Der Stern Sonne muss also ein Teil dieses Sternenmeeres sein.
Die räumliche Verteilung seiner Sterne ist sicher nicht gleichförmig, sondern scheibenförmig, denn wir sehen ja nur ein schmales Band. Den Ort der Sonne in dieser Sternenscheibe können
wir noch etwas genauer festlegen, wenn wir die Ausgeprägtheit
des Milchstraßenbandes im Laufe eines Jahres verfolgen. So ist
der südliche Sommerast der Milchstraße außergewöhnlich reich
an Sternen, sehr breit und leuchtend. Umgekehrt ist der Ast, der
sich über das Sternbild Cassiopeia und die Wintersternbilder
erstreckt, viel weniger reich an schwach leuchtenden Sternen
und diffuser Helligkeit. Der Sonnenort wird also in dieser Sternscheibe nicht zentral, sondern seitlich versetzt zu suchen sein.
Somit ist das Milchstraßenband Folge eines Projektionseffektes:
Schauen wir in die Ebene der Sternscheibe, dann liegen viele
ferne Sterne hintereinander, verschmelzen für unser Auge und
wir sehen einen milchigen Streifen. Blicken wir senkrecht zur
Milchstraßenebene in den Raum, nimmt die Sternenanzahl ab
und auch andere Sternsysteme werden sichtbar. Die Milchstraße
ist unsere Sterneninsel. Alle mit freiem Auge sichtbaren Sterne
gehören zu ihr.

Bei der Entschleierung der Milchstraße – der Aufdeckung ihres räumlichen Aufbaus – waren die Gas- und Staubwolken zwischen den Sternen ein großes Hindernis. Wie Nebelbänke verstellten sie den Astronomen den Blick in die Tiefen des Raumes. Wir erkennen sie als jene Sternleeren, die die Zerrissenheit des Lichtbandes Milchstraße hervorrufen. In Abb. 1 ist die allmähliche Entschleierung unseres Sternsystems dargestellt.

Bis zum Beginn der ersten quantitativen Sternzählung wurde das einzige Sternsystem – die Milchstraße – als unendlich ausgedehnt angesehen. Herschel begann dann um 1790, durch Sternzählungen die Grenzen des Milchstraßenbandes auszuloten. Er kam zur Vorstellung einer Sternscheibe, in deren Mittelpunkt der Stern Sonne residierte. Es bedurfte dann noch mehr als 100 Jahre Forschung, bis es zu Anfang des 20. Jahrhunderts dem Holländer Kapteyn gelang, die Sternscheibe in Untergruppen aufzuspalten. Die genauere Untersuchung einer solchen Untergruppe, der kugelförmigen Sternhaufen nämlich, beförderte schließlich die Sonne aus dem Mittelpunkt des Milchstraßensystems heraus. Shapley beschäftigte sich mit der Verteilung und Bewegung der Kugelsternhaufen. Dieser amerikanische Astronom fand heraus, dass die Untergruppe Kugelsternhaufen völlig asymmetrisch zur Sonne lag. Die Sonne konnte also nicht Mittelpunkt der Kugelsternhaufenverteilung sein. Und er schloss daraus, dass die Kugelsternhaufen symmetrisch zum Milchstraßenzentrum liegen müssen. Wiederum 15 Jahre später wurde es zur Gewissheit: Durch Gas und Staub zwischen den Sternen

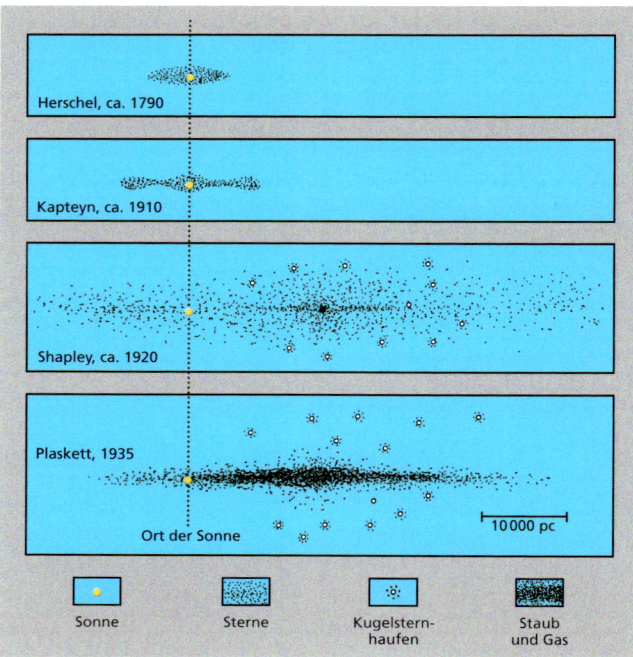

Abb. 1: Die Entschleierung der Milchstraße von 1790 bis 1935.

waren die Entfernungsbestimmungen verfälscht. Stellte man die Absorption in geeigneter Weise in Rechnung, so entpuppte sich die Milchstraße als eine linsenförmige Sternscheibe mit einer exzentrischen Lage der Sonne. Zu diesem Schluss kam man umso leichter, weil zwischenzeitlich auch andere Sterneninseln – z. B. der Andromedanebel – als solche erkannt wurden und durch Vergleiche mit diesen die verborgene Struktur der Milchstraße erschlossen werden konnte. Hier bewahrheitete sich die alte Erkenntnis: Wer im (Sternen-)Wald steht, sieht nicht die Größe des Waldes.

Die Entschleierung bedurfte der Entfernungsbestimmung von unzähligen Objekten. Die Gas- und Staubwolken mit ihrer nicht erkannten Wirkung narrten die Astronomen. Durch Vergleiche mit anderen Sternsystemen erschloss sich nun allmählich der Aufbau unserer eigenen Galaxis (Milchstraße).

In Abb. 2 ist der Ort der Sonne mit den benachbarten Spiralarmen auf ein ähnliches Sternsystem projiziert. Bei diesem Blick von oben wird die Randlage der Sonne sehr deutlich. Für solche Vergleiche bedurfte es wiederum einer Zeitspanne von mehr als 30 Jahren. Durch mühsame Vermessung der Helligkeiten von jungen Sternhaufen konnte man mehr oder weniger eindeutig einige Spiralarme in der Sonnenumgebung lokalisieren.

Abb. 2: Vergleich der Lage der Sternhaufen und nahen leuchtenden Gaswolken der Milchstraße mit der Struktur der Spiralgalaxie NGC 1232. Dieses Sternsystem scheint dem unseren sehr ähnlich zu sein. Der Ort der Sonne ist mit ⊙ angegeben.

Solche Spiralarme sah man auch in anderen Sternsystemen. Und dies war die zündende Idee: ebenfalls in unserem eigenen Milchstraßensystem nach diesen Strukturen zu suchen. Im Gegensatz zu den Kugelsternhaufen, die sphärisch symmetrisch um und in unserer Milchstraße verteilt sind, findet man die jungen offenen Sternhaufen vor allem in den Spiralarmen. Dieses Vergleichsbild macht auch deutlich, wie eingeschränkt der Bereich ist, den wir im sichtbaren Wellenlängenbereich überblicken. Weniger als 25 % unseres Sternsystems sind uns nur zugänglich. Den Rest verstellen die Nebelbänke aus interstellarem Staub durch Absorption. Solche Staubwolken können wir im Vergleichsbild an den Innenkanten der Spiralarme als dunkle Streifen ausmachen. Trotz aller Anstrengungen war es der optischen Astronomie nicht möglich, weit in die Tiefen unseres Sternsystems zu blicken; Gas und Staub absorbieren zu viel Licht. Immer war nur der Nahbereich um die Sonne erfassbar. Das änderte sich schlagartig mit dem Aufkommen der Radioastronomie zum Ende der 1940er Jahre. Die längeren Radiowellen, vom Gas zwischen den Sternen ausgestrahlt, durchdringen die dunklen Staubwolken. Weil das Gas in etwas höherer Konzentration in den Spiralarmen angesammelt ist, war es möglich, die großräumige Spiralstruktur unseres Milchstraßensystems grob zu kartieren. Im Gefolge dieser Kartierung wurde dann die optische Astronomie bei der Strukturfestlegung erfolgreich. Die Radioastronomie nutzte für ihre Kartierung der Galaxis deren Rotationsgesetz. Wie ein Feuerrad rotiert das Sternsystem um eine zentrale Achse, im Innenbereich schneller als im Außenbereich.

Unsere Milchstraße ist aus vier Hauptkomponenten aufgebaut. Sie halten sich durch ihre gegenseitigen Anziehungskräfte im Wechselspiel mit den Zentrifugalkräften der Rotation das Gleichgewicht. Drei von ihnen sind gut bekannt: die flache Scheibe, der sphäroidale Zentralkörper und ein alles umhüllender Halo. Dieser ist von den Kugelsternhaufen besetzt. Die vierte Komponente ist die zurzeit geheimnisvollste: Wir sehen überhaupt nichts von ihr, egal, bei welcher Wellenlänge wir beobachten. Sie heißt deshalb dunkle Materie. Dennoch ist sie vorhanden: Unser Milchstraßensystem spürt sie durch die von ihr ausgehenden Anziehungskräfte. Die Rotationskurve unseres Sternsystems ist nur erklärbar, wenn wir annehmen, dass 60–70 % aller Materie von uns nicht beobachtet werden können. Es ist die größte Herausforderung für die Astronomie der Jahrtausendwende, herauszufinden, was diese Materie ist. Es wird eine genauso wichtige Entdeckung sein, wie die der Staub- und Gaswolken zwischen den Sternen.

Wechseln wir noch einmal die Wellenlänge und versuchen einen Blick in den Sternenwald der Milchstraße im fernen Infraroten. Auch mit diesen Wellenlängen können wir die Absorptionswände durchdringen. Die Beobachtungen sind allerdings nicht vom Erdboden aus möglich, sondern nur außerhalb der Erdatmosphäre. Der Infrarotsatellit Cobe (Cosmic Background

Explorer) hat bei 1.2, 2.2 und 3.4 · 10^{-3} mm Wellenlänge den ganzen Himmel abgetastet. Ein von ihm geliefertes Bild in die Tiefen der Milchstraße gibt den Blick frei auf den Zentralkörper und den Kern unseres Sternsystems (Abb. 3).

Was uns sonst schon im Vordergrund verstellt ist – das Milchstraßenzentrum wird auf dieser Infrarotaufnahme wunderbar deutlich. Unser Sternsystem ist eine Diskusscheibe. Der Zentralkörper ist der Diskusbuckel. Hier leuchtet im Infraroten vor allem der kühle Staub, der auf die Grundebene unserer Milchstraße konzentriert ist. Übrigens, wer es genau wissen will: Die Entfernung Sonne–Milchstraßenzentrum beträgt 8.2 kpc und die Rotationsgeschwindigkeit der Sonne um das Zentrum ist 220 km/s.

Abb. 3: Infrarotbild des Milchstraßenbandes. Der Zentralkörper und die Scheibe werden bei Wellenlängen zwischen 1.1 und 3.4 10^{-3} mm sichtbar.

Die Sternhaufen der Milchstraße

Volker Kasten

Die Sternhaufen der Milchstraße sind ebenso wie rot schimmernde Wasserstoffwolken, bläuliche Reflexionsnebel, kleine planetarische Nebel oder auch ausgedehnte Dunkelwolken Objekte, die nicht nur die beobachtenden und fotografierenden Amateure mit ihrem ästhetischen Reiz faszinieren, sondern auch im Blickpunkt der astronomischen Forschung stehen.

Die Hyaden und Plejaden

Zwei der schönsten Sternhaufen des Himmels sind die Hyaden und die Plejaden, volkstümlich auch »Siebengestirn« genannt (vgl. Abb. 1). Beide stehen zufällig im gleichen Sternbild, dem Stier, und können im Herbst und Winter schon mit bloßen Augen am Abendhimmel beobachtet werden. Im Fernglas oder kleinen Fernrohr, wenn zwischen den hell funkelnden Haufensternen

Abb. 1: Ausschnitt aus dem Sternbild Stier mit den Sternhaufen der Hyaden (rechts neben dem rötlichen Aldebaran) und Plejaden (rechts oben). Aufnahme von E. Slawik, Waldenburg mit 6x6-Kamera und 150 mm Objektivbrennweite.

noch eine Vielzahl schwächerer Sternpünktchen erkennbar wird, bieten diese Sternhaufen einen unvergesslichen Anblick.

Die Hyaden bilden eine lockere Sterngruppe nahe Aldebaran, dem Hauptstern und »roten Auge« des Stiers. Aldebaran selbst gehört nicht zu diesem Sternhaufen, er steht räumlich gesehen halbwegs zwischen uns und den Hyaden. Zusammen mit Aldebaran bilden die fünf auffälligsten Hyadensterne eine markante V-Figur, die auf alten und noch mit Illustrationen versehenen Sternkarten das Gesicht des Stieres nachzeichnet. Das hellste Hyadenmitglied ist der weißliche Stern theta 2 im Stier mit einer Helligkeit von 3.4 mag. Er ist ein Stern der V-Figur und steht knapp 2 Grad westlich (rechts) von Aldebaran. Zusammen mit dem orangefarbenen und nur 6 Bogenminuten entfernten theta 1 bildet er ein hübsches Sternpaar, das schon mit bloßen Augen als enger Doppelstern zu erkennen ist. Der reizvolle Farbkontrast dieses Paares wird allerdings erst im Fernglas deutlich. Es gibt 16 Hyadensterne heller als die 5. Sterngröße, insgesamt dürften einige hundert teils sehr schwache Sterne zu diesem Sternhaufen gehören.

Im Vergleich zu den Hyaden wirkt die Plejadengruppe dichter gedrängt und markanter. Sie überdeckt am Himmel nur eine gute Daumenbreite, und wer etwas kurzsichtig ist, erkennt hier ohne Brille nur einen verwaschenen Lichtfleck. Unter durchschnittlichen Sichtverhältnissen sind meist nur die sechs Plejadensterne heller als die 5. Sterngröße mit bloßen Augen zu erkennen. Sie bilden eine Figur, die etwas an die Umrisse des Großen Wagens erinnern, und es soll Zeitgenossen geben, die die Plejaden mit diesem Sternbild verwechseln. Geübte Beobachter wollen unter optimalen Sichtbedingungen, wie sie in Mitteleuropa allerdings kaum einmal anzutreffen sind, schon bis zu 16 Plejadensterne mit bloßen Augen erspäht haben!

Nach der griechischen Mythologie stellen die Plejaden die hübschen Töchter des Titanen Atlas und der Meeresnymphe Pleione dar. Sie wurden von Zeus an den Himmel versetzt wurden, um sie vor den Nachstellungen des Himmelsjägers Orion zu schützen. Nach ihnen sind die helleren Plejadensterne benannt. So trägt der mit 2.9 mag auffälligste Plejadenstern den Namen Alcyone.

Die Eltern Atlas und Pleione sind ebenfalls als Plejaden verewigt. Übrigens finden sich auch die Hyaden in der Mythologie wieder. Sie sollen ebenfalls Töchter von Atlas und damit Halbschwestern der Plejaden sein.

Offene Sternhaufen

Die Hyaden und Plejaden sind prominente Beispiele für *offene Sternhaufen*. Man kennt heute rund 1200 solcher offenen Sternhaufen in der Milchstraße, doch dürfte ihre wahre Anzahl um den Faktor hundert größer sein, denn viele verbergen sich hinter

undurchsichtigen interstellaren Staubwolken. Die meisten Sternhaufen sind weiter von uns entfernt als die Hyaden und Plejaden
und deshalb nur teleskopisch zu erkennen. Eine ganze Reihe von
ihnen bildet aber lohnende Beobachtungsobjekte auch für kleinere Amateurfernrohre. Zur (fernrohrlosen!) Zeit von Ptolemäus kannte man außer den Plejaden und Hyaden nur noch den
Doppelsternhaufen h und chi im Perseus, M7 im Skorpion, die
Praesepe (lateinisch für: Krippe) im Sternbild Krebs und das
Haar der Berenice – alles matt schimmernde Nebelflecke am
Himmel, deren Natur lange unklar blieb. Erst Galilei konnte mit
seinem kleinen Fernrohr die Krippe in ihre Einzelsterne auflösen. Mit der wachsenden Qualität der Fernrohre stieg dann auch
die Zahl der bekannten Sternhaufen und anderer »deep sky«-
Objekte. Im Katalog des Kometenjägers Charles Messier aus dem
18. Jahrhundert finden sich unter gut hundert verzeichneten
»Nebelflecken« auch 27 offene Sternhaufen. Auf diesen Katalog
gehen Bezeichnungen wie M7, M 44 (Praesepe) oder M45 (Plejaden) zurück – das »M« steht also für Messier.

Offene Sternhaufen können einige hundert Sterne enthalten,
für ihre Durchmesser sind die Werte der Hyaden und Plejaden
(15 bzw. 12 Lichtjahre) recht typisch. Die Haufenmitglieder sind
einst gemeinsam aus großen Wolken interstellaren Gases und
Staub entstanden und für astronomische Verhältnisse eher jung
– das Alter der meisten offenen Sternhaufen liegt zwischen einer
und 500 Millionen Jahren. Am irdischen Himmel sind sie vor
allem längs des Milchstraßenbandes anzutreffen, wie die Abb. 2
eindrucksvoll belegt. Tatsächlich besiedeln die offenen Sternhaufen vor allem die Scheibenebene unserer Milchstraße. Dabei
markieren besonders die jungen Haufen, die sich noch unweit
ihres Geburtsortes aufhalten, die Sternentstehungsgebiete in den
Spiralarmen der Milchstraße.

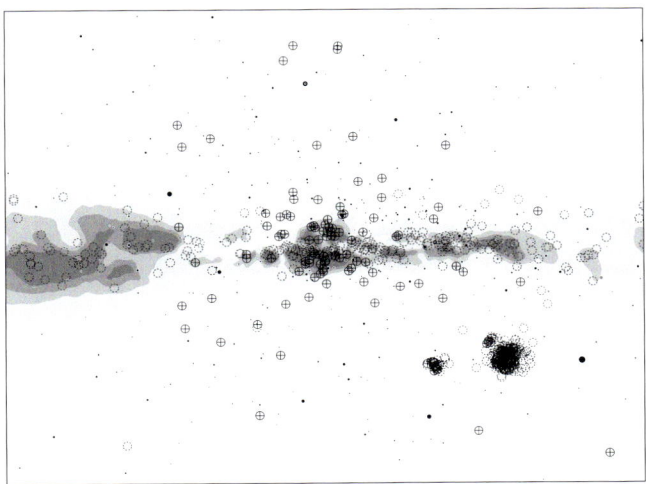

Abb. 2: Das Band der Milchstraße
mit dem Milchstraßenzentrum im
Mittelpunkt. Man erkennt die
unterschiedliche Verteilung der
Sternhaufen: Während die offenen
Sternhaufen (punktierte Kreise) in
der Milchstraßenebene angesiedelt
sind, stehen die Kugelsternhaufen
(durchkreuzte Kreise) im Halo rings
um das Zentrum. Rechts unten im
Bild sind die Magellan'schen Wolken
mit ihren Sternhaufen zu sehen.

OB-Assoziationen

Nur kurz erwähnen wollen wir hier die so genannten OB-Assozi-ationen. Diese lockeren und gravitativ nur schwach gebundenen Ansammlungen einiger Dutzend junger, sehr massiver und heißer Sterne der Spektraltypen O und B (daher der Name!) stehen ebenfalls in den Milchstraßenarmen und können sich über meh-rere hundert Lichtjahre erstrecken. Zur riesigen Scorpius-Centau-rus-Assoziation gehören zum Beispiel alle hellen Sterne im Kopf des Skorpion einschließlich Antares (der sich als einziger bereits zu einem Roten Riesen weiterentwickelt hat), aber auch der helle beta Centauri sowie alpha und beta im Kreuz des Südens. Diese Assoziation steht uns mit einer Entfernung von etwa 500 Licht-jahren am nächsten. Rund 1500 Lichtjahre entfernt ist die Assozi-ation OB 1 im Sternbild Orion, zu der unter anderem die drei bekannten Gürtelsterne, der rechte Schulterstern Bellatrix und auch die berühmten Trapezsterne im Orionnebel zählen.

Bewegungshaufen und Sternstromparallaxen

Die Sterne eines offenen Sternhaufens ziehen gemeinsam durch die Milchstraße. Für den irdischen Betrachter macht sich dies besonders bei den nahen Sternhaufen durch eine gemeinsame Eigenbewegung der Haufenmitglieder bemerkbar: Wie ein Schwarm Zugvögel zieht ein solcher Bewegungshaufen (aller-dings im Laufe von Jahrmillionen!) an uns vorüber, wird dann in der Ferne immer langsamer und unscheinbarer, bis er schließlich irgendwo am Himmel im so genannten Konvergenzpunkt statio-när bleibt und uns aus den Augen entschwindet. Wie Lewis Boss im Jahr 1908 zuerst bemerkte, bilden die Hyaden einen solchen –

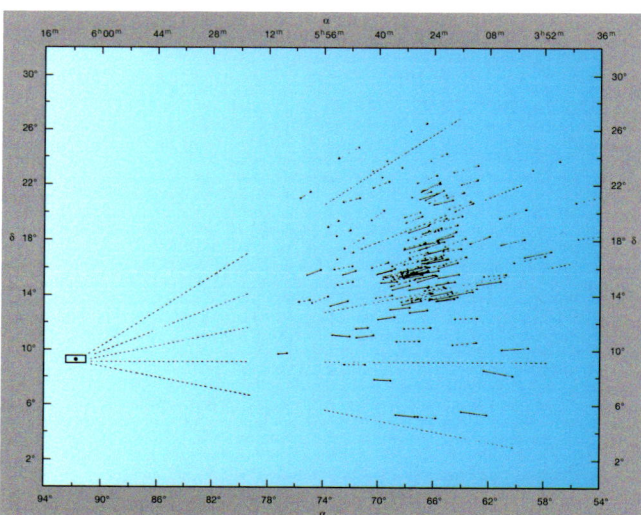

Abb. 3: Die Eigenbewegungen der Hyadensterne weisen alle auf einen gemeinsamen, entfernt liegenden Fluchtpunkt hin.

und wohl den wichtigsten – Bewegungshaufen. Seine Sterne haben uns vor rund 800 000 Jahren passiert und ziehen nun langsam von uns weg – in Richtung auf eine Stelle zu, die knapp östlich der Beteigeuze im Sternbild Orion liegt. Diese Zugbewegung der Hyaden ist in Abb. 3 durch Pfeile veranschaulicht. Beim Blick auf die Abbildung glaubt man fast den Zug der Hyadensterne in Richtung auf ihren Konvergenzpunkt »live« mitzuerle-

Sternstromparallaxen

Die Entfernungsbestimmung von Bewegungshaufen wird durch die nebenstehende Skizze veranschaulicht.

Bekannt seien die jährliche Eigenbewegung μ der Haufensterne, die aus den Spektren zu ermittelnde Radialgeschwindigkeit v_r des Haufens und der heutige Winkelabstand γ des Haufenzentrums von seinem Konvergenzpunkt an der Himmelskugel. In einem Zeitraum Δt (wir wählen Δt = ein Jahr) legt der Sternhaufen dann in radialer Richtung die Strecke $S_r = v_r \Delta t$ und in tangentialer Richtung die Strecke $S_t = v_t \Delta t$ zurück. Wie man der Skizze entnimmt, gilt $S_t = S_r \tan \gamma$, so dass auch die tangentiale Wegstrecke S_t bekannt ist. Man darf an-

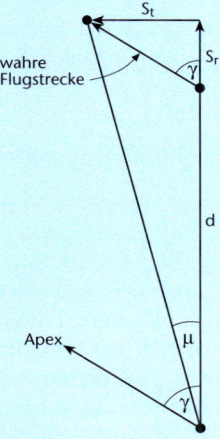

nehmen, dass die radiale Strecke S_r, die der Sternhaufen pro Jahr zurücklegt, vernachlässigbar klein gegenüber der zu bestimmenden Entfernung d ist. Dann gilt $S_t / d = \tan \mu$ (vgl. die Skizze !). Nun ist μ ein sehr kleiner Winkel, sodass in guter Näherung $\tan \mu = \mu$ gilt, wenn man μ im Bogenmaß angibt.

So ergibt sich schließlich die gesuchte Entfernung des Sternhaufens zu $d = S_t / \mu$.

Ein Zahlenbeispiel: Die jährliche Eigenbewegung der Hyaden beträgt 0.11", entsprechend

$\mu = 533 \cdot 10^{-9}$ im Bogenmaß. Ihre Radialgeschwindigkeit wurde zu v_r = 43 km/s bestimmt, und ihr heutiger Abstand zum Konvergenzpunkt beträgt $\gamma = 25.4°$. Mit Δt = 35 136 000 (Anzahl der Sekunden pro Jahr) berechnet man zunächst für die radiale Strecke $S_r = v_r \Delta t = 1356 \cdot 10^6$ km, und damit ergibt sich die tangentiale Strecke zu

$S_t = S_r \tan \gamma = 644 \cdot 10^6$ km. Hiermit findet man als Hyadenentfernung den (etwas zu kleinen) Wert

$d = S_t / \mu = 1.21 \cdot 10^{15}$ km, das sind rund 128 Lichtjahre.

ben. In Wirklichkeit ist ihre Eigenbewegung aber sehr langsam – sie beträgt im Jahrhundert nur 11 Bogensekunden. Durch Messung der Eigenbewegungen wurde offenbar, dass zum Bewegungshaufen der Hyaden nicht nur das auffällige Haufenzentrum nahe Aldebaran gehört, sondern auch noch viele Sterne aus dem weiteren Umfeld. Ihrer Eigenbewegung nach zu schließen, könnte sogar die helle Kapella im Fuhrmann ein weit am Rand liegendes Mitglied dieses Bewegungshaufens sein. Weitere, wenn auch langsamere Bewegungshaufen bilden die Plejaden und die schon erwähnte Praesepe.

Bewegungshaufen bieten die Möglichkeit einer Entfernungsbestimmung, auch wenn die Methode trigonometrischer Parallaxen wegen zu großer Entfernung der Haufensterne versagt. Die Methode der »Sternstromparallaxen« wird im obenstehenden Kasten erläutert. Auf diese Weise fand Lewis Boss die (wie wir heute wissen) etwas zu kleine Hyadenentfernung von 129 Lichtjahren.

Die Hyaden und die kosmische Entfernungsleiter

Inzwischen kennen wir aufgrund der hochpräzisen Parallaxenmessungen des HIPPARCOS-Satelliten anfangs der neunziger Jahre des letzten Jahrhunderts die Hyadenentfernung recht genau. Demnach stehen die hellsten, die »V«-Figur bildenden Hyadensterne in Entfernungen zwischen 146 und 158 Lichtjahren.

Als ein besonders naher Sternhaufen bilden die Hyaden eine wichtige Stufe auf der kosmischen Entfernungsleiter. Wenn man die Hyadenentfernung kennt, lässt sich auch die wahre Leuchtkraft ihrer einzelnen Sterne und somit auch der im Haufen vorkommenden Spektraltypen bestimmen. Damit hat man stellare »Standardkerzen« geeicht, mit deren Hilfe dann auch die Abstände zu weiter entfernten Sternhaufen ermittelt werden können (siehe hierzu auch unseren Beitrag über die kosmische Entfernungsbestimmung).

Ebenfalls zu den nahen Sternhaufen zählt das Haar der Berenice (280 Lichtjahre Entfernung), bis zu den Plejaden sind es nach den HIPPARCOS-Messungen rund 380 Lichtjahre, und die Sterne der Krippe sind etwa 520 Lichtjahre von uns entfernt. In viel größerer Tiefe steht dagegen der Doppelsternhaufen h und chi im Perseus (vgl. Abb. 4), der in einem anderen Spiralarm der Milchstraße liegt, dem so genannten Perseus-Arm. Seine Entfernung wird auf etwas über 7000 Lichtjahre veranschlagt.

Das FH-Diagramm der Hyaden

Die Abb. 5 zeigt ein Farben-Helligkeits-Diagramm (FHD) der Hyadensterne. In einem früheren Beitrag hat H.-U. Keller schon die astrophysikalische Bedeutung solcher Diagramme erklärt.

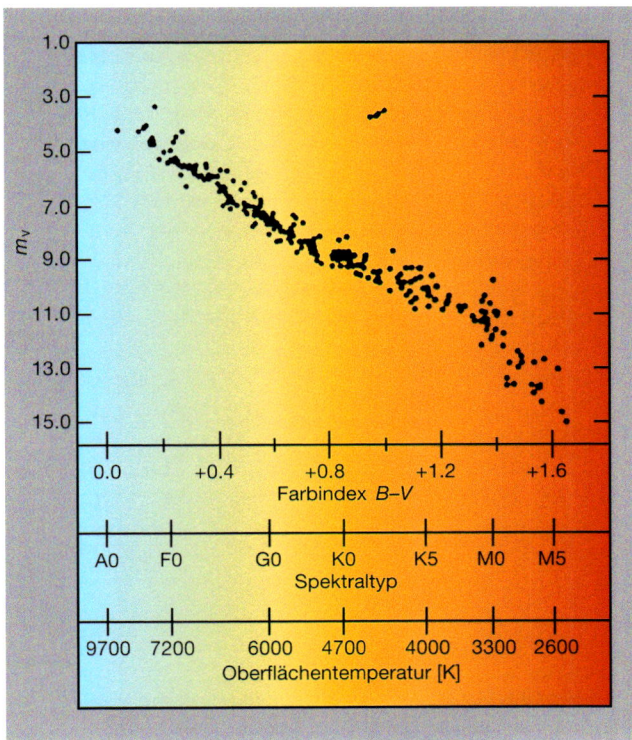

Abb. 4: Der Doppelsternhaufen h (NGC 869, rechts im Bild) und chi (NGC 884, links) im Sternbild Perseus. Norden ist oben, Osten links. Mit einem Abstand von gut 7000 Lichtjahren stehen diese beiden Sternhaufen im Perseus-Spiralarm der Milchstraße. Sie bilden das Zentrum einer 750 Lichtjahre großen OB-Assoziation. Aufnahme von Wolfgang Paech mit einem VIXEN-ED-130SS-Refraktor und CCD-Kamera (SBIG ST10-XME). Wegen der großen Winkelausdehnung des Objektes wurde die Aufnahme aus zwei Teilaufnahmen zusammengesetzt.

Abb. 5: Das Farben-Helligkeits-Diagramm der Hyaden (aus: Meyers Handbuch Weltall, 7. Auflage, S. 430).

Wie man sieht, liegen fast alle Hyadensterne auf der klar erkennbaren Hauptreihe, die bis zum Spektraltyp A2 hinaufreicht. Dies alles sind Sterne, die sich im stabilsten und längsten Stadium ihres Lebens befinden, der Phase des Wasserstoffbrennens. Nur vier Sterne fallen ersichtlich aus der (Haupt-)Reihe. Hierbei handelt es sich um vier helle Sterne der »V«-Figur, nämlich epsilon, gamma, delta 1 und theta 1 Tauri. Wie man der Abb. 5 entnimmt, handelt es sich hierbei um Sterne des Spektraltyps K mit einem Farbindex um 0.9, also orange getönte Sterne, deren Färbung sich im Fernglas deutlich erkennen lässt. Trotz ihrer niedrigen Temperatur (um 4400 K) besitzen diese vier Sterne eine recht hohe Leuchtkraft, sind sie doch um 6 Größenklassen heller als die Hyaden des gleichen Spektraltyps auf der Hauptreihe! Der Grund dafür kann nur sein, dass ihre strahlende Oberfläche und damit ihr Durchmesser viel größer ist als bei den entsprechenden Hauptreihensternen. Schon Russell nannte solche Sterne »Rote Riesen«.

Wie alt sind die Sternhaufen ?

Die Abb. 6 zeigt in mehr schematischer Form die HR-Diagramme weiterer offener Sternhaufen. Man erkennt – etwa im Vergleich zwischen h und chi im Perseus und dem Haufen M 67 im Krebs – doch ganz erhebliche Unterschiede, die vor allem auf dem unterschiedlichen Alter der Sternhaufen beruhen. Die Sterne eines bestimmten Haufens sind zwar alle gleichzeitig entstanden und sind insofern heute gleich alt, aber sie haben sich im Verlauf der Zeit unterschiedlich schnell entwickelt.

Generell entwickeln sich die heißen O- und B-Sterne links oben auf der Hauptreihe am schnellsten, sie verlassen die Hauptreihe bereits nach wenigen Millionen Jahren und bewegen sich im HRD nach rechts. Dagegen bleiben etwa G-Sterne wie die Sonne einige Milliarden Jahre auf der Hauptreihe, ehe sie abwandern und sich zu Roten Riesen aufblasen. Je älter ein Sternhaufen ist, umso mehr Sterne sind bereits von der Hauptreihe nach rechts abgewandert und desto niedriger liegt der »Abknickpunkt« (englisch: turn off point) auf der Hauptreihe. Man kann also aus der Lage des Abknickpunktes auf das Alter eines Sternhaufens schließen.

Am jüngsten ist mit Blick auf Abb. 6 offenbar der Doppelsternhaufen h und chi im Perseus – man schätzt sein Alter auf nur 4 Millionen Jahre. Diese Sonnen begannen also erst zu leuchten, als auf der Erde schon die Prototypen der Gattung Mensch herumliefen! Bei den Plejaden liegt der Abknickpunkt schon etwas tiefer auf der Hauptreihe, aber auch sie sind mit ihrem Alter von 80 Millionen Jahren noch relativ jung. Ihr Aufleuchten am irdischen Himmel fällt also in die Saurierzeit. Nach Lage ihres Abknickpunktes müssen die Hyaden deutlich älter als die

Plejaden sein – sie dürften vor etwa 700 Millionen Jahren entstanden sein. Den tiefsten Abknickpunkt der in Abb. 6 dargestellten offenen Haufen hat M67, ein eher unscheinbares Feldstecherobjekt im Krebs. Sein Alter von 3 Milliarden Jahren ist für einen offenen Sternhaufen schon untypisch hoch.

Sehr junge offene Sternhaufen sind oft noch von den Resten jener Gas- und Staubwolken umgeben, aus denen sie sich einst gebildet haben. Solche in Nebel eingebettete Objekte stellen lohnende Ziele für Astrofotographen dar. Besonders reizvoll sind in dieser Hinsicht am Winterhimmel die Sternhaufen NGC 2244 inmitten des Rosettennebels (vgl. Abb. 7) und NGC 2264 mit dem Konusnebel, beide im Sternbild Einhorn (Monoceros). Für den Sommerhimmel seien der junge Sternhaufen M16 mit dem Adlernebel und NGC 6530 im Lagunennebel M8 genannt. Die Abkürzung NGC steht hierbei für den »New General Catalogue of Nebulae and Star Clusters« mit fast 8000 Objekten, den der dänische Astronom Johan Ludvig Emil Dreyer im Jahr 1888 als Direktor des irischen Armagh-Observatoriums veröffentlicht hat und der zusammen mit den ergänzenden Index-Katalogen (IC) auch heute noch in Gebrauch ist.

Auch die Plejadensterne zeigen sich in Nebel eingehüllt, vor allem auf Fotographien – visuell sind diese Nebel nur schwer

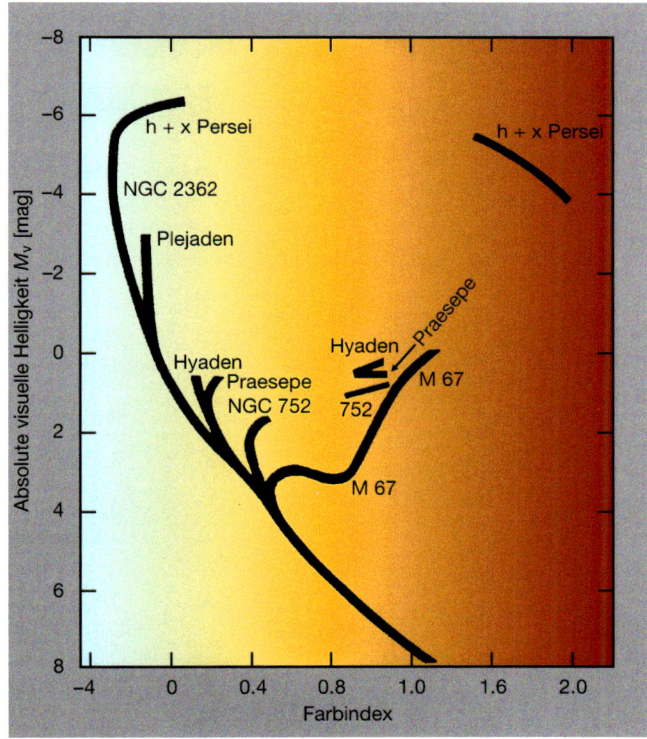

Abb. 6: Das Hertzsprung-Russell-Diagramm der Hyaden, Plejaden und einiger anderer Sternhaufen unterschiedlichen Alters.

Abb. 7: Der Rosettennebel im Sternbild Monoceros ist etwa 5500 Lichtjahre entfernt. In seinem Zentrum steht der junge Sternhaufen NGC 2244, dessen heiße Sterne mit ihrer UV-Strahlung die Wasserstoffwolken zum Aufleuchten in typischem Rot bringen. Aufgenommen von Doris Unbehaun mit einem 5"-Refraktor von Astro Physics bei einer Belichtungszeit von 60 Minuten.

erkennbar. Allerdings glaubt man inzwischen, dass es sich bei den Plejadennebeln nicht um Restmaterial handelt, sondern um interstellare Wolken, die zufällig gerade über die Plejaden hinwegziehen.

Schöne Beobachtungsobjekte: die Kugelsternhaufen

Von ganz anderer Natur als offene Haufen sind die so genannten Kugelsternhaufen. Die Abb. 8 zeigt das hellste und schönste Exemplar, omega Centauri, das leider für unsere Breiten unbeobachtbar am südlichen Himmel im Sternbild des Centauren steht.

Abb. 8: Omega Centauri (NGC 5139), der hellste Kugelsternhaufen am irdischen Himmel. Aufgenommen mit einem VIXEN-ED-130SS-Refraktor mit 850 mm Brennweite von Wolfgang Paech und Doris Unbehaun. Zum Einsatz kam eine CCD-Kamera von SBIG ST8-E.

Mit seiner Gesamthelligkeit von 3.7 mag ist dieser Kugelsternhaufen schon mit bloßen Augen als Nebelstern erkennbar, sodass
er bereits im Sternatlas der »Uranometria« von Johann Bayer
(1603) als Stern omega des Centauren eingezeichnet ist. Als erster
hat wohl Edmond Halley im Jahr 1677 diesen Kugelhaufen im
Fernrohr betrachtet und als »nebliges« Objekt erkannt. In heutigen Instrumenten ist der Anblick von omega Centauri überwälti-
gend: Selbst kleine Fernrohre zeigen ein unüberschaubares
Gewimmel von nadelfeinen Sternpünktchen, die sich über eine
Fläche so groß wie die Mondscheibe verteilen. Halley entdeckte
später (1714) noch den Kugelsternhaufen M 13 im Sternbild
Herkules, der zu den Paradeobjekten des Nordhimmels gehört.
M 13 ist mit einer Helligkeit von 5.8 mag unter sehr günstigen
Sichtbedingungen soeben mit bloßen Augen zu erspähen. Beobachter, die auch omega Centauri kennen, schildern M13 im Vergleich dazu allerdings als »kümmerlich«. Trotzdem bieten M 13
und ähnlich helle, auf unseren Breiten sichtbare Kugelhaufen wie
M5 in der Schlange, M3 in den Jagdhunden oder M22 im Schützen in Instrumenten ab 4-6 Zoll Öffnung einen wunderbaren
Anblick. Messiers Nebelkatalog enthält insgesamt 29 Kugelsternhaufen. Inzwischen sind rund 150 Kugelsternhaufen katalogi-
siert, die zu unserer Milchstraße gehören.

Ganz anders als offene Haufen

Kugelsternhaufen unterscheiden sich in fast jeder Hinsicht von
den offenen Sternhaufen. Auf einem Raum von 30 bis 300 Lichtjahren Ausdehnung drängen sich Hunderttausende, manchmal
sogar Millionen Sterne zu einem kompakten, rundlichen Gebilde
zusammen. Die Dichte der Sterne im Zentrum des Kugelhaufens
M3 dürfte tausendmal so hoch sein wie die Sterndichte in der
Umgebung unserer Sonne, sodass man sich ausmalen kann,
welch ein prachtvoller Sternenhimmel sich einem dortigen Him-
melsbeobachter bieten muss!

Wie ihre FH-Diagramme zeigen, haben die Kugelhaufen im
Gegensatz zu den offenen Haufen meist ein hohes Alter von 10
Milliarden Jahren oder mehr. Sie dürften also bereits in früher
Entwicklungsphase ihrer Galaxie entstanden sein. Das wird auch
an der chemischen Zusammensetzung ihrer Sterne deutlich: Die
»Metallizität« (Vorkommen anderer Elemente als Wasserstoff)
ist meistens gering, weil noch keine schwereren Elemente durch
Supernovaexplosionen erzeugt wurden.

Mit der frühen Bildung der Kugelsternhaufen hängt auch
zusammen, dass sich ihre räumliche Verteilung stark von den offenen Haufen unterscheidet: Während diese die Milchstraßenscheibe bevölkern, umgeben die Kugelhaufen unsere Galaxie rundum
wie ein Mückenschwarm – sie stehen im so genannten Halo der
Milchstraße und umkreisen das Milchstraßenzentrum auf lang
gestreckten Bahnen mit Umlaufzeiten von einigen Millionen Jah-

ren. Die Abb. 2 lässt die unterschiedliche Verteilung von offenen Haufen und Kugelhaufen gut erkennen. Als Halo-Objekte stehen Kugelsternhaufen meist in großer Entfernung. So ist omega Centauri 17 000 Lichtjahre von uns entfernt, und bis zum Kugelhaufen M 13 sind es 23 000 Lichtjahre. Es gibt sogar einige Kugelhaufen, die weiter als die Magellan'schen Wolken entfernt sind – den Rekord hält das 1979 von Arp und Madore entdeckte Objekt AM 1 mit einer Entfernung von rund 400 000 Lichtjahren.

Die Entfernung und räumliche Verteilung der Kugelsternhaufen entschlüsselte Harlow Shapley vom Mount Wilson Observatorium um das Jahr 1918 und fand auf diese Weise auch die Form und Ausdehnung der Milchstraße. Nachdem Kopernikus die Erde aus dem Zentrum der Welt vertrieben und an ihre Stelle die Sonne gesetzt hatte, führten Shapleys Untersuchungen an Kugelhaufen nun zu einer erneuten »Vertreibung«: Es wurde deutlich, dass die Sonne keineswegs im Zentrum unserer Galaxie stand, sondern weiter am Rand. Und wenige Jahre später folgte durch Hubble die Erkenntnis, dass auch »unsere« Milchstraße keine Hauptrolle im Kosmos spielt und nur eine unter vielen ähnlichen Galaxien ist.

Sternhaufen in anderen Galaxien

Sternhaufen sind keine Spezialität unserer Milchstraße, man hat sie auch in anderen Galaxien beobachtet. So enthält die Große Magellan'sche Wolke mindestens 1200 offene Sternhaufen, die oft aus blauen Riesensternen gebildet sind. Rings um den Andromedanebel M 31 hat man über 300 Sternhaufen fotografiert,

Abb. 9: Der zentrale Teil des Fornax-Galaxienhaufens mit den beiden elliptischen Galaxien NGC 1399 und NGC 1404. Die Galaxie NGC 1399 bildet das eigentliche Zentrum des Haufens und besitzt ein reichhaltiges System von Kugelsternhaufen.

wobei es sich überwiegend um Kugelsternhaufen handelt. Und die riesige elliptische Galaxie M 87 im Virgo-Galaxienhaufen wird sogar von einigen tausend Kugelsternhaufen begleitet (vgl. Abb. 9). Bei einigen Galaxien hat man einen neuen Typ von Kugelsternhaufen gefunden, die so genannten blauen Kugelhaufen. Sie enthalten keine alten, roten Sterne, wie die Kugelsternhaufen der Milchstraße, sondern bestehen aus jungen, bläulich strahlenden Sternen. Die Entstehungsgeschichte dieser blauen Kugelsternhaufen ist zurzeit noch in der Diskussion.

Literaturhinweise

Burnham's Celestial Handbook (3 Bände). Dover Publ. New York, 1978. Zwar teilweise veraltet, aber immer noch ein empfehlenswerter Klassiker in der Beschreibung von deep-sky-Objekten.

Stoyan, R.: Deep Sky Reiseführer. Oculum Verlag 2000. Eine Beschreibung lohnender deep-sky-Objekte für den beobachtenden Amateur.

Meyers Handbuch Weltall. Meyers Lexikonverlag Mannheim, 1994. Hier kann man sich unter anderem über astrophysikalische Themen (Temperaturen, Spektren, HR-Diagramme, Sternhaufen, Sternentwicklung) informieren.

Die Magellan'schen Wolken

Johannes Viktor Feitzinger

Arabische Seefahrer nannten die Wolken Al Bakar, die Weißen Ochsen – eine Bezeichnung, die auf Al Sufi (903–986) zurückgeht. Eine Erwähnung der Magellan'schen Wolken findet sich dann erst wieder im Jahre 1502 bei Amerigo Vespucci. Er spricht von zwei hellen Flecken. Die am weitesten verbreitete Karte des Südhimmels im 16. Jahrhundert (1516) stammt von Andrea Corsali, einem italienischen Schiffssteuermann. Auf ihr sind die beiden hellen Flecken (Wolken) und das Kreuz des Südens markiert, wenn auch in falschen Positionen (vergleiche die Abb. 8 im früheren Beitrag über das Kreuz des Südens). Der Begleiter und Reiseberichterstatter von Magellan (1518), Antonio Pigafetta (1491–1534), beschreibt dann die beiden Wolken in seinem gewaltigen Reisebericht ausführlicher (1521). Als Folge dieses Reiseberichtes und weil offenbar der portugiesische Offizier Nuño de Sylva als Teilnehmer der späteren Drake'schen Südreisen 1578 den Namen Magellan für die Wolken verwendete, wurde dann allmählich im 17. Jahrhundert (ab 1620) die heute übliche Benennung Allgemeingut. Von Magellan selbst gibt es keine Notiz zur Namensgebung.

Die Lage der Wolken im Raum

Die beiden Magellan'schen Wolken sind Sternsysteme, die der Milchstraße benachbart sind. Sie sind bei geographischen Breiten unterhalb von +10° je nach Jahreszeit über dem Horizont sichtbar. Dem unbewaffneten Auge erscheinen sie als weißliche Wölkchen. Photographisch sind Ansätze verschiedener Strukturen, wie Sternbalken, kurze Spiralarmfilamente und unzählige Sternentstehungsgebiete, nachweisbar. In Abb. 1 ist ihre Lage zur Milchstraße und zum Magellan'schen Strom dargestellt. Die Große Magellan'sche Wolke (GMW) ist 50 kpc von der Sonne entfernt, die Kleine Magellan'sche Wolke (KMW) 60 kpc. Der Magellan'sche Strom ist eine gewaltige Wasserstoffgasfahne, die beide Wolken einhüllt und die die Wolken auf ihrer Bahn um die Milchstraße hinter sich herziehen.

Die Magellan'schen Wolken sind Satelliten der Milchstraße. Die von der Milchstraße auf die Wolken ausgeübten Gezeitenkräfte beeinflussen die Dynamik ihrer stellaren und ihrer gasförmigen Komponenten. Ihre jeweiligen Grundebenen sind zur

Abb. 1: Die Lage der Magellan'schen Wolken im Raum und der Magellan'sche Gasstrom mit der Bahn der Wolken um die Milchstraße. Die Grundebene der Wolken und die Knotenlinie in Bezug zum Milchstraßensystem und zur irdischen Himmelssphäre sind angegeben, wobei der Balken der GMW im Zentrum der ausgewählten Blickrichtung liegt. Bei der GMW ist als Beispiel für eine Verwölbung (es befindet sich Materie über der Grundebene) eine Hilfsebene ausgeklappt.
Die Tiefenerstreckung der KMW verläuft senkrecht zur Grundebene. GSP: Galaktischer Südpol, MSI: erste Wasserstoffverdichtung im Magellan'schen Strom, 3 : 30 Doradus, W: Flügel (Wing) der KMW.

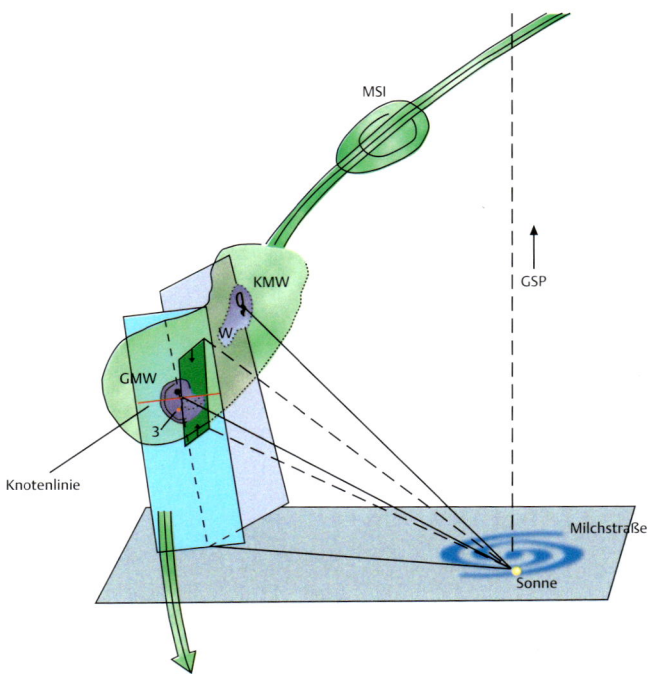

Himmelssphäre geneigt. Der Neigungswinkel liegt bei der GMW zwischen 33° und 45°, bei der KMW zwischen 85° und 90°. In Abb. 1 sind die Grundebenen beider Systeme markiert. Die Knotenlinie ist hierbei die Schnittlinie zwischen Himmelebene und Sternsystem. Bei der GMW ist die Ostseite die uns nähere Seite, bei der KMW steht uns der nördliche Teil am nächsten.

Für die Forschung ist die relative Nähe dieser Sternsysteme von großem Nutzen. Sie ermöglicht eine gute Auflösung in Einzelkomponenten. Die Festlegung der genauen Entfernung der Wolken ermöglicht die Eichung der kosmischen Entfernungsskala und die Eichung der absoluten Leuchtkräfte vieler stellarer Entwicklungsphasen. Die beiden Wolken sind ideale Beobachtungsplätze für Untersuchungen zur Sternentstehung und zur Sternentwicklung.

Der Magellan'sche Strom

Die Struktur des Magellan'schen Systems wird aus seiner Geschichte verständlich. Wenn auch noch nicht alle Einzelheiten aufgeklärt sind, so lässt sich doch schon ein einigermaßen verlässliches Bild seiner Entwicklungsgeschichte entwerfen. Das System besteht aus vier Komponenten: Große und Kleine Magellan'sche Wolke, die gemeinsame Gashülle und der Magellan'sche Strom. Die gemeinsame Gashülle aus neutralem Wasserstoff lässt den Schluss auf eine längerfristige gravitative Bindung zu. Das System ist seit mindestens 7 Milliarden Jahren an die Milchstraße gebunden und bewegt sich in ihrem Anziehungsbereich, von der Sonne aus betrachtet, mit einer transversalen Geschwindigkeit von rund 275 km/s auf die Grundebene unseres eigenen Milchstraßensystems zu. Ableitbar wird diese Geschwindigkeit aus den Geschwindigkeitsgradienten über die Wolke hinweg und aus der Gasverdichtung durch Staudruck auf der Stirnseite (Ostseite) der GMW. Gezeitenkräfte und Staudruck formten die gemeinsamen Strukturen des Systems. Wie die Mütze eines Radfahrers durch den eigenen Fahrtwind weggefegt wird, so verlieren die Wolken bei ihrem Lauf durch die äußersten Halobereiche der Milchstraße Gas. Die Dichte des Milchstraßenhalos wird hierbei auf 200 Atome pro Kubikmeter geschätzt. Die beiden Wolken selbst stießen auf ihrer Bahn um die Milchstraße einmal (mehrmals?) zusammen oder erlitten sehr nahe Vorübergänge. Modellrechnungen legen nahe, dass sich die Wolkenbahnen vor rund 200 Millionen Jahren schnitten. Insbesondere die KMW begann sich dabei vor rund $1.5 \cdot 10^8$ Jahren in zwei Teile aufzulösen. Dafür sprechen die unterschiedlichen Geschwindigkeitsverteilungen im Wasserstoff und bei den alten Sternen der KMW. Die beiden Teilstücke liegen in 10 kpc Abstand hintereinander und überdecken dabei an der Himmelssphäre fast das gleiche Gebiet. Somit ist die KMW ein Objekt mit großer Tiefenerstreckung. Solche starken Gezeitenwechselwirkungen rührten natürlich auch den gesamten Gasinhalt der beiden Wolken auf und lösten intensive Sternentstehung aus. Das Schicksal der Magellan'schen Wolken hängt davon ab, wie viel Bahnenergie durch Reibung in den Außenbereichen unseres eigenen Sternsystems verloren geht. Möglicherweise werden beide Systeme in $3 \cdot 10^9$ bis $4 \cdot 10^9$ Jahren vollständig von der Milchstraße aufgesogen.

Galaxientyp, Untersysteme und Helligkeit

Jede Galaxienklassifikation geht vom äußeren Erscheinungsbild der Sternsysteme aus, um sie in bestimmte Klassen einzuteilen. Bei Spiralgalaxien werden zunächst jene mit zentralem Sternbalken (SB) und diejenigen ohne Balken (S) unterschieden. Die zunehmende Spiralarmöffnung und/oder die abnehmende Helligkeit des Zentralkörpers im Vergleich zur Scheibe spaltet die Untersysteme in a, b, c, d, m auf. Die Milchstraße ist danach vom Typ Sc, der Andromeda-Nebel vom Typ Sb und die Magellan'schen Wolken werden als SBm klassifiziert, wobei die KMW den Zusatz p (pekuliar = mit Besonderheiten) oder Irr (irregulär) trägt. Wir haben also zwei Sternsysteme vor uns, die am Ende der Galaxienklassifikation stehen und fast schon den Übergang zu den völlig irregulären Systemen bilden. Hier findet man keine ausgeprägten zusammenhängenden Spiralarme und keine großräumige Symmetrie.

Bei der GMW lassen sich drei Untersysteme festlegen: Das erste ist der Balken, der wesentlich aus roten alten Sternen besteht und dem Sternentstehungsgebiete über- und eingelagert sind. Als Zweites haben wir das zentrale Scheibensystem, welches in einen inneren und einen äußeren Bereich von 3° bzw. 7° Radius einteilbar ist. Die Bereiche unterscheiden sich im Wesentlichen durch das Alter der Sternkomponenten und den Gasinhalt. Im äußeren Bereich sind die Sterne älter, im Innenbereich überwiegen die Sternentstehungsgebiete und das Gas. Abb. 2 zeigt die GMW im Licht der Wasserstofflinie H_α bei der Wellenlänge 6563 Å.

Das größte Sternentstehungsgebiet ist der Gaskomplex 30 Doradus mit 200 pc Durchmesser nordöstlich oberhalb des Balkenendes. Die Zahl der von jungen Sternen zum Leuchten gebrachten Wasserstoffnebel, der HII-Gebiete, liegt bei mehreren Hundert und verdeutlicht, wie zahlreich und weit verbreitet Sternentstehungsprozesse in der GMW sind.

Die dritte Hauptkomponente ist ein dünner Gas- und Sternhalo, der vermutlich beide Wolken sphärisch einhüllt. Der Gashalo kann über diffuse Röntgenstrahlung nachgewiesen werden. In der Nähe des aktiven Sternentstehungsgebietes 30 Doradus beträgt die Gastemperatur des Halos 10 Millionen Grad. Bei der Sternbevölkerung des Halos handelt es sich um sehr alte Kugelsternhaufen und veränderliche Sterne des Typs RR Lyrae.

Bei der KMW ist die Einteilung in Untersysteme schwieriger. Dennoch werden Balken, zentrale Scheibe und Halo unterschieden; hinzu kommt der so genannte Flügel. Dies ist der in Rich-

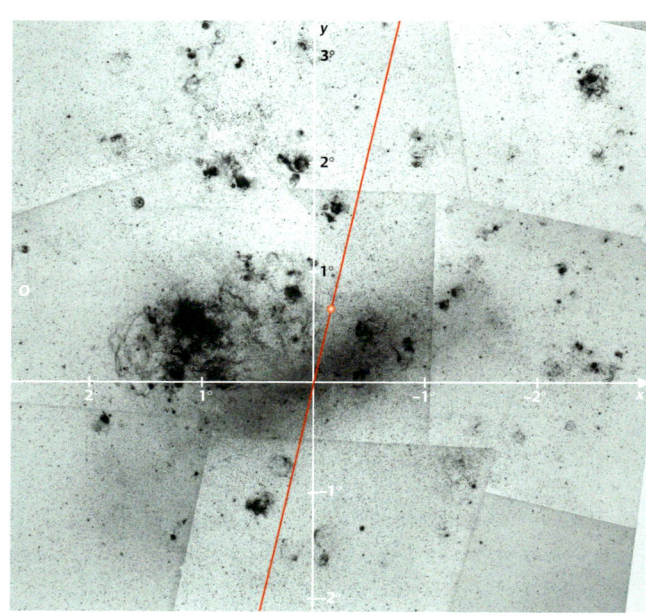

Abb. 2: Die GMW im Lichte der H_α-Linie des Wasserstoffs (6563 Å). Die leuchtenden Gaswolken in Form von Filamenten, Schalen und Klumpen überziehen die gesamte Wolke (Aufnahme: B. M. Lasker, 1979). Die Knotenlinie (vgl. Abb. 1) ist rot gezeichnet; Osten ist links. Der Punkt auf der Knotenlinie markiert das Rotationszentrum des interstellaren Gases, welches außerhalb des Balkens liegt. Der östliche Teil der Wolke ist uns näher. Die Wolke rotiert im Uhrzeigersinn von Ost über Nord.

tung zur GMW zeigende Stern- und Gasbereich, der von jüngeren Sternen bevölkert ist. Diese Einteilung beschreibt das optische Erscheinungsbild und geht nicht auf die Verteilung der Komponenten in der Tiefe des Raumes ein. Flügel und nordöstlicher Teil stehen uns näher als der südliche Bereich der KMW.

Die räumliche Verflechtung der einzelnen Untersysteme und das Überlappen von alten und jungen Strukturen wird deutlich, wenn man infrarote (Abb. 3), optische und ultraviolette (Abb. 4) Bilder der GMW und der KMW vergleicht. Die Überlappung, Versetzung und Verflechtung deutet sich auch dadurch an, dass die Zentroidschwerpunkte der verschiedenen Komponenten nicht zusammenfallen. Aus den Infrarotkarten des Satelliten Iras bei 60 µm und 100 µm lässt sich die Staubtemperatur der Wolken ableiten und darstellen. Diese Karten geben die Staubverteilung über die Wolken hinweg wieder. Die Mitwirkung von Staub ist entscheidend bei allen Sternentstehungsprozessen, und durch seine Absorption des Lichtes prägt er das (sichtbare) Erscheinungsbild der Wolken. Die mit der Wellenlänge wechselnden Anblicke der Wolken sind somit gute Sonden, um Einblicke in den Aufbau dieser Sternsysteme zu erhalten, z. B. markiert die Ultraviolett-Aufnahme (Abb. 4) die Verteilung der heißesten Sterne und des Gases – natürlich nur insoweit, wie es der vorgelagerte Staub zulässt.

Der Staub in den Wolken ist heißer als in der Milchstraße – eine Folge des stärkeren interstellaren Strahlungsfeldes. Dies wiederum hat seine Ursache in den erhöhten Sternentstehungsraten und den größeren Anteilen junger Sterne in den Wolken.

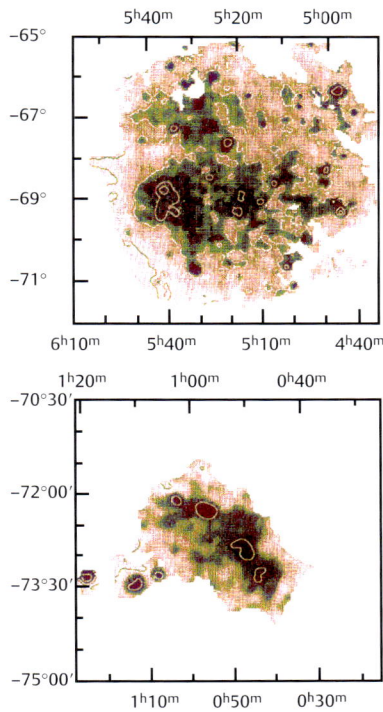

Abb. 3: Staubverteilung (nach P. Schwering, 1988) in Form einer Temperaturkarte des Staubes aus Daten des Infrarotsatelliten Iras (60 µm und 100 µm). Die Konturen markieren verschiedene Temperaturen (dunkel = hohe Temperatur); oben: GMW: T = 25, 30, 35, 40 K; unten: KMW: T = 30, 35, 40 K.

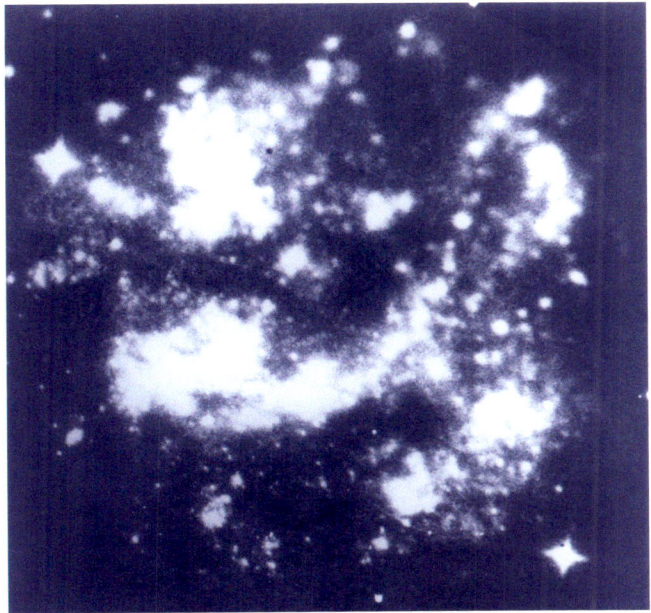

Abb. 4: Die GMW im ultravioletten Spektralbereich (0.125 µm – 0.16 µm), mit einer UV-Kamera von der Mondoberfläche aus aufgenommen; Apollo 16, 1972. Ausgewertet und veröffentlicht von T. Page und G. Carruthers, 1977.

Der Blick aus der Milchstraße heraus auf die Wolken muss daher die Absorptionsanteile in der Milchstraße selbst und vor den Wolken sowie die unterschiedlichen Staubeigenschaften berücksichtigen. Nur so sind die wahren Sternhelligkeiten in den Wolken zu erhalten. Die zentrale Flächenhelligkeit im Blauen (bei 0.44 µm) ist 21.1 mag arcsec^{-2} für die GMW und 21.4 mag arcsec^{-2} für die KMW.

Rotation und Masse

Rotationskurven von Sternsystemen können abgeleitet werden aus den gemessenen Radialgeschwindigkeiten von Sternen und Gas, die in deren Spektren eine Dopplerverschiebung der Spektrallinien verursachen. Im Falle des neutralen Wasserstoffs besteht ein gemessener Datensatz aus Positionen (x, y an der Sphäre), dem vermessenen Geschwindigkeitsintervall und der Intensität der Strahlung in diesem Geschwindigkeitsintervall. Die räumliche Tiefenerstreckung ist hierbei in den Daten verborgen und kann durch geeignete Analysemethoden unter Benutzung von Annahmen über die Symmetrie des Systems abgeleitet werden.

Die Gasverteilung in den MW ist mehrschichtig, d. h., Gasmassen lagern vor und hinter der Grundebene der Systeme, was auch in den Absorptionslinien, insbesondere beim Gasnebel 30 Doradus, nachgewiesen werden kann. 30 Doradus scheint hinter der Grundebene der GMW zu liegen. In der Rotationskurve der GMW (Abb. 5) wird die Mehrschichtigkeit durch eine Doppel-

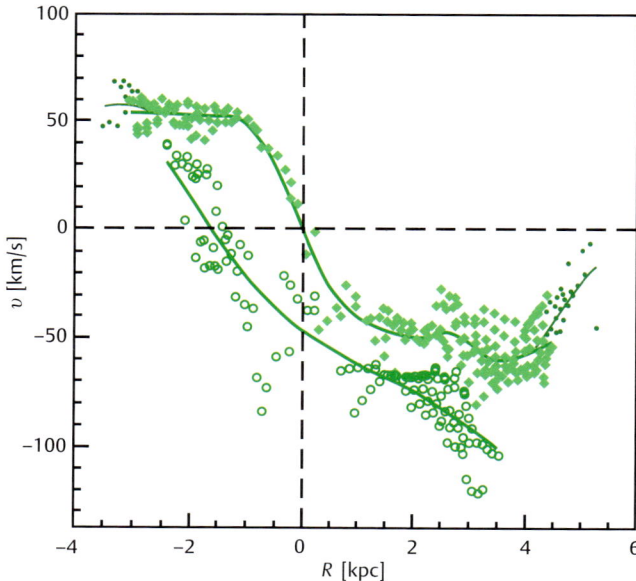

Abb. 5: Rotationskurve der GMW (Lucks und Rohlfs, 1992) aus Daten des neutralen Wasserstoffs. ◆ = Gas der Grundebene, ● = unsymmetrischer Bereich (Verwölbung?), ○ = vor oder hinter der Grundebene befindliches Gas.

struktur deutlich. Die Gasscheibe, als mit Sternen besetzte Grundebene, enthält rund 72 % des Wasserstoffgases und liefert die Grundrotationskurve. 19 % des Gases sind für die langsamere Geschwindigkeitskomponente verantwortlich. Die Verteilung dieser Komponenten von rund 2.5 kpc Größe hat 30 Doradus im Zentrum und verläuft südlich und westlich von diesem Sternentstehungsgebiet. Die Verteilung ragt aus der Grundebene heraus. Ihre Höhe über oder unter der Scheibe liegt zwischen 0 und 500 pc. Ob diese Gaswolken durch die nahe Begegnung beider MW oder durch den Staudruck im Halo unserer eigenen Milchstraße entstanden sind, ist noch nicht geklärt. Die Grundebene selbst scheint verwölbt zu sein und rotiert differentiell mit ±50 km/s; das Rotationszentrum liegt oberhalb des optischen Sternbalkens. In Abb. 1 ist als Beispiel durch die kleine herausgeklappte Fläche solch eine Verwölbung (oder Materie über der Grundebene) angedeutet. Die Verwölbung selbst deutet sich in einer Unsymmetrie des gesamten Geschwindigkeitsfeldes der GMW an.

Bei der KMW findet man eine Vielzahl von einzelnen Geschwindigkeitsschwerpunkten, die verschiedenen Bereichen oder Komponenten (Sterne, Gas) der Wolke zugeordnet werden können. Eine einheitliche Rotationskurve ist zurzeit noch nicht ableitbar. Diese Situation stützt die Annahme, dass es sich bei der KMW um ein stark gestörtes System handelt, welches sich in Untersysteme auflöst. Die Tiefenerstreckung der Wolke erschwert die Analyse.

Aus den Rotationskurven lassen sich die Massen der Galaxien bestimmen. Liegen keine Rotationskurven vor, so müssen die Massen z. B. über die Geschwindigkeitsstreuung, die Strahlungsintensitäten, die Sterntypen oder die Objektanzahl errechnet werden. Die Gesamtmasse der GMW beträgt $2 \cdot 10^{10}$, die der KMW rund $2 \cdot 10^9$ Sonnenmassen.

Struktur und Entwicklungsgeschichte

Das friedliche Erscheinungsbild der Wolken verrät zunächst sehr wenig über ihre turbulente Vergangenheit und Gegenwart. Die Beobachtung der Wolken in verschiedenen Wellenlängenbereichen erschließt schwerpunktmäßig unterschiedliche Sterngruppen oder Gaskomponenten. Die Astronomen sprechen von Populationen unterschiedlichen Alters, unterschiedlicher chemischer Zusammensetzung und unterschiedlicher Bewegungszustände. Deren Zusammenspiel organisiert sich zu dem, was wir dann Sternsystem nennen. Wegen der chaotischen Struktur der KMW wollen wir im Folgenden nur von der GMW sprechen. Die GMW lässt sich in vier Altersblöcke einteilen. Die älteste Sternkomponente, mit einem Alter von mehr als 10^{10} Jahren, bilden einige Kugelsternhaufen. Andere Kugelsternhaufen, mit dominierenden blauen Sternen, gehören in die Altersgruppe kleiner als 10^{10} bis 10^9 Jahre. Zu den ältesten Sternen gehören auch die RR-Lyrae-Sterne mit Perioden zwischen 0.2 und 0.8 Tagen; sie sind die markantesten Vertreter der ältesten Sternpopulation und verteilen sich gleichmäßig in einer dicken Sternscheibe, die auch noch andere langperiodische Variable und kühle Sterne enthält.

Die meisten Offenen Sternhaufen und viele Kugelsternhaufen der GMW gehören der Altersgruppe 10^{10} bis 10^9 Jahre an. In vielen dieser Haufen finden sich Kohlenstoffsterne. Das Gros der Feldsterne dieses Alters sind Rote Riesen. Ebenso können die Planetarischen Nebel und die Sterne des Balkens der gleichen Altersklasse zugeschrieben werden.

Die Gruppe der Sterne mit einem Alter von $0.9 \cdot 10^9$ bis $0.2 \cdot 10^9$ Jahren ist nicht mehr über die ganze Wolke verteilt. Sie bevorzugen Einzelregionen. Es sind wiederum meistens Riesensterne, die sich ihrem stellaren Ende nähern; besonders häufig sind M-Sterne. Auch bei Offenen Sternhaufen findet sich dieses Alter, vereinzelt gesellen sich Planetarische Nebel hinzu.

Die Struktur der Wolken, ihr optisches Erscheinungsbild, wird wesentlich von Objekten geprägt, die jünger als 10^8 Jahre sind. Wie Zuckerguss überziehen sie die älteren Sterngenerationen (vergleiche Abb. 2), die nach Anzahl und Masse überwiegen und somit die Grundstruktur des Sternsystems vorgeben.

Die GMW beherbergt alle typischen Objekte der jüngsten Sternpopulation, vor allem also Sternentstehungsgebiete, O- und B-Sterne und leuchtende Wasserstoffwolken. Sind diese in großen Spiralgalaxien, wie im Andromeda-Nebel oder im Milchstraßensystem, in Spiralarmen aufgefädelt, so findet man sie in der GMW in so genannten Superassoziationen oder Spiralarmfilamenten aufgereiht oder geklumpt. Diese Filamente haben maximale Größen von 1.5 kpc bis 2 kpc. Sie fallen mit den Gebieten maximaler Ultraviolett-Emission zusammen (vergleiche Abb. 4), da sie die leuchtkräftigsten, heißesten und massereichsten Sterne beherbergen. Viele haben an ihren Rändern schalenartige Gasverdichtungen, in denen wiederum ganz junge Sterne sitzen. Deren Sternwinde und Ultraviolettstrahlung sind der Motor für die Turbulenz und die Schalen- und Filamentbildung im Gas (vergleiche Abb. 2).

Stochastische Sternentstehung, die sich ähnlich einem Waldbrand von Sternentstehungszelle zu Sternentstehungszelle weiterschiebt, ist für solche Strukturen in langsam rotierenden Sternsystemen verantwortlich. Es bilden sich kurze Spiralarmfilamente ohne eindeutige, großräumige Symmetrie. Das Sternentstehungsgebiet 30 Doradus (auch Tarantel-Nebel genannt) gehört hierbei zu den größten und energiereichsten Gas- und Sternverklumpungen in unserer näheren kosmischen Umgebung. Sein Alter beträgt rund $2 \cdot 10^6$ Jahre und es enthält innerhalb eines Radius von 2.'7 rund $2 \cdot 10^4$ Sonnenmassen. Sein Kern ist ein enger Klumpen von mindestens einem Dutzend O- und B-Sternen.

Literatur

Feitzinger, J.: Galaxien – In: Bergmann-Schäfer: Lehrbuch der Experimentalphysik, Bd. 8. »Sterne und Weltraum«, p. 299. 2002, Verlag de Gruyter Berlin.

Westerlund, Bengt E.: The Magellanic Clouds. Cambridge Astrophysics Series, Vol. 29, 1997. Cambridge University Press, Cambridge, England.

Die Lokale Gruppe

Johannes Viktor Feitzinger

Was vor zwei Jahrzehnten noch außerhalb der Reichweite der am besten ausgerüsteten Amateure lag, liegt heute in der Reichweite ihrer elektronischen Kameras. Erst recht können natürlich die Großteleskope zahllose Daten naher Galaxien sammeln. Viele kleine und lichtschwache Galaxien scharen sich um das Milchstraßensystem und den Andromedanebel: Diese lokale Verdichtung in der Galaxienzahl trägt den Namen »Lokale Gruppe« und besteht aus 36 Mitgliedern.

Der Gruppenradius für die sicheren Mitglieder liegt bei 1300 kpc. Zahllose solcher Galaxiengruppen finden sich im nahen extragalaktischen Raum.

Für die Galaxienforschung ist die Lokale Gruppe aus mehreren Gründen von großer Wichtigkeit. Alle Galaxienmitglieder liegen noch genügend nahe, um sie in Einzelsterne und interstellare Komponenten auflösen zu können. Eine Detailforschung ist möglich. Die lokale Galaxiengruppe ist das Testgelände für Entfernungseichungen, die Entwicklungsgeschichte von Sternpopulationen und von Galaxienentwicklung schlechthin. Aber auch die Dynamik von einzelnen Sternsystemen und die Gesamtdynamik einer Galaxiengruppe kann untersucht werden.

Anzahl der Galaxien

Trotz der räumlichen Begrenztheit der Gruppe ist die Anzahl der Gruppenmitglieder nicht genau bekannt. Der Grund hierfür ist die Abdeckung von Himmelsarealen durch Staubabsorption in unserem eigenen Milchstraßensystem. Unser Blick aus unserer Milchstraße heraus ist erst etwa ab einem 20°-Winkel von der Grundebene weg ungestört. Wir haben daher nur die eingeschränkte Möglichkeit, die hinter dem Milchstraßenband liegende Raumzone radioastronomisch einzusehen.

Ein weiterer Grund sind die Leuchtschwäche der Objekte und ihre geringen Sternkonzentrationen. Nur im Nahbereich der Andromedagalaxie wurde systematisch nach Objekten mit scheinbaren Helligkeiten schwächer als 16. Größenklasse gesucht. Tatsächlich wurden drei sehr schwache Objekte entdeckt: Andromeda I, II und III. Hier zeigt sich aber auch die Wichtigkeit solcher Untersuchungen. Das leuchtschwache Ende der Helligkeitsverteilung der Galaxien und der vermutlich stetige

Übergang zu Kugelsternhaufen können nur in der Lokalen Gruppe erfasst werden. Die Leuchtschwäche der Objekte spielt natürlich auch bei der Festlegung des Gruppenradius eine Rolle. Welche Galaxien können der Gruppe noch zugerechnet werden? Trägt man all diesen Überlegungen Rechnung, so ist zu vermuten, dass 50 bis 100 Galaxien der Lokalen Gruppe zuzurechnen sind, wobei es sich bei 95 % der Systeme um Zwerggalaxien handelt. Als Gesamtmasse der Lokalen Gruppe lassen sich $4.8 \cdot 10^{12}$ Sonnenmassen abschätzen.

Galaxientypen innerhalb der Lokalen Gruppe

In Tabelle 1 sind die Galaxien der Lokalen Gruppe aufgelistet. In Abb. 1 ist von den wichtigeren die räumliche Lage in Bezug auf die Milchstraße dargestellt. Zwei große Systeme beherrschen die Gruppe: die Andromedagalaxie (vgl. Abb. 2) und das Milchstraßensystem.

Dieser Sachverhalt ist typisch für alle Gruppen. Ein bis drei große Systeme werden von zahllosen Zwerggalaxien umschwirrt. Die beiden großen Systeme zeigen Spiralstruktur, die übrigen kleinen Systeme gehören zur Gruppe der elliptischen oder der irregulären Galaxien. Eine Ausnahme ist die große Magellan'sche Wolke (vgl. Abb. 3), die den Übergang von den Spiralen späten Typs zu den Irregulären markiert. Sie wird mit Sternbalken als Sbm-System klassifiziert.

Abb. 1: Räumliche Verteilung der Galaxien in der Lokalen Gruppe. In der Literatur ist die Objektbezeichnung uneinheitlich; z. B. Aquarius = DDO210 oder Pisces = LGS3.

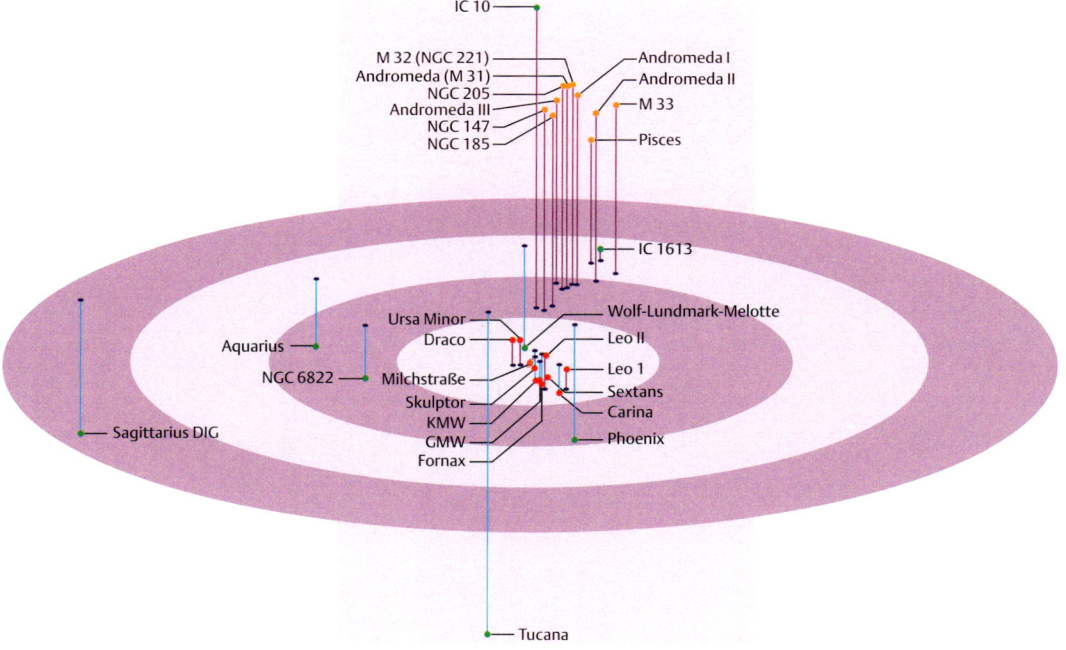

Die zweite Ausnahme ist Messier 33 (M33), eine leuchtschwächere Spiralgalaxie. In ihren dicken, unstrukturierten Spiralarmen finden sich zahllose blaue, sehr helle Sterne. Mehrere spektakuläre Sternentstehungsgebiete sind ebenfalls in ihrer Spiral-

Tabelle 1: Die Galaxien der Lokalen Gruppe nach Grebel (1997). In den ersten beiden Blöcken sind Begleitsysteme der Milchstraße und der Andromedagalaxie (M31), im dritten Block isolierte Gruppenmitglieder aufgelistet. d: dwarf = Zwergsystem; dSph: Zwerg-Sphäroidal-System (in der Literatur oft auch als dE-Zwerg-Ellipse klassifiziert); Ir: Irreguläres System. Die galaktischen Koordinaten sind mit l (Länge) und b (Breite) bezeichnet.

Name	α (2000)	δ (2000)	l	b	Typ	M_B[mag]
Milchstraße	$17^h45.^m7$	−29°00'	0°.00	0°.00	Sb/Sc	−20.5
Sagittarius	19 00.0	−30 30	6.00	−15.00	dSph	−13.0
GMW	5 23.6	−69 45	280.46	−32.89	Ir III–IV	−18.5
KMW	0 52.6	−72 48	302.80	−44.30	Ir IV–V	−17.4
Ursa Minor	15 08.8	+67 12	104.95	44.80	dSph	−7.8
Draco	17 20.0	+57 50	86.37	34.72	dSph	−8.9
Sextans	10 13.0	−1 37	243.50	42.27	dSph	−8.0
Skulptor	0 59.9	−33 42	287.54	−83.16	dSph	−10.0
Carina	6 41.6	−50 58	260.11	−22.22	dSph	−10.2
Fornax	2 40.0	−34 27	237.29	−65.65	dSph	−11.9
Leo II	11 13.5	+22 10	220.17	67.23	dSph	−8.9
Phoenix	1 49.0	−44 52	272.49	−68.82	dIr/dSph	−8.9
NGC6822	19 44.9	−14 48	25.34	−18.39	dIr	−15.8
M31	0 42.7	+41 16	121.18	−21.57	Sb I–II	−21.0
M32	0 42.7	+40 52	121.15	−21.98	dE	−15.6
NGC147	0 33.1	+48 31	119.82	−14.25	dE	−14.6
And I	0 45.7	+38 00	121.69	−24.85	dSph	−10.6
And III	0 35.3	+36 31	119.31	−26.25	dSph	−10.6
NGC185	0 39.0	+48 19	120.89	−14.48	dE	−15.1
NGC205	0 40.3	+41 41	120.72	−21.14	dE	−15.6
And II	1 16.3	+33 25	128.87	−29.17	dSph	−10.5
M33	1 33.8	+30 39	133.61	−31.33	Sc II–III	−19.0
IC10	0 20.4	+59 18	118.97	−3.34	Ir	−17.4
LGS3	1 03.9	+21 54	126.75	−40.90	dIr/dSph	−9.2
IC1613	1 05.0	+2 09	129.82	−60.54	dIr	−14.4
Leo I	10 08.5	+12 18	225.98	49.11	dSph	−10.4
DDO 210	20 46.9	−12 51	34.05	−31.35	dIr	−12.2
Tucana	22 41.8	−64 25	322.91	−47.37	dSph	−8.9
WLM	0 02.0	−15 28	75.85	−73.63	dIr	−14.4
Pegasus	23 28.6	+14 45	94.77	−43.55	dIr	−13.1
SagDIG	19 30.0	−17 41	21.6	−16.28	dIr	−9.9

Abb. 2: Der Andromedanebel (NGC224 = M31) ist der bekannteste Spiralnebel; schon mit bloßem Auge ist er als diffuser Fleck zu erkennen. Ihn begleiten die elliptischen Galaxien NGC205 (rechts oben) und M32 = NGC221 (unterhalb von M31). Für diese Aufnahme verwendeten Gerald Rhemann und Franz Kersche einen sechszölligen Refraktor von Astrophysics, zwei 60 min bzw. 70 min auf Kodak Pro Gold 400 belichtete Negative wurden zu einem Komposit zusammengefügt.

Abb. 3: Am Südhimmel ist die Große Magellan'sche Wolke eine Fundgrube interessanter Objekte. Helmut H. Schaefer photographierte sie mit einem 4"-Refraktor von Astrophysics, er belichtete 70 min auf Ektacolor Pro Gold 400. Beobachtungsort: Tivoli/Namibia.

struktur eingelagert. Eine eingehende Beschreibung des Andromedanebels findet man in SuW 4/1998, S. 320. Im Vergleich zu M31 besitzt das Milchstraßensystem einen weniger stark ausgeprägten Zentralkörper, dafür eine hellere Scheibe und eine nicht so eng gewundene Spiralstruktur.

Die vier helleren elliptischen Systeme scharen sich alle um den Andromedanebel (M32, NGC205, NGC147, NGC185). M32 und NGC205 sind den äußeren Bereichen des Andromedanebels überlagert (siehe Abb. 2). Im Gegensatz zu M32 enthält NGC205 einen Anteil junger Sterne sowie auch Gas und Staub; M32 besitzt ausschließlich eine alte Sternpopulation. Die übrigen elliptischen Galaxien sind Zwergsysteme mit Masse, Leuchtkraft und Größe um Faktoren 100 kleiner als normal. In ihnen befinden sich bei überwiegend alten Sternpopulationen gelegentlich auch Anzeichen frischer Sternentstehung.

Die Mitgliedsgalaxien der Lokalen Gruppe erlauben auch einen detaillierten Blick auf die Gruppe der Zwerggalaxien (siehe die Abb. 4 und 5). Zwerggalaxien werden nach der Größe der absoluten Abmessungen oder ihrer absoluten Helligkeit definiert. Die große Streubreite der Galaxienleuchtkräfte, Massen und Durchmesser macht eine Unterteilung in normale und Zwerggalaxien notwendig. Galaxien mit einer absoluten Blauhelligkeit schwächer als −16 mag werden den Zwerggalaxien zugerechnet. Zwerggalaxien sind der bei weitem am häufigsten vorkommende Typ von Sternsystemen. Leider sehen wir immer weniger von ihnen, je weiter wir in den Raum hinausblicken. Wiederum ist die Galaxienbevölkerung der Lokalen Gruppe von größter Wichtigkeit für uns. Möglicherweise sind Zwerggalaxien Bausteine der größeren Galaxien, und Verklumpung ist ein wichtiger Aufbau- und Entwicklungsmechanismus für Galaxien. Die größeren Sternsysteme verschlucken kleinere Sternsysteme und entwickeln sich auf diese Art weiter.

Die Magellan'schen Wolken als Grenzfälle von irregulären Sternsystemen wurden schon im vorhergehenden Beitrag beschrieben. Die irregulären Sternsysteme der Lokalen Gruppe, das sind solche ohne ausgeprägten symmetrischen Aufbau, können wie bei den elliptischen Galaxien den Zwerggalaxien zugeordnet werden. Einige Systeme haben Radien von nur wenigen tausend Lichtjahren. In ihnen können Sternentstehungsausbrüche häufiger festgestellt werden. Die Strukturvielfalt ist sehr groß, was natürlich auf unterschiedliche Entwicklungsgeschichten schließen lässt.

Man erkennt daran, dass in solchen Galaxienhaufen eine gegenseitige Beeinflussung durch Gezeitenkräfte stattfinden muss. Im Fall des Andromedanebels und seiner Begleitgalaxien M32, NGC205 sowie zwischen der Milchstraße und den Magellan'schen Wolken sind Gezeitenwechselwirkungen nachgewiesen. Wechselwirkungen zwischen Galaxien finden häufig statt und beeinflussen die physikalischen Eigenschaften, wie z. B. die Gesamtstruktur und die Sternentstehungsraten. In engen Galaxiengruppen können die Sternsysteme nicht als abgeschlossene Systeme behandelt und verstanden werden, denn Galaxien können auf vielfältige Art miteinander wechselwirken. Sie können miteinander verschmelzen; sie können einander durchdringen, wobei Gas ausgetauscht wird und das massereichere Objekt Gas

Abb. 4: Die Zwerggalaxie Leo I ist wegen ihrer geringen Helligkeit und der Nähe zu Regulus im Löwen ein schwierig zu beobachtendes Objekt. Michael Jäger photographierte sie mit einem siebenzölligen Refraktor von Starfire, er belichtete 100 min auf TP 2415 hyp.

Abb. 5: Die Helligkeit der irregulären Zwerggalaxie NGC6822 liegt etwa in der Mitte zwischen den Helligkeiten von M31 und Leo I. Aufnahme: 10-Zoll-Schmidtkamera (f = 450 mm), 10 min belichtet auf TP hyp (Michael Jäger).

einsammelt; sie können einander durch Gezeiten verformen. Die Lokale Gruppe ist hierfür ein kosmisches Experimentierfeld. Die Zwerggalaxie Sagittarius verschmilzt mit der Milchstraße, wie radioastronomische Messungen gezeigt haben .

Weitere Nachbarschaft und Dynamik

Um echte Mitgliedschaft von Galaxien zur Lokalen Gruppe festzustellen, sind Geschwindigkeitsmessungen notwendig. Systeme, die sich bei festgestellter gleicher Entfernung gemeinsam im Raum bewegen, gehören zusammen. Bei Systemen mit allzu großen Geschwindigkeitsabweichungen handelt es sich um Eindringlinge oder Ausreißer. Die Gruppenmitglieder sind lose gravitativ gebunden, wie Stabilitätsuntersuchungen zeigten. Hierbei spielt die bisher unentdeckte so genannte Dunkle Materie eine entscheidende Rolle. Wir sehen, dass selbst bei diesen ungeklärten astrophysikalischen und kosmologischen Fragen Untersuchungen an der Lokalen Gruppe wichtige Antworten geben können.

Der größte Teil der sichtbaren Masse in der Gruppe ist in den zwei Hauptmitgliedern Milchstraße und M31 gebunden. Beide Galaxien fallen mit ihren Begleitsystemen auf lang gestreckten Ellipsenbahnen aufeinander zu. Die Geschwindigkeit des Andromedanebels auf die Milchstraße zu beträgt hierbei 300 km/s. Dies ist kein Kollaps der Gruppe, sondern eine Bewegung um den gemeinsamen Schwerpunkt, der wohl auf dem halben Weg zwischen den beiden Großgalaxien zu suchen ist. Die individuellen Raumgeschwindigkeiten der Gruppenmitglieder werden durch die gesamte Massenverteilung gesteuert und im Gleichgewicht gehalten. Hierbei ist die Verteilung der Dunklen Materie ebenfalls ausschlaggebend.

Die Lokale Gruppe grenzt in ihrer weiteren Nachbarschaft an zahllose Untergruppen und gehört zu einem größeren Galaxienhaufen. Die Lokale Gruppe ist kein isolierter Galaxienklumpen. Sie ordnet sich in ein Geflecht von Gruppen und Grüppchen ein, die schließlich die so genannte Virgo-Galaxienwolke bilden. Das Zentrum dieser flockigen Galaxienwolke ist der Virgo-Galaxienhaufen. Der Virgohaufen enthält tausende von Galaxien. Unsere Lokale Gruppe bewegt sich auf das Zentrum des Virgohaufens mit einigen hundert Kilometern pro Sekunde zu. Ursache dieser Bewegung ist die Anziehungskraft des Virgohaufens. Unsere Lokale Gruppe ist als weit entfernter Ausläufer gravitativ an den Virgo-Galaxienhaufen gebunden.

Um die Galaxienverteilung in der Umgebung der lokalen Gruppe darzustellen, kann man so genannte supergalaktische Koordinaten verwenden. Die Bezugsebene (X-, Y-Ebene) dieses supergalaktischen Systems wurde von Gerard de Vaucouleurs definiert als diejenige Ebene, in der die Dichte des galaktischen Umfeldes der Lokalen Gruppe am höchsten ist. Dabei liegt unse-

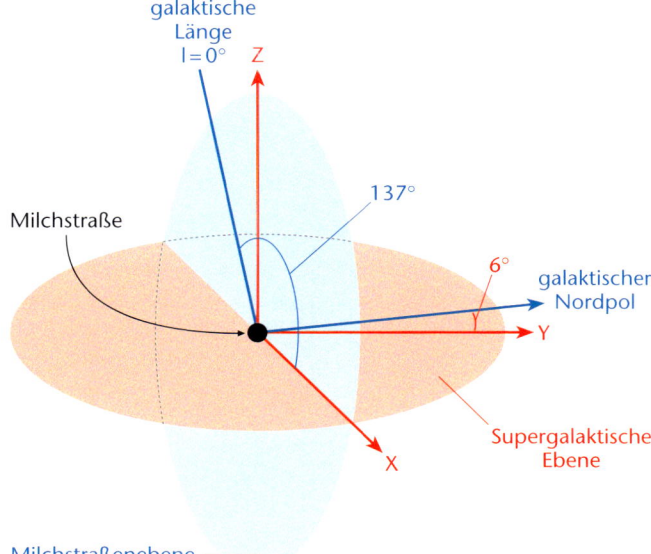

Abb. 6: Zur Definition des supergalaktischen Koordinaten-systems. So liegen die supergalaktischen X-, Y-, Z-Koordinatenachsen relativ zur Milchstraßenebene.

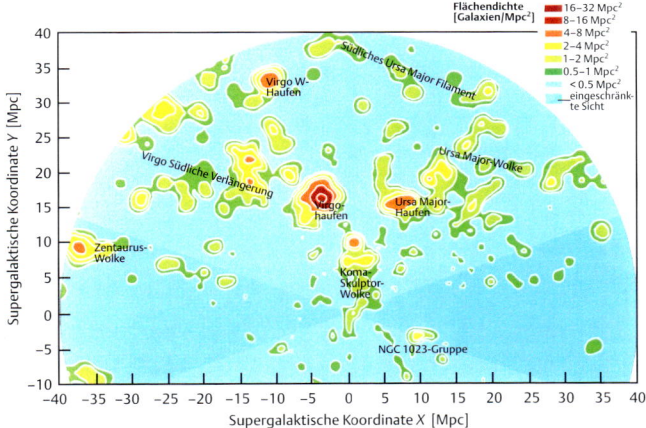

Abb. 7: Flächendichte der Galaxien in supergalaktischen Koordinaten (Tully, Fischer 1987). Weitere Umgebung der Lokalen Gruppe bis Virgo-Galaxienhaufen. Das supergalaktische Koordinaten-system wird im Text erklärt.

re Milchstraße im Nullpunkt des supergalaktischen Systems. Die Abb. 6 veranschaulicht die Lage der supergalaktischen X-, Y-, Z-Achsen relativ zur Milchstraßenebene.

In den Abb. 7 und 8 sehen wir die Galaxienverteilung unserer kosmischen Umgebung. Die Milchstraße, d. h. die Lokale Gruppe, liegt bei der Koordinate X = 0, Y = 0. Wir blicken von einer fiktiven Z-Koordinate auf die Grundebene herunter. Der in dunklerem Blau eingefärbte Bereich entspricht der galaktischen Absorptionszone. Die Karten zeigen Flächendichten von Galaxien. Jedes Kartenintervall bedeutet eine Zunahme um einen Faktor zwei in der Flächendichte der Galaxien in Richtung der

Abb. 8: Flächendichte der Galaxien in supergalaktischen Koordinaten (Tully, Fischer 1987). Nähere Umgebung der Lokalen Gruppe in höherer Auflösung.

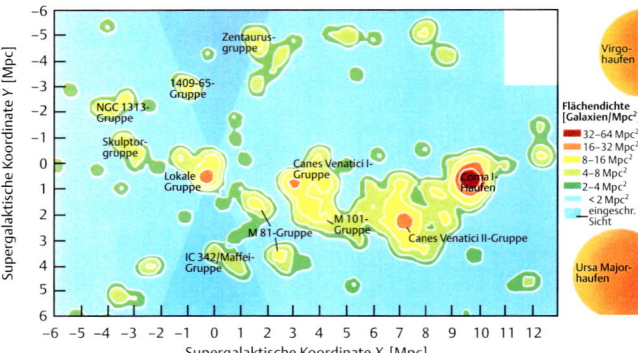

Sichtlinie. In Abb. 8 ist die lineare Entfernungsauflösung um einen Faktor zwei höher als in Abb. 7. Die Vielfältigkeit der Strukturen in unserer unmittelbaren kosmischen Umgebung ist verblüffend.

Die Karten zeigen die großräumige Galaxienanordnung. Schon auf diesen noch lokalen Skalen ist die Klumpung und das Auftreten von Leerräumen zu erkennen. Nichtsdestotrotz ist auch hier eine räumliche Ordnung vorhanden. Natürlich werden im Nahbereich weitaus mehr schwächere Galaxien erfasst als im Fernbereich. Dies bedeutet, dass der Detailreichtum mit größer werdenden Entfernungen abnimmt. Die Koma-Skulptor-Wolke verläuft in der supergalaktischen Äquatorebene auf den Virgohaufen zu. Hiervon ist die Lokale Gruppe ein kleines Anhängsel. Der Virgohaufen ist die wichtigste Massenkonzentration im Nahbereich.

Literatur

Grebel, E. K.: Review in Modern Astronomy, Vol. 10, 29, 1997. Star Formation Histories of Local Group Dwarf Galaxies.
Feitzinger, J. V.: Galaxien. In: Bergmann-Schäfer: Lehrbuch der Experimentalphysik, Bd. 8, »Sterne und Weltraum«, S. 299, 2002, Verlag de Gruyter Berlin.

Spiralstruktur in Sternsystemen

Johannes Viktor Feitzinger

Spiralgalaxien, wie zum Beispiel die Andromeda-Galaxie, bestehen aus einer ausgeprägten Sternscheibe mit Gas- und Staubanteilen bis zu 20 % ihrer Gesamtmasse. In die Scheibe eingebettet sind die Spiralarme: Sie bestehen aus hellen O- und B-Sternen und zahlreichen Gas- und Staubwolken. In diesen Wolken aus interstellarer Materie entstehen laufend neue Sterne. Die Spiralarme variieren von Galaxie zu Galaxie in Länge, Ausgeprägtheit und Konsistenz, sind jedoch in fast allen Scheibensystemen vorhanden.

Allgemeine Eigenschaften

Die Rotationskurven der meisten Spiralgalaxien sind flach, d. h., die Rotationsgeschwindigkeit ändert sich kaum mit dem Abstand vom Zentrum (vgl. Abb. 1).

Bemerkenswerterweise bleiben die Rotationskurven auch jenseits der hellen Zentralbereiche der Galaxien flach. Dies bedeutet, dass unsichtbare oder dunkle Materie in den äußeren Bereichen der Spiralgalaxien vorhanden ist und die Dynamik des Systems prägt. Grob schematisiert sind die eigentlichen Sternscheiben aus jungen Sternen (Population I) aufgebaut. Ein die Scheiben konzentrisch einhüllendes und durchdringendes Sphäroid besteht aus alten und älteren Sternen der Population II. Die Leuchtkraft des Sphäroids im Vergleich zur Scheibe korreliert gut mit der Gasmasse der Scheibe, der Farbe der Scheibe und dem Windungsgrad der Spiralarme. Diese Korrelationen bilden die Grundlage der Spiralgalaxien-Klassifikation: Sa, Sb, Sc, Sd, Sm. Entlang dieser Folge nimmt das Verhältnis der Leuchtkraft der Scheibe zu jener des Sphäroids ab, nimmt der Gasanteil in der Scheibe zu, die Rotationsgeschwindigkeiten der Scheiben nehmen ab (V_{Sa} ~ 300 km/s, V_{Sm} ~ 60 km/s) und die Anstellwinkel der Spiralarmwindungen werden größer, d. h., die Spiralarme öffnen sich. Die genaue Definition des Anstellwinkels wird aus Abb. 2 a) ersichtlich.

Die mittleren Anstellwinkel der Spiralarme sind bei Sa-Systemen 8°, bei Sc-Systemen 18° und bei Sm-Systemen 25°. Die Form der Spiralarme entspricht mathematisch gesehen einer logarithmischen Spirale. Der Anstellwinkel ist bei solchen Spiralen überall der gleiche. In Abb. 1a) sind die schematisierten Rota-

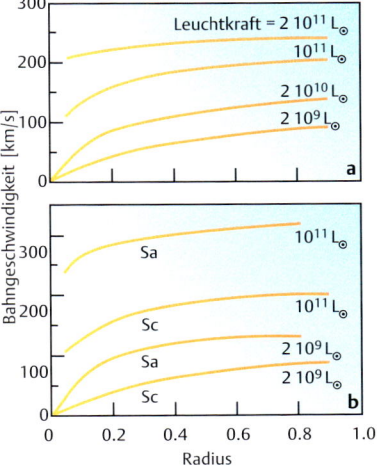

Abb. 1: Schematische Rotationskurven von Galaxien.
a) Rotationskurven von Sc-Galaxien verschiedener Leuchtkraft (in Einheiten der Sonnenleuchtkraft).
b) Vergleich der Rotationskurven von Sa- und Sc-Systemen.

Abb. 2: a) Definition des Anstellwinkels μ eines Spiralarmes. b) Zusammenhang zwischen dem Anstellwinkel μ und der maximalen Rotationsgeschwindigkeit V_{max} bei Galaxien verschiedenen Typs.

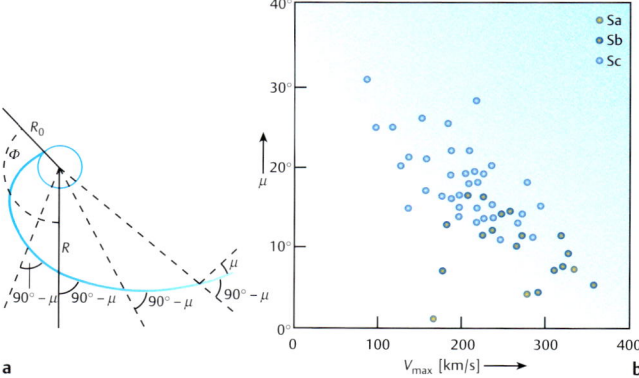

a   b

tionskurven von Sc-Galaxien unterschiedlicher Leuchtkraft wiedergegeben. Der Radius der optisch sichtbaren Scheibe ist auf 1 normiert. Ein Vergleich zwischen Sa- und Sc-Galaxien ist in Abb. 1b) dargestellt. Sa-Systeme zeichnen sich gegenüber Sc-Systemen durch höhere Rotationsgeschwindigkeiten bei gleicher Leuchtkraft aus. Abb. 2b) zeigt den beobachteten Zusammenhang zwischen Anstellwinkel und maximaler Rotationsgeschwindigkeit. Die Übergänge sind fließend.

Gas- und Sternverteilungen in Spiralsystemen

Die Spiralstruktur kann unterschiedliche Erscheinungsformen annehmen. Großräumige, kohärente zweiarmige Spiralmuster finden wir z.B. in M51 (NGC5194), M81 (NGC3031) oder M74 (NGC628). Diese Muster erscheinen bevorzugt auf im blauen Licht aufgenommenen Bildern (vgl. Abb. 3). In einer genaueren zwölfteiligen Spiralarmklassifikation stellen derartige Systeme – großräumig kohärenter Spiralstruktur – lediglich einen Anteil von 10 %. Die meisten Spiralgalaxien haben mehr oder weniger zerfledderte, flockige, aufgerissene Spiralarme.

Die Spiralstruktur zeigt relativ zur Scheibenhelligkeit im blauen Spektralbereich eine deutlichere Helligkeitsamplitude als im roten. Andererseits erscheint die Spiralstruktur im Roten viel stetiger und glatter als im Blauen. Innerhalb einer typischen Spiralgalaxie trägt der Spiralarm im orange-roten Filterband bei einem Radius von 3–5 kpc 17 %, bei 15 kpc 50 % zur Gesamthelligkeit bei. Im Filterband Blau (B) sind die Arme um 20 %, im Filterband Ultraviolett (U) um 50 % stärker ausgeprägt als im orange-roten Band. Die zugehörigen Sternscheiben sind durchweg von gleichförmiger Helligkeitsverteilung und roter Farbe. Bezogen auf die Rotationsrichtung der Galaxie sind die Spiralen alle nachschleppend. Allerdings wurde jüngst auch eine Spiralgalaxie gefunden, deren Arme, wohl verursacht durch starke Gezeitenwechselwirkung mit einem anderen System, vorauseilend sind.

NGC 3031 NGC 5194 NGC 628

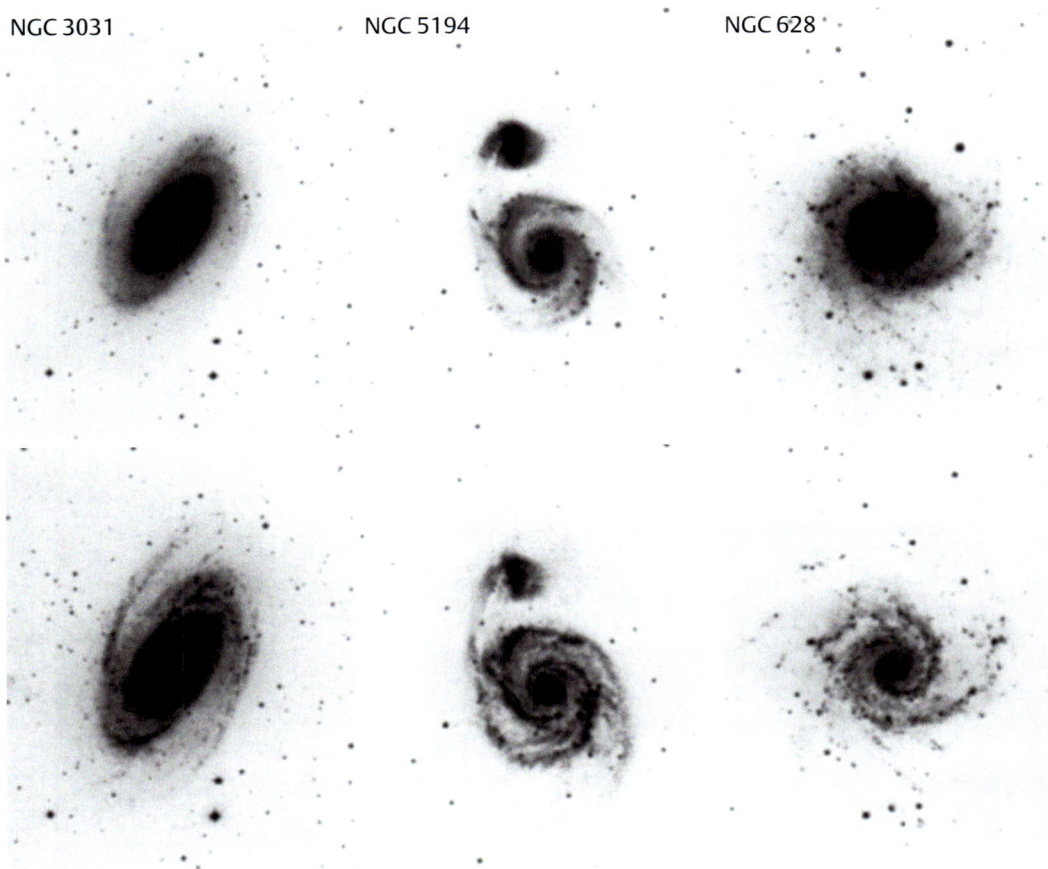

Nehmen wir einmal an, dass diese Spiralmuster als Gesamtstruktur wie ein Wagenrad starr rotieren, und zwar langsamer als die unterliegende Sternscheibe. Sterne und Gas mit höheren Rotationsgeschwindigkeiten laufen dann von der konkaven inneren Seite in die Struktur hinein und verlassen sie auf der konvexen äußeren Seite. Die dominierende Farbe Blau des Spiralmusters ergibt sich aus der Strahlung zahlreicher kurzlebiger Sterne. Diese bilden sich an der inneren Kante des Spiralarms als Folge einer Verdichtung der interstellaren Gaswolken. Als massereiche Sterne strahlen sie kurzzeitig im blauen Spektralbereich bei ihrer Armdurchquerung und erlöschen dann schnell. Die Flächenhelligkeit im Roten und Infraroten (Orange) stammt von Sternen mit kleineren Massen, dafür aber einem breiteren Massenspektrum. Massearme Sterne entwickeln sich in dem Zeitintervall, das zur Durchquerung des Armbereichs benötigt wird, nicht wesentlich. Die Flächenhelligkeiten in den Wellenlängenbändern Rot und Orange (Infrarot) vermitteln daher einen Eindruck von der größeren Massendichte, die dem Spiralmuster

Abb. 3: Spiralstruktur in unterschiedlichen Spektralbereichen. Unten: im Blauen. Oben: im nahen Infraroten. Klassifikation der Galaxien: NGC3031 = Sb; NGC5194 = Sbc; NGC628 = Sc.

unterlegt ist. Als Folge hiervon sind die Spiralarme in diesen Spektralbereichen breiter, stetiger und weniger ausgeprägt. Alte Scheibensterne späten Spektraltyps tragen zur Flächenhelligkeit der Spiralarme rund 40 % bei. Daraus kann geschlossen werden, dass Spiralstruktur nicht nur ein gasdynamischer Prozess ist, der neue Sterne produziert, sondern auch eine Art Schwere- oder Dichtewelle, die sich durch die Sternscheibe fortpflanzt und als spiralige Verdichtung alter Scheibensterne beobachtbar ist. Diese Verdichtung in der Sternenzahl pro Raumzelle werden wir später anschaulich stellardynamisch als Folge einer Art Reihenfadenpendel verstehen.

Die viel häufigeren und weniger photogenen zerfaserten und flockigen Spiralgalaxien haben ein mehr kleinräumiges Spiralmuster. Es wird durch lokale stellardynamische Instabilitäten und sich verselbständigende stochastische Sternentstehung erzeugt. Sterne und Gas haben kleine Zufallsgeschwindigkeiten, sodass jede Unregelmäßigkeit sich schnell zu kurzen Spiralarmen verstärkt. Die kurzen, flockig aussehenden Spiralmuster wandeln geordnete Rotationsenergie der Scheibe in ungeordnete Bewegungsenergie von Sternen und Gaswolken um; diese Bewegungen wiederum geben Anlass zur Bildung neuer Spiralarme. Man spricht in diesem Fall von sich selbst fortpflanzender Sternentstehung. Das unterliegende großräumige Spiralmuster kann sehr wohl auch hier vorhanden sein, ist jedoch weniger stark ausgeprägt.

Großräumige kohärente Spiralstruktur hat als treibenden Motor für die spiralige Dichtestörung eine der Verteilung der Sterne aufgeprägte Balkenstruktur oder wird von außen durch Gezeitenkräfte der Nachbar- und Begleitgalaxien wie eine Schwingung angeregt (Beispiel hierfür ist M51). Galaxien zeigen zeitlich stetige Spiralstruktur, wenn mindestens eine von zwei Bedingungen erfüllt ist: Anregung von Dichtewellen durch gravitative Störung und/oder starke Dissipation von ungeordneter Bewegungsenergie auf kleinen Skalen. Auch hier sind die Übergänge fließend.

Als geeignete Indikatoren für Spiralstruktur eignen sich besonders die Gasverteilungen von neutralem oder ionisiertem Wasserstoff oder CO. Ein Vergleich mit der roten Spiralarmflächenhelligkeit zeigt, dass die CO-Emission ihr Maximum auf der konkaven Seite (Innenseite) des Spiralmusters besitzt. Die rote Flächenhelligkeit stellt eine verlässliche Anzeige für die stellare Massenverteilung in der Scheibe dar: Flächenhelligkeitsmaxima entsprechen Maxima in der Massenverteilung. Dynamische Untersuchungen zeigen einen Gasstrom durch den Arm von der konkaven zur konvexen Seite. Die CO-Verteilung hat also ihr Maximum im Bereich des Ein- und Aufströmens auf den Wellenkamm der spiralförmigen Massendichteverteilung.

Auch die Verteilung des neutralen Wasserstoffes korreliert mit der optisch sichtbaren Spiralstruktur. Die Kammlinie der Was-

serstoffverteilung ist gegenüber der maximalen Blauhelligkeits-
verteilung um 10°–15° zur Innenkante hin versetzt; sie verläuft
also außerhalb des Bereichs der größten Dichte an jungen blauen
Sternen auf der konvexen Spiralarmseite. Die Phasenverschie-
bung zwischen maximaler Gasdichte und maximaler Sternent-
stehungsdichte lässt sich als Folge der Sternentstehungsprozesse
erklären. Die Driftzeit einer Gaswolke im Spiralarm vom Bereich
maximaler Gasdichte zum Bereich maximaler Sternentstehung
beträgt rund 10^7 Jahre. Die Breite eines Spiralarms $\Delta\theta$ wird von
der Lebensdauer t. der im Spiralarm entstandenen Sterne
bestimmt. Sei $\Omega(R)$ der radiale Verlauf der Winkelgeschwindigkeit und Ω_s die Winkelgeschwindigkeit des starr rotierenden Spiralmusters, so wird

$$\Delta\theta = (\Omega (R) - \Omega_s) \cdot t.$$

Typische Werte für große Spiralen sind
$\Omega (R) = 2 \, \Omega s$, $\Omega_s = 10 \text{ km s}^{-1}/\text{kpc}$ und t. $= 2 \cdot 10^7$ Jahre. Damit
wird $\Delta\theta = 12°$, in guter Übereinstimmung mit der Beobachtung
bei großen Spiralgalaxien.

Dynamik der Spiralstruktur

Jede starre Struktur in einer rotierenden Sternscheibe wird aufgrund der radialen Abnahme der Winkelgeschwindigkeit verschert, dies ist die differenzielle Rotation. Strukturen lösen sich
dadurch schnell auf, und man spricht vom Aufwickelproblem
der Spiralarme: Wenn man annimmt, dass das Material, aus dem
ein Spiralarm zu einer bestimmten Zeit besteht, starr im Arm
verbleibt, dann ist zu erwarten, dass die differenzielle Rotation
den Arm mit immer kleiner werdendem Anstellwinkel und
Abstand zu den benachbarten Spiralarmen schließlich verschwinden lässt. Das hätte aber zur Folge, dass die Spiralstruktur
ein kurzlebiges (und deshalb nur selten zu beobachtendes) Phänomen wäre – im Gegensatz zu den Tatsachen. Die Theorie der
Spiralstruktur muss also die Beständigkeit (und damit die Häu-
figkeit) der Spiralarme erklären.

Es gibt im Wesentlichen zwei Ansätze, diese Schwierigkeit zu
überwinden: stochastisch ablaufende Sternentstehung oder Spiralmuster als dynamische Schwingungszustände der Sternscheibe. Mit einer Vermischung beider Ansätze lassen sich die mehr
flockig zerrissenen Spiralsysteme erklären, die stetige Übergänge
in den Spiralmustern zeigen. Der stochastische Mechanismus
basiert auf lokalen dynamischen Instabilitäten (Stern- und Gas-
klumpenbildung). Jede dieser Strukturen wird schnell als Folge
der differenziellen Rotation in ein Spiralarmfilament verschert,
das so lange sichtbar bleibt, wie die hellen massereichen Sterne
existieren. Galaxien ohne globale Spiralstruktur, mit kurzen fila-
mentartigen Spiralarmen ohne Gegenstück in der alten Sternpo-

pulation gehören hierzu; ein Beispiel ist NGC2841 in Abb. 4 oder die Große Magellan'sche Wolke.

Der zweite Ansatz unterstellt ein Wellenphänomen in Stern- und Gasdichte und daher auch im Gravitationspotenzial der Sternscheibe selbst. Spiralstruktur wird hier als eine Dichtewelle (Kompressionswelle) im stellaren Substrat der Scheibe beschrieben.

Eine tragende Idee in der Theorie der Spiralstruktur gründet auf Überlegungen zur Bahnform von Sternen und Gas (Abb. 5). Verdrehen wir deren elliptische Bahnen stetig als Funktion des Radius, so erscheinen Bahnverdichtungen in Form einer zweiarmigen logarithmischen Spirale. Denken wir uns jede Bahn gleichförmig mit Sternen und Gaswolken besetzt, so tauchen durch diese Verdrehung in der unterliegenden Sternsystemebene Bereiche höherer Besetzungsdichte, also höherer Materiedichte, auf. Dies bewirkt wiederum eine Änderung der Gravitationskräfte, und damit werden Geschwindigkeitsänderungen von Gas und Sternen erzeugt.

Im gleichen Rhythmus wie das interstellare Gas über dieses spiralige Gravitationswaschbrett strömt, wird es komprimiert. Schnelle Sternentstehung in diesen Kompressionsgebieten erzeugt zahlreiche junge helle Sterne, welche die Spiralstruktur markieren und so sichtbare Spiralmuster hervorrufen. Die spiralige Dichtestörung ist stabil und rotiert als starres Wellenmuster in der Sternscheibe mit einer festen Winkelgeschwindigkeit Ωs. Die Rotation des Spiralmusters ist langsamer als die der sie tra-

Abb. 4: Die Galaxie NGC2841, vom Typ Sb, ist ein Beispiel für flockige, zerrissene Spiralstruktur.

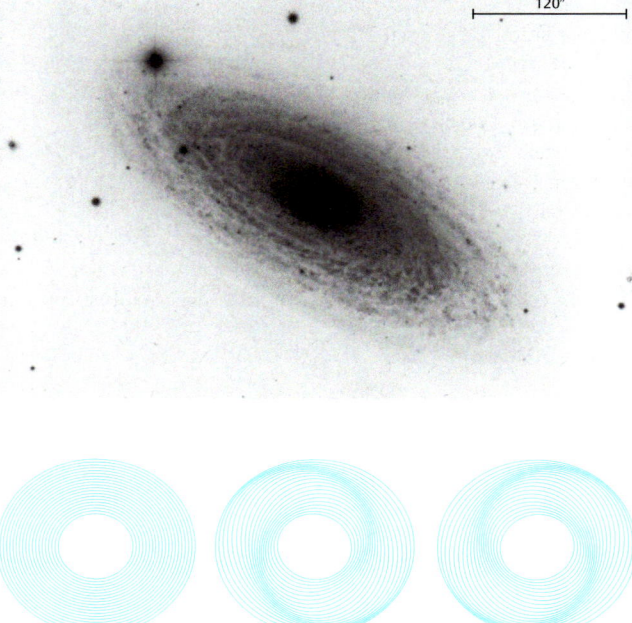

Abb. 5: Zur Entstehung eines Spiralmusters durch Verdrehung elliptischer Bahnen.

genden Sternscheibe (Ω (R) > Ωs). Es finden daher Ein- und Ausströmungsvorgänge von Gas und Sternen in das Spiralmuster statt. Dies bewirkt einen stetigen Selbsterhalt der Struktur. Stellare Spiralmuster sind die instabilsten normalen Schwingungszustände von Sternsystemen. Diese Erscheinung ist ähnlich dem Muster Chladnischer Klangfiguren auf Glasplatten, die angeregt werden durch Zupfen, Streichen oder Schlagen: In analoger Weise können Schwingungsmuster in Sternscheiben durch Störungen des Gravitationspotenzials ausgelöst werden. Die Störungen werden bewirkt z. B. durch Sternbalken oder durch Nachbargalaxien.

In dem Maße, wie sich die stellare Wellenamplitude aufbaut, führt Energiedissipation zwischen den Sternen und dem interstellaren Medium zu Dämpfungsprozessen. Die Dämpfung verstärkt sich mit zunehmender Wellenamplitude. Die stellare Dichtewelle kann deshalb eine stabile endliche Amplitude erreichen. Dies ist der Zustand, den wir bei kohärenten großräumigen Spiralmustern in Galaxien beobachten. Dämpfung im Sternsubstrat bedeutet Umordnung von geordneter Bewegungsenergie in ungeordnete Energie. An den inneren und äußeren Resonanzstellen, dort, wo $\Omega(R) = m \cdot \Omega s$ (m = ±1/2), löst sich die Struktur auf oder verstärkt sich durch eine Wellenreflexion.

Mit zwei einfachen Analogien lassen sich Spiralarmdichtewellen und die Wechselwirkung mit dem Gas veranschaulichen. Ein Reihenpendel verdeutlicht die Reaktion des Gases. Die Bewegung von Gaswolken über eine Spiralarmdichtewelle hinweg führt zu Verdichtungen. Jedes Pendel entspricht einer Gaswolke. Die Pendeldichte (Gaswolkenreihe) wird durch die Dichtewelle gestört, sie bekommt von außen einen bestimmten Schwingungszustand aufgeprägt (Abb. 6).

Eine Wanderbaustelle auf einer Autobahn führt zur Verdichtung des Verkehrsflusses, oft zu einem Stau. Der Stau entspricht den Spiralarmverdichtungen; die sich langsam bewegende Wanderbaustelle entspricht der Störung im Gravitationspotenzial der stellaren Scheibe; die Wanderbaustellengeschwindigkeit entspricht der Dichtewellengeschwindigkeit Ωs; diese ist stets kleiner als die Geschwindigkeit des Verkehrsflusses $\Omega(R)$.

Viele Beobachtungstatsachen können mit der Dichtewellentheorie erklärt werden. Die Entstehung von Staub nimmt im

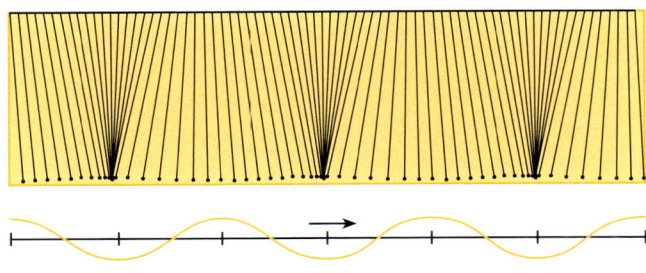

Abb. 6: Reihenfadenpendel und sich fortpflanzende Dichtestörung.

stellaren Verkehrsstau als Folge der Verdichtung von interstellaren Wolken zu. Dies führt zur Ausbildung der Staubbänder an den Innenkanten der Spiralarme. Die Gasverdichtung zieht eine Verdichtung der im Gas eingefrorenen Magnetfelder nach sich. Die Folge ist eine verstärkte Radiostrahlung von in den Magnetfeldern umlaufenden energiereichen Elektronen. All diese Einzelstrukturen sind gegen die optisch sichtbaren Arme versetzt, entsprechend dem jeweiligen Stand der Sternentstehung und dem zeitlichen Ablauf der Strömungsbewegungen.

Interpretation der Spiralgalaxienklassifikation

Die morphologische Vielfalt von Spiralstrukturen spannt sich zwischen zwei Extremen auf: Es sind die großräumig geordneten zweiarmigen Muster und die kleinräumig zerfaserten, aufgespleisten, auch oft mehrarmigen Strukturen. Je geordneter ein System erscheint, umso dominierender ist die Dichtewelle. Geringe Ordnung deutet auf lokale stochastische Strukturbildung hin. In der Literatur wird von granddesign und/oder flocculenten Systemen gesprochen. Gasreiche Systeme erscheinen im blauen Spektralbereich (wo junge Sternpopulationen dominant sind) weniger regulär. Dafür ist oft im roten Spektralbereich (ältere Sternpopulationen) ein zusammenhängendes gleichförmig zweisymmetrisches Muster erkennbar. Diese Beobachtungstatsache ist das wichtigste Argument für die stellardynamisch begründete Spiralarmdichtewellentheorie.

Wann immer in Sternsystemen kaltes interstellares Gas vorhanden ist, stellt man kleinskalige und wenig reguläre Spiralstruktur fest. Kleinskalige, stochastische Spiralarmaktivität ist die einzig mögliche Struktur, wenn die Sternscheiben »warm« sind. In diesem Fall lassen sich die Sternbahnen nicht in einem globalen Schwingungszustand ordnen. »Kalt« und »Warm« bedeutet hier geringer bzw. hoher Anteil an Zufallsenergie im Vergleich zu geordneten Energieanteilen der Bewegung im stellaren Substrat. Bei heißen Sternscheiben dominiert die Zufallsbewegung der Sterne. Heiße Sternscheiben lassen sich nicht oder nur teilweise zu spiraligen Schwingungszuständen anregen; solche Systeme zeigen kleinräumige zerrissene Spiralstruktur. Die »Temperatur« der Sternscheibe bestimmt den Grad der Ausbildung von Dichtewellen. Ein stetiger Übergang führt zu den kalten Sternscheiben. In diesen ist eine Wellenanregung von Spiralwellen möglich. Je nach Gasinhalt des Systems kann hier die Strukturbildung hauptsächlich das Gas antreiben; bei gasarmen Systemen spielen die Sterne die treibende Rolle (M81 ist hierfür ein Beispiel). In großräumig kohärenten Spiralsystemen sind Sterne und Gas dynamisch stark aneinander gekoppelt.

Das Erscheinungsbild (die Morphologie) der Spiralgalaxien wird von drei Zustandsgrößen gesteuert: vom Gasinhalt (relativ zum Sterninhalt), von der Masse der dünnen Sternscheibe (relativ zur dicken Sternscheibe oder der Masse des Sphäroids) und von der kinetischen Temperatur der Sternscheibe (relativ zur Temperaturschwelle für axialsymmetrische Stabilität in einer Sternscheibe). Damit lässt sich ein dreidimensionaler Klassifikationsraum aufspannen (Abb. 7).

Die Übergänge zwischen normalen und Balkenspiralen werden wesentlich von der Scheibenmasse bestimmt. Bei großen Scheibenmassen ist die Sternscheibe relativ warm. Es bildet sich schnell ein Balken-Schwingungszustand aus. Die Massenasymmetrie des Balkens wiederum treibt eine Spiralarmdichtewelle an, ähnlich einer erzwungenen Schwingung.

Kleine bzw. große Werte von Scheibenmassen führen zu kalten bzw. heißen Scheiben. Bei heißen/warmen Sternscheiben sind die Sterne praktisch inaktiv und die Spiralstruktur wird zerrissen. Im Analogiemodell des Reihenfadenpendels entspricht eine heiße Scheibe starken Querschwingungen der Pendelkugel. Die Fortpflanzung des eigentlichen Schwingungszustandes in Reihenrichtung wird häufig unterbrochen oder kommt überhaupt nicht zustande. Bei kalten Scheiben sind Stern- und Gasdynamik gut gekoppelt und kohärente Muster bilden sich aus. Sonst wird die lokale Dynamik die Überhand gewinnen und stochastische Sternentstehung die Musterbildung steuern. Heiz- und Kühlzeiten des interstellaren Mediums sind dann mitverantwortlich für die Ausbildung von Spiralarmfilamenten.

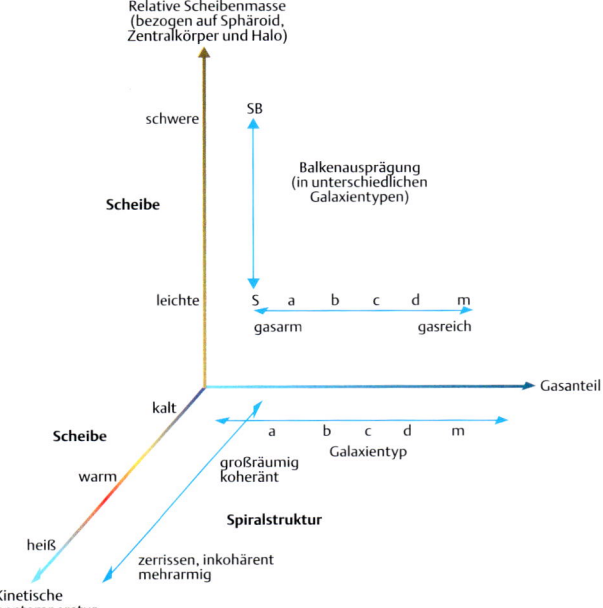

Abb. 7: Dreidimensionale Klassifikation nach Zustandsgrößen von Spiralgalaxien. Alle Übergänge sind stetig.

Literatur

Feitzinger, J.: Galaxien. In Bergmann-Schäfer: Lehrbuch für Experimentalphysik, Bd. 8, Seite 299, Verlag de Gruyter Berlin, 2002.

Bertin, G./ Lin, C. C.: Spiral Structure in Galaxies, MIT Press Cambridge, 1996.

Kosmologie – die Welt im Großen

Wie bestimmt man die Entfernungen im Kosmos?

Volker Kasten

Schon früh hat der Mensch versucht, seine irdische Umwelt zu vermessen und sogar die Entfernungen der Himmelskörper zu bestimmen. Nur so ließ sich die Welt kartieren und im doppelten Wortsinn ein Bild von Erde und Kosmos gewinnen. Aber welch ein Weg liegt doch zwischen den ersten groben Erdkarten etwa des Ptolemäus und heutigen Darstellungen, die uns die großräumige Galaxienverteilung des Kosmos zeigen! Wie es gelang, nach und nach immer größere Tiefen des Weltalls auszuloten, das wollen wir im Folgenden nachvollziehen.

Das Sonnensystem wird vermessen

Sonne und Mond sind die beiden auffälligsten Gestirne, und so ist es verständlich, dass sie zum ersten Ziel von Entfernungsbestimmungen an Himmelskörpern wurden. Dass der Mond uns viel näher stehen muss als die Sonne, hat schon Aristarch von Samos nachgewiesen, der etwa in der Zeit 310–230 v. Chr. lebte und bereits heliozentrische Vorstellungen hatte. Dabei betrachtete Aristarch das Dreieck Sonne–Erde–Mond zum Zeitpunkt des Halbmondes (vgl. Abb. 1). In diesem Dreieck liegt am Mond ein Rechter Winkel. Der Winkel φ an der Erde ist die beobachtbare Elongation (Winkelabstand) des Halbmondes von der Sonne. Nach den Regeln der Trigonometrie ist $\cos \varphi = \Delta/R$, sodass eine Messung des Winkels φ sofort das Verhältnis »Mondentfernung Δ zu Sonnenentfernung R« liefert.

Aristarch fand den etwas zu kleinen Winkel $\varphi = 87°$, also $\Delta/R = 0.052 = 1{:}19$. Wie wir heute wissen, ist die Sonne rund 400-mal so weit von uns entfernt wie der Mond, sodass in Wahrheit $\varphi = 89.86°$ beträgt.

Ein Jahrhundert nach Aristarch gelang Hipparch bereits eine recht gute Entfernungsbestimmung am Mond. Er verwendete dabei Beobachtungen der Sonnenfinsternis vom 14. März 190 v. Chr., die am Hellespont total war, während der Mond im entfernten Alexandria die Sonnenscheibe nur zu 4/5 bedeckte. Hipparch erkannte diese unterschiedlichen Mondstellungen als einen parallaktischen Effekt, also als eine scheinbare Richtungsveränderung des Mondes, verursacht durch die unterschiedlichen Beobachtungsstandorte. Er berechnete aus der Parallaxe

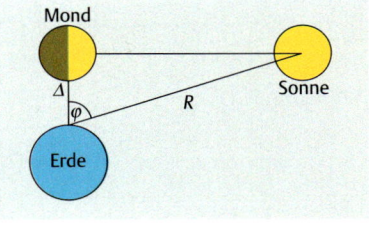

Abb 1: Das Dreieck Sonne–Erde–Mond zum Zeitpunkt des Halbmondes.

den Mondabstand zu 71 Erdradien (der wahre Durchschnittswert beträgt 60 Erdradien).

Abb. 2 erläutert den Begriff der Äquatorial-Horizontal-Parallaxe, also den Winkel, unter dem der Äquatorradius der Erde von anderen Himmelskörpern aus erscheint, am Beispiel des Mondes. Im skizzierten Dreieck Erdmittelpunkt – Mond – Beobachter ist dies der Winkel p am Mond. Bei durchschnittlicher Mondentfernung beträgt p = 57', entsprechend einem Mondabstand von 384 400 km. Offenbar gibt die Parallaxe p den Richtungsunterschied an, unter dem der Mond von den beiden markierten Beobachtungsorten A und B aus erscheint. (In der Praxis wird man natürlich etwas andere Standorte wählen müssen, weil der Mond ja für den Beobachter in A am Horizont steht!)

Bei gemessener Parallaxe p und bekannter Basisstrecke r = Äquatorradius der Erde lassen sich alle Stücke des skizzierten Dreiecks und insbesondere die Mondentfernung leicht berechnen.

Die Sonne ist rund 400-mal so weit entfernt wie der Mond, deshalb beträgt ihre Horizontalparallaxe auch nur 8".8, entsprechend einem Abstand von 149.6 Millionen Kilometern. Es dauerte bis zum 17. Jahrhundert, ehe schließlich Richer, Picard und Cassini die erste brauchbare Sonnenparallaxe (9".5) ableiten konnten. Hierzu ermittelten sie zunächst die Parallaxe und damit auch die Entfernung des Planeten Mars, der bei seiner günstigen Opposition im September 1672 in Erdnähe kam; nach Keplers Planetengesetzen ließ sich daraus auch der Abstand Erde – Sonne, die wichtige Astronomische Einheit, berechnen.

Noch bis ins 20. Jahrhundert hinein blieben Parallaxenmessungen (auch an Venus und dem Planetoiden Eros) die einzige Möglichkeit zur Bestimmung der Astronomischen Einheit. Heute liefern Laufzeitmessungen viel genauere Ergebnisse. Dabei wird zum Beispiel ein Radarimpuls zur Venus und zurück geschickt; aus dessen Laufzeit (mit bekannter Lichtgeschwindigkeit!) erhält man sofort die gesuchte Entfernung.

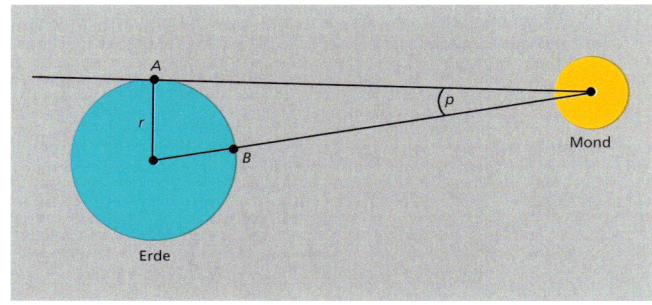

Abb. 2 : Äquatorial-Horizontal-Parallaxe p von Himmelskörpern am Beispiel des Mondes.

Fixsternparallaxen

Selbst der nächste Fixstern ist rund 270 000-mal so weit von uns entfernt wie die Sonne. Bei solch gewaltigen Entfernungen braucht man eine längere Messbasis, als dies auf der Erde zur Verfügung steht. Die Abb. 3 illustriert, wie man den jährlichen Umlauf unseres Planeten um die Sonne nutzen kann, um die so genannte jährliche Parallaxe der Fixsterne zu beobachten: Wenn man einen Stern im Abstand eines viertel Jahres zunächst von der Erdposition A und später von B aus anpeilt, ergibt sich ein Richtungsunterschied p – eben die jährliche Parallaxe. Dies ist offenbar auch derjenige Winkel, unter dem – vom Stern aus gesehen – der Erdbahnradius R erscheint.

Diejenige Entfernung, bei der die jährliche Parallaxe genau p = 1" beträgt, bezeichnet man als ein Parsec (Parallaxensekunde, 1 pc). Ausgedrückt durch das populärere Lichtjahr (Lj) wird 1 pc = 3.26 Lj.

Nach erfolglosen Bemühungen im 18. Jahrhundert gelangen die ersten Parallaxenbestimmungen an Fixsternen um das Jahr 1838. Friedrich Wilhelm Bessel erhielt für den nahen Doppelstern 61 Cygni p = 0".3, was einer Entfernung von 3.3 pc (11 Lj) entspricht.

Inzwischen hat man innerhalb eines Radius von 16 Lj um die Sonne rund 60 Sterne gefunden, darunter außer vielen leuchtschwachen Exemplaren auch das dreifache System α Centauri am Südhimmel (mit 4.3 Lj Abstand der nächste Sonnennachbar) und unsere hellen Wintersterne Sirius (8.6 Lj) und Prokyon (11.4 Lj).

Der europäische Astrometriesatellit Hipparcos hat in den Jahren 1989 bis 1993 eine Vielzahl von Sternparallaxen mit bis dahin unerreichter Genauigkeit (0".002) beobachtet, so dass Sternentfernungen bis zu 500 pc gemessen werden konnten. Wenn man aber bedenkt, dass die Milchstraße einen Scheibendurchmesser von rund 30 000 pc besitzt, wird klar, dass die Methode der trigonometrischen Parallaxen nicht weit genug reicht, um auch nur unsere eigene Galaxie auszuloten – geschweige denn, die Entfernungen fremder Galaxien zu bestimmen.

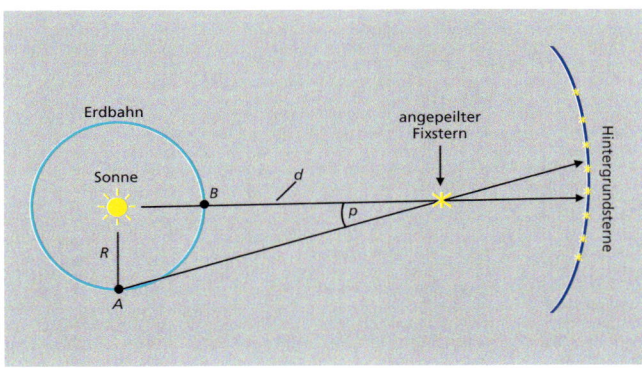

Abb. 3 : Nutzung des jährlichen Umlaufs unseres Planeten um die Sonne zur Beobachtung der jährlichen Parallaxe der Fixsterne.

Kosmische Standardkerzen

Um galaktische Tiefen ausmessen zu können, bedient man sich vor allem kosmischer Standardkerzen: Das sind bestimmte Sterntypen oder auch ganze Sternsysteme von bekannter Leuchtkraft.

Das Prinzip dieser Leuchtkraft-Methode ist einfach. Angenommen, wir beobachten am Himmel einen Stern mit einer bestimmten Helligkeit. Diese scheinbare Helligkeit m (gemessen in Größenklassen) sagt uns über die Entfernung des Sterns zunächst einmal nichts. Denn wie hell uns ein Stern am Himmel erscheint, das hängt nicht nur von seiner Entfernung ab, sondern auch von der wahren Leuchtkraft, die bei den Sternen sehr unterschiedlich sein kann. Aber nehmen wir zusätzlich an, dass wir Informationen über die wahre Leuchtkraft unseres Sterns hätten: Dann ließe sich allerdings durch Vergleich mit der scheinbaren Helligkeit die Entfernung bestimmen.

Als Maß für die wahre Leuchtkraft eines Sterns kann man die so genannte absolute Helligkeit verwenden. Darunter versteht man diejenige Helligkeit M (wiederum gemessen in Größenklassen), mit der uns das Gestirn erscheinen würde, stünde es in der Standardentfernung von 10 pc. Weil hierbei alle Sterne (gedanklich) in die gleiche Entfernung gebracht werden, spiegeln die absoluten Helligkeiten auch die tatsächlichen Leuchtkräfte wider. Beispielsweise beträgt die absolute Helligkeit der Sonne M = 4.8 mag, während der absolut viel leuchtkräftigere Stern Sirius M = 1.4 mag aufweist.

Ein Stern mit einer gewissen absoluten Helligkeit M erscheint uns umso schwächer, je weiter er entfernt ist. Die Differenz m − M zwischen scheinbarer und absoluter Helligkeit (der so genannte Entfernungsmodul) wird uns also Auskunft über die Entfernung geben. Man erhält den Abstand d aus der Formel:

$$d = 10 \text{ pc} \cdot 10^{(m - M)/5 \text{ mag}} \quad (1)$$

Die geschilderte Methode steht und fällt natürlich mit einer Kenntnis der absoluten Helligkeiten geeigneter kosmischer Standardkerzen, wobei in der Praxis auch die schwierige Frage der interstellaren Absorption zu klären ist, die zu geringe Helligkeiten und zu große Entfernungen vortäuschen kann. Wir wollen nun einige Standardkerzen kennen lernen und sehen, wie ihre Leuchtkraft geeicht werden konnte.

Hauptreihensterne

Einen wichtigen Ausgangspunkt und die erste Stufe der kosmischen Entfernungsleiter bilden die Hyaden, deren Entfernung vor allem mit trigonometrischen Parallaxen (Hipparcos) zu rund 150 Lichtjahren bestimmt werden konnte (vgl. hierzu auch den früheren Beitrag über Sternhaufen). Nachdem diese Entfernung bekannt war, ließen sich die absoluten Helligkeiten der Hyadensterne – hauptsächlich Hauptreihensterne ab dem Spektraltyp A – berechnen: Sie liegen bei M = 0.5 mag und schwächer. Und wenn man die so geeichten Hauptreihensterne anhand ihres Spektrums auch in anderen Sternhaufen identifizieren kann, liefern sie mit Hilfe der Leuchtkraftmethode sofort die gesuchte Distanz. Auf diese Weise ließen sich die Entfernungen vieler Offener Sternhaufen in der Milchstraße bestimmen.

Cepheiden

Die meisten Hauptreihensterne sind nicht leuchtkräftig genug, um auch in fremden Galaxien beobachtet werden zu können. Hierzu braucht man schon echte Leuchtkraftriesen wie die so genannten Cepheiden mit ihren absoluten Helligkeiten bis zu M = −5 mag, die nach dem Prototyp δ im Sternbild Cepheus benannt sind. Cepheiden sind Veränderliche Sterne, deren Helligkeit regelmäßigen Schwankungen mit Periodenlängen zwischen 1 und 70 Tagen unterliegt.

Der Astronomin Henrietta Leavitt gelang im Jahr 1912 eine wichtige Entdeckung: Cepheiden zeigen uns ihre (mittlere) absolute Helligkeit freundlicherweise durch ihre Periodendauer an! Je länger die Periode, umso leuchtkräftiger ist der Stern (Perioden-Leuchtkraft-Beziehung). Allerdings musste die Leuchtkraft noch an Cepheiden mit bekanntem Abstand geeicht werden – ein mühevoller und an Irrtümern reicher Weg. Zum Glück fand man einige Cepheiden in Offenen Sternhaufen, deren Entfernung durch die Hauptreihensterne bekannt war. Auch der Astrometriesatellit Hipparcos konnte die Parallaxen und damit auch Leuchtkräfte einiger Cepheiden in der Milchstraße messen. Wegen der geringen Anzahl dieser galaktischen Objekte bevorzugen aber auch heute noch die meisten Astronomen eine Eichung an den Cepheiden der Großen Magellan'schen Wolke, was natürlich eine genaue Kenntnis der Entfernung dieses Milchstraßenbegleiters voraussetzt.

Die Cepheiden werden heute als die zuverlässigsten Entfernungsanzeiger für Galaxien angesehen.

Im Jahr 1923 entdeckte Edwin Hubble erstmals Cepheiden im Andromedanebel M 31. Hierdurch ließ sich dessen Entfernung bestimmen und die Weltinseldebatte beenden: Der Andromedanebel stellt tatsächlich eine eigenständige Galaxie außerhalb unserer Milchstraße dar. Man gibt heute die Entfernung von M 31 mit drei Millionen Lichtjahren an.

Die bislang entferntesten Cepheiden wurden 1994 in der Galaxie NGC 4571 (mit dem Canada-France-Hawaii-Telescope) sowie in M 100 (mit dem Hubble-Space-Telescope) gefunden. Beide Galaxien gehören zum Virgo-Galaxienhaufen, dessen Entfernung sich nun mit Hilfe der Cepheiden zu 15–17 Mpc ergab.

Weiterreichende Indikatoren

Jenseits des Virgo-Galaxienhaufens sind Cepheiden kaum noch zu erkennen, sodass man auf noch hellere Entfernungsindikatoren zurückgreifen muss. Hierzu zählen die Kugelsternhaufen ($M \approx -8$ mag), die absolut hellsten Sterne ($M \approx -10$ mag) und die Supernovae ($M = -19.6$ für den Typ Ia), die gelegentlich in fernen Galaxien aufleuchten. Am weitesten kommt man, wenn man ganze Galaxien als Entfernungsanzeiger verwendet – die hellsten Exemplare in Galaxienhaufen erreichen $M = -22$ mag. Für Spiralgalaxien ist hier die so genannte Tully-Fisher-Relation nützlich, die einen Zusammenhang zwischen der (im Spektrum beobachtbaren) Rotationsgeschwindigkeit einer Galaxie und ihrer wahren Leuchtkraft feststellt.

All diese Indikatoren mussten zunächst wieder an nahen Galaxien geeicht werden, deren Entfernungen bereits mit anderen Methoden bestimmt waren. Bei diesem stufenweisen Prozess werden sich etwaige Anfangsfehler natürlich fortpflanzen, und so resultiert daraus, dass die beschriebene Entfernungsleiter (Hyaden – Hauptreihensterne – Cepheiden – hellste Sterne – Galaxien) umso »wackliger« wird, je höher man auf ihr steigt!

Rotverschiebung und Entfernung

Zum Schluss wollen wir noch eine wichtige »kosmologische« Methode der Entfernungsbestimmung von Galaxien beschreiben. Sie beruht auf einer Beobachtung der so genannten Rotverschiebung im Spektrum der Galaxien, die eine Folge der Expansion des Alls ist. Als Maßzahl für die Rotverschiebung dient das Verhältnis $z = \Delta\lambda / \lambda$, wobei $\Delta\lambda$ die Verschiebung einer Spektrallinie gegenüber ihrer Ruhewellenlänge λ bedeutet. Im späteren Beitrag über Weltmodelle wird noch ausführlich beschrieben, wie die Rotverschiebung zustande kommt und welche Rolle sie für die Kosmologie spielt.

An dieser Stelle ist vor allem eines wichtig: Die Rotverschiebung einer Galaxie hängt mit ihrer Entfernung zusammen – es gibt eine Rotverschiebung-Entfernungs-Relation. Dabei gilt grob gesagt: Je größer die Rotverschiebung, umso größer auch die (heutige) Entfernung der Galaxie.

Ein erste formelmäßige Beschreibung dieses Zusammenhangs fand Edwin Hubble im Jahr 1929. Anhand der ihm bekannten Galaxiendaten ergab sich eine lineare (proportionale) Beziehung zwischen der Rotverschiebung z und der Entfernung d:

(2) $d = (c/H_0)\, z$ (Hubbles Gesetz).

Hier ist $c = 300\,000$ km/s die Lichtgeschwindigkeit und H_0 bezeichnet die berühmte Hubblekonstante. Nach langjährigen Debatten um den Wert der Hubble-Konstanten geht man heute

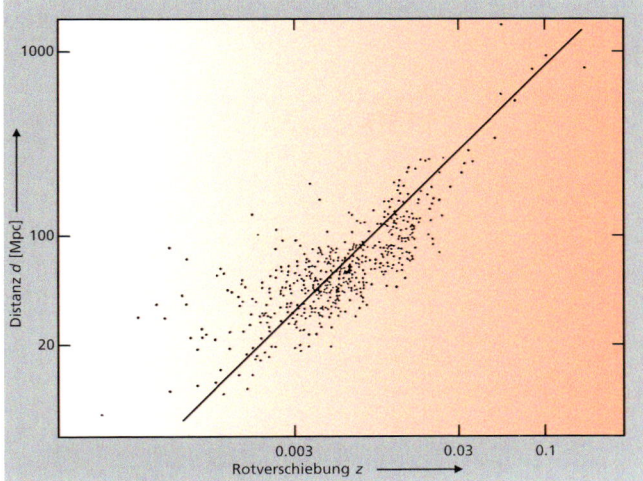

Abb. 4 : Veranschaulichung von Hubbles Gesetz. Jeder Punkt entspricht einer beobachteten Galaxie (nach Meyers Handbuch Weltall, 7. Auflage).

von etwa $H_0 = 72$ km/s pro Megaparsec (Mpc) aus. Abbildung 4 veranschaulicht Hubbles Gesetz graphisch als gerade Linie in der z-d-Ebene.

Wenn man den Wert von H_0 erst einmal kennt, bietet Hubbles Gesetz eine bequeme Möglichkeit, die Entfernung weiterer Galaxien einfach durch Messung ihrer Rotverschiebung zu bestimmen. Dazu ein Zahlenbeispiel: Nehmen wir an, wir hätten die Rotverschiebung einer Galaxie zu z = 0.05 gemessen. Dann ergibt sich ihre Entfernung aus Formel (2) bei einer Hubble-Konstanten von $H_0 = 72$ zu d = 300 000/72*0.05 = 208 Mpc, das sind rund 680 Millionen Lichtjahre. Aufgrund von Rotverschiebungsbeobachtungen hat man mit dieser Methode in den letzten zwanzig Jahren Karten der großräumigen Galaxienverteilung im Kosmos erstellen können. Die Abbildung 5 zeigt eine solche kosmische Landkarte.

Im Umgang mit Hubbles Formel (2) ist aber durchaus Vorsicht geboten! Sie stellt nämlich nur eine Näherungsformel dar, deren Gültigkeitsbereich erheblich eingeschränkt ist. Für nahe Galaxien (mindestens bis zum Virgohaufen) überlagern sich die individuellen Bewegungen der Galaxien noch stark mit der kosmologischen Galaxienflucht, sodass Hubbles Gesetz für kleine Entfernungen mit Rotverschiebungen unter z = 0.01 nicht sinnvoll anzuwenden ist. Dies ist allerdings nicht weiter tragisch, denn für nahe Galaxien stehen ja andere Methoden der Entfernungsbestimmung zur Verfügung.

Aber auch für weit entfernte Galaxien mit Distanzen über einer Milliarde Lichtjahren (z > 0.1) treten deutliche Abweichungen von Hubbles Gesetz auf, die kosmologisch sehr bedeutsam sind und im Beitrag »Weltmodelle« näher erläutert werden. »Kosmologisch« große Galaxienentfernungen darf man also keinesfalls mehr nach Formel (2) berechnen! Für Interessierte sei

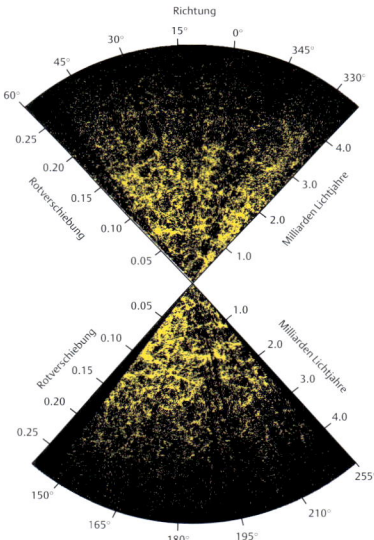

Abb. 5 : Darstellung der großräumigen Galaxienverteilung. Etwa 100 000 Galaxien sind in dieser Karte mit ihren gemessenen Entfernungen eingetragen. Die Karte stellt ein Zwischenergebnis des australischen »2dF Galaxy Redshift Survey« dar, der einmal 250 000 Galaxien umfassen soll.

noch die folgende Näherungsformel angegeben, die für Rotverschiebungen bis etwa in den Bereich z = 1–1.5 brauchbar ist:

$$d = (c/H_0)\, z - (c/H_0)\, (1+q_0)/2\; z^2 .$$

Gegenüber Hubbles Formel ist hier also noch ein quadratischer Term hinzugekommen.

Die neu aufgetauchte Konstante q_0 ist der so genannte Bremsparameter, der nach jüngsten Beobachtungen etwa bei $q_0 = -0.55$ liegt. Im Beitrag »Weltmodelle« kann man Näheres zum Bremsparameter nachlesen.

Es gibt auch eine exakte und für beliebige Rotverschiebungen gültige Formel für den Abstand, die allerdings ziemlich kompliziert ist und nur mittels Computer ausgewertet werden kann. Die Abbildung 6 entstand auf der Grundlage solcher Rechnungen und veranschaulicht den Zusammenhang zwischen Rotverschiebung und Entfernung für große Rotverschiebungen.

Abb. 6: So hängen Rotverschiebung z und (heutige) Entfernung d für große Rotverschiebungen zusammen. Für die Rechnung wurden aktuelle Werte der kosmischen Parameter zugrunde gelegt. Im Gegensatz zum Bereich kleiner Rotverschiebungen (vgl. Abbildung 4) ist der Zusammenhang nicht mehr linear.

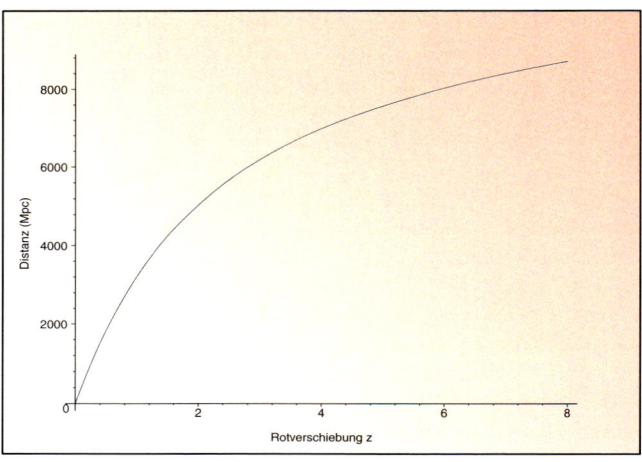

Warum ist der Nachthimmel dunkel?

Erich Übelacker

Antike Weltbilder

Zu allen Zeiten haben sich die Menschen über den Aufbau und die Geschichte des Universums Gedanken gemacht. Bis zum Spätmittelalter stand für unsere Vorfahren die Erde, zunächst als Scheibe, später als Kugel, im Mittelpunkt des Weltalls. Um sie sollten die Planeten kreisen, zu denen damals auch Sonne und Mond gehörten. Zwar gab es Denker, die andere Vorstellungen hatten. Nach Heraklid von Pontos (4. Jh. v. Chr.) sollten Merkur und Venus um die Sonne kreisen. Aristarch von Samos (etwa 320–250 v. Chr.) setzte diese sogar in den Mittelpunkt des Weltalls. Seine Ideen konnten sich aber nicht durchsetzen. Bis zum 16. Jahrhundert war das so genannte ptolemäische Weltbild (nach Claudius Ptolemäus etwa 90–160 nach Chr.) maßgebend, nach dem sich alles um die Erdkugel drehen sollte. Erde, Sonne und Planeten waren in den alten Weltbildern von der so genannten Fixsternsphäre umgeben. An ihr waren die Sterne des Großen Bären, der Jungfrau und aller anderen Sternbilder festgemacht oder fixiert. Noch heute nennt man daher diese fernen Sonnen »Fixsterne«. Für unsere antiken Vorfahren war der dunkle Nachthimmel nach Sonnenuntergang kein Problem. Die rund 2500 Fixsterne, die man gleichzeitig sehen konnte, reichten

Abb. 1: Auf Großfeldaufnahmen mit modernen Teleskopen lassen sich Zehntausende Galaxien und Quasare erkennen. Der Blick reicht in die Zeit zurück, als wenige hundert Millionen Jahre nach dem Urknall die ersten Galaxien und Quasare aufleuchteten.

Abb. 2: Das Weltbild des Ptolemäus. Für unsere Vorfahren stand die Erde im Mittelpunkt des Alls (geozentrisches Weltbild).
Das All hatte eine Grenze, die Sphäre der Fixsterne.

nicht aus, den Nachthimmel heller zu beleuchten. Abgesehen von diesen Lichtpunkten war die Fixsternsphäre dunkel. Der hinter ihr liegende Bereich der Götter, an den viele alte Völker glaubten, blieb unsichtbar. Die Sphäre der Fixsterne war für die Erdenbürger die Grenze des beobachtbaren Alls.

Von Kopernikus zu Hubble

Im Jahr 1501 veröffentlichte Nikolaus Kopernikus eine kleine Schrift, in der er vorsichtig andeutete, nicht die Erde, sondern die Sonne könne im Mittelpunkt des Alls stehen. In seinem Todesjahr 1543 erschien sein berühmtes Buch »Über die Umläufe der Himmelskörper«, in dem er endgültig die Erde als Zentrum des Universums entthronte und die Sonne in den Mittelpunkt rückte. Diesen wichtigen Erkenntnisschritt nennt man »kopernikanische Wende«. Das kopernikanische Weltbild setzte sich nur langsam durch, da es für die Berechnung von Planetenörtern gegenüber dem ptolemäischen keine großen Vorteile brachte. Auch beobachtete man keine parallaktischen Verschiebungen der Fixsterne, die bei einer jährlichen Bewegung der Erde um die Sonne eigentlich zu erwarten waren. Tycho de Brahe (1546–1601), einer der größten Astronomen seiner Zeit, ließ zur Erklärung dieser Tatsache zwar die Planeten um die Sonne, diese aber um die ruhend gedachte Erde laufen. Auch aus philosophischen und religiösen Gründen wurde das kopernikanische Weltbild bekämpft. Eines hatte Kopernikus mit den antiken Ideen gemeinsam. Auch er glaubte an eine Fixsternsphäre oder zumindest eine dünne Schicht von Fixsternen, die das All begrenzen sollten. Auch für ihn war der dunkle Nachthimmel also noch kein Problem.

Giordano Bruno (1548–1600), einer der ersten neuzeitlichen Denker, war dagegen der Meinung, das All sei unendlich groß und gleichmäßig mit Sternen, die er ganz richtig als ferne Sonnen bezeichnete, angefüllt. Auch wenn dies nicht ganz den Tatsachen entspricht, da Bruno natürlich nichts von den Galaxien wissen konnte, war diese Idee revolutionär und stieß das Tor zu den Tiefen des Alls weit auf. Bekanntlich wurde Bruno von seinen Zeitgenossen ermordet, da er der Inquisition verraten und nach siebenjähriger Haft auf dem Scheiterhaufen verbrannt wurde.

Gegen ein unendlich großes, gleichmäßig mit seit ewigen Zeiten leuchtenden Sternen besetztes All gibt es allerdings auch rationale Einwände: Ein solches Universum müsste zu einem Nachthimmel führen, der etwa die Flächenhelligkeit der Sonnenscheibe aufweist! Die Nacht müsste so hell wie der Tag sein. Diese Aussage nennt man das Olbers'sche Paradoxon. Benannt ist es nach dem Bremer Arzt und Astronomen Wilhelm Olbers (1758–1840), der unter anderem die Planetoiden Pallas und Vesta entdeckt hatte und einer der größten Denker seiner Zeit war. Kommen wir zurück zum Paradoxon: Bei einem statischen, unendlich ausgedehnten und gleichmäßig mit Sternen besetzten

Weltall würde der Sehstrahl schließlich in jeder Richtung auf eine Sternscheibe treffen. Zwischen den Sternen gäbe es keine Lücken, der Himmel müsste gleißend hell sein. Man kann sich das an einem sehr großen Wald klar machen, in dem in jeder waagerechten Blickrichtung ein Stamm steht, sodass es zwischen den Stämmen keine Lücken gibt. Geht man von der Sternendichte der Sonnenumgebung aus und nimmt man für alle Sterne Sonnengröße an, so würde die mittlere freie Sichtlinie bei ungefähr 10^{17} Lichtjahren liegen, bei einem unendlich großen All kein Problem. Da die Flächenhelligkeit eines Objekts unabhängig von seiner Entfernung ist, träfe der Sehstrahl irgendwo auf eine Fläche, die gleich hell wie die Sonnenscheibe ist. Da dies für jede beliebige Richtung gilt, wäre der gesamte Himmel gleißend hell. Das gilt aber nur, wenn das Licht der fernen Quelle nicht durch kosmische Staubmassen geschwächt wird. Da Olbers selbst an einem unendlichen All festhalten wollte, aber natürlich auch die Dunkelheit des Nachthimmels beobachtete, nahm er solche dunklen Wolken an, die das Sternenlicht schwächen sollten. Heute wissen wir, dass dies nichts helfen würde. Die absorbierte Energie muss ja von den Wolken wieder abgegeben werden, die dann entsprechend hell erscheinen würden. Wohl oder übel musste man also von einer Grenze des mit Sternen bevölkerten Alls ausgehen, um den dunklen Nachthimmel zu erklären.

Bis ins vorige Jahrhundert hinein nahmen die meisten Astronomen an, dass es eine solche Grenze der Sternenwelt gibt. Man war überzeugt, dass unsere Galaxis, diese große Scheibe mit ihren 200 Milliarden Sonnen, einmalig ist. Ihre Grenzen wären dann auch die Grenzen des mit Sternen bevölkerten Alls gewesen, hinter denen es allenfalls einen uninteressanten leeren Raum gab. Die Dunkelheit des Nachthimmels wäre dann leicht zu erklären gewesen: Unsere Galaxis ist zwar groß, aber nicht so ausgedehnt, dass in jeder Richtung ein Stern steht. Zwischen den Sternen gäbe es genügend schwarze Lücken.

Abb. 3: Unsere Galaxis von der Seite gesehen. Blickt man aus der Scheibenebene heraus, so erkennt man die anderen Galaxien. Früher hielt man sie für Gaswolken, die unser System umgeben.

Blickt man in Richtung der Scheibenebene, so ist die Sternendichte größer. Es gibt hier zumindest einen leicht aufgehellten Nachthimmel, das Band der Milchstraße. Blickt man dagegen aus der Scheibenebene heraus, so sieht man nur wenige Sterne des Milchstraßensystems, dafür aber die Kugelsternhaufen, welche die galaktische Scheibe umgeben, und so genannte Spiralnebel, die man wie die Kugelhaufen für Begleiter unserer Galaxie hielt. Man glaubte, sie seien, wie der historische Name sagt, spiralförmige Gasnebel, die zum Milchstraßenhalo, also dem Außenbereich unserer Galaxie, gehören.

In den Zwanzigerjahren des vergangenen Jahrhunderts gelang es dem amerikanische Astronomen Edwin Hubble (1889–1953) zu beweisen, dass die Spiralnebel in Wirklichkeit ferne Galaxien sind, die wie unser Milchstraßensystem aus Milliarden und Abermilliarden von Sternen bestehen. Sie sind viel weiter entfernt als alle Sterne und Sternhaufen unserer Galaxie. Der Andromedanebel, besser die Andromedagalaxie, ist zum Beispiel rund 3 Millionen Lichtjahre von uns entfernt.

Das Licht von dort zu uns ist also 3 Millionen Jahre unterwegs. Das Nebelwölkchen in der Andromeda ist in Wirklichkeit eine gewaltige Galaxie mit rund 300 Milliarden Sternen. Hubble wurde manchmal der Kopernikus des 20. Jahrhunderts genannt. Kopernikus nahm der Erde ihre Einmaligkeit, Hubble unserer

Abb.4: Die Andromeda-Galaxie. Sie besteht aus etwa 300 Milliarden Sternen, Gas, Staub und dunkler Materie. Ihre Entfernung beträgt 3 Millionen Lichtjahre (Bild: K. Birkle, E. Slawik).

Galaxie. Man spricht auch von einer langsamen »Demokratisierung des Weltalls«. Die Erde ist nur ein Planet unter vielen, die Sonne nur ein gewöhnlicher Fixstern, unsere Galaxie nur eine von Millionen ähnlichen Welteninseln.

Ist das All grenzenlos, aber endlich?

In den Jahrzehnten nach Hubbles Entdeckung wurden immer neue Galaxien gefunden, die kleine und große Familien, die Galaxienhaufen, bilden. Immer fernere Welteninseln erschienen auf den Aufnahmen, die mit immer besseren und größeren Teleskopen gewonnen wurden. Das Reich der Galaxien und damit das Weltall schien keine Grenzen zu haben.

Aber musste da nicht wieder an das Olbers'sche Paradoxon gedacht werden, das schon fast in Vergessenheit geraten war? Wenn das Weltall unendlich groß ist, so muss in jeder Richtung ein leuchtendes Objekt stehen. Der Nachthimmel müsste hell sein. Man stand vor einem schwierigen Problem: Eine Grenze des Alls, wie zum Beispiel die Fixsternsphäre der Antike, würde dem so genannten kosmologischen Prinzip widersprechen, nach dem alle Bereiche und Richtungen im All gleichberechtigt sind. Auf der anderen Seite musste das All endlich sein, da ja sonst in jeder Richtung ein leuchtendes Objekt stehen würde und der Nachthimmel hell wäre. Das All musste also nach dem damaligen Stand der Diskussion grenzenlos, aber endlich sein. Das ist nicht unbedingt ein Wider-

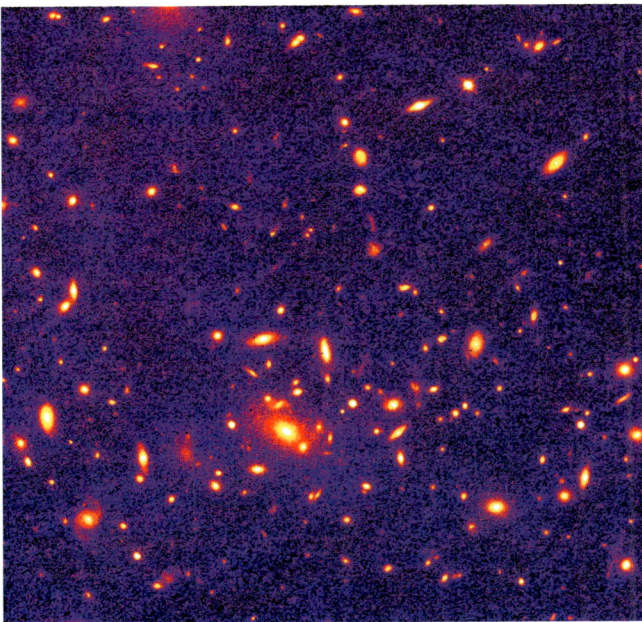

Abb. 5: Der innere Teil des 8 Milliarden Lichtjahre entfernten Galaxienhaufens MS1054-0321. Im uns zugänglichen Bereich des Alls gibt es rund 100 Milliarden Galaxien, die zum Teil Billionen von Sternen enthalten (Bild: HST).

spruch: Grenzenlose, aber endliche Dinge gibt es in der Natur, zum Beispiel eine Kugelfläche. Könnte das auch für den Weltraum gelten?

Nach Einsteins Allgemeiner Relativitätstheorie krümmen Massen den Raum, was man heute mit Hilfe so genannter Gravitationslinsen leicht nachweisen kann. Unter bestimmten Voraussetzungen können die Massen aller kosmischen Objekte das All so krümmen, dass es geschlossen ist. Ein Raumfahrer, der immer geradeaus fliegt, würde dann zumindest theoretisch wieder am Ausgangspunkt ankommen, ohne an eine Grenze zu stoßen. Der dreidimensionale Weltraum wäre wie gefordert unbegrenzt, aber endlich. Es müsste dann nicht in jeder Blickrichtung eine Galaxie stehen, der Nachthimmel dürfte mehr oder weniger dunkel sein. Leider reicht mit großer Wahrscheinlichkeit die Massendichte des Alls nicht aus, das Universum auf diese Weise endlich zu machen oder zu »schließen«, wie der Fachausdruck heißt. Auch der Beitrag der so genannten dunklen Materie ist zu gering, um zusammen mit der vertrauten Materie den Raum des Universums ausreichend zu krümmen. Wie im nachfolgenden Beitrag beschrieben, geht man neuerdings von einem beschleunigten, flachen und »offenen« Universum aus. Wahrscheinlich ist das All also nicht endlich. Aber warum ist der Nachthimmel dann nicht hell, sondern dunkel?

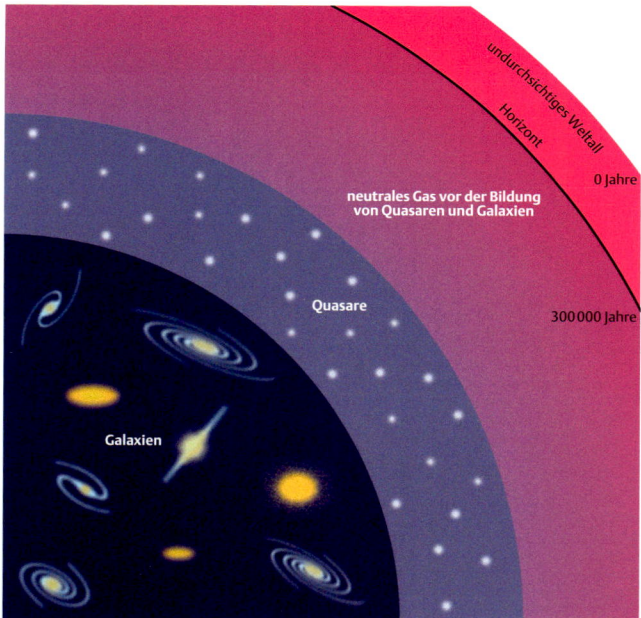

Abb. 6: Blick in die Tiefe und in die Vergangenheit des Alls. Am Horizont sehen wir das Universum so, wie es kurz nach dem Urknall aussah.

Die Lösung des Rätsels

Der helle Olbers'sche Nachthimmel setzt ein unendlich großes Universum voraus, das seit ewigen Zeiten existiert und statisch ist. Beides ist nicht der Fall. Vieles spricht dafür, dass das All vor rund 13 Milliarden Jahren entstanden ist. Es ist auch nicht statisch, sondern expandiert seit dem Urknall. Die von den fernsten sichtbaren Sternen kommenden Photonen (Lichtteilchen) können also seit der Entstehung des Alls höchstens eine Strecke von der Größenordnung 13 Milliarden Lichtjahre durchlaufen haben, der Rest des Universums liegt hinter einem so genannten kosmologischen Horizont. 13 Milliarden Lichtjahre ist zwar eine große Distanz, jedoch gemessen an der vorher erwähnten mittleren freien Sichtlinie lächerlich wenig. Es liegt also bis zum Horizont nicht in jeder Richtung ein Stern, nur ein sehr kleiner Teil der Himmelskugel ist von Sternscheibchen bedeckt. Der Horizont selbst erscheint dunkel. Wir sehen am Horizont das Universum so, wie es kurz nach dem Urknall aussah. Wie im Kapitel über den Urknall näher beschrieben wird, bestand das junge Weltall, als es erstmalig durchsichtig wurde, im Wesentlichen aus einem 3000 Grad heißen Gas. Dieses sehen wir am Horizont. Wegen der Expansion des Universums wurden die von diesem Gas ausgesandten Lichtwellen jedoch gestreckt und erreichen uns als unsichtbare Mikrowellenstrahlung, die als »3 K-Hintergrundstrahlung« bezeichnet wird.

Die Expansion schwächt aber auch das Licht von innerhalb des Horizonts liegenden Objekten. Wegen der Expansion des Weltalls erleidet das von einer entfernten Lichtquelle zu uns

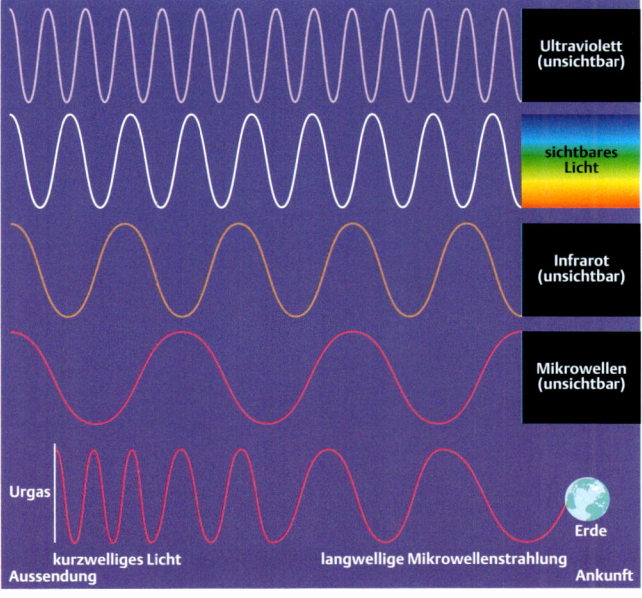

Abb. 7: Ultraviolettstrahlung, sichtbares Licht, aber auch Mikro- und Radiowellen gehören zur elektromagnetischen Strahlung. Mikrowellen sind viel langwelliger als sichtbares Licht. Wird das vom Urgas ausgesandte Licht durch die Expansion gestreckt, so wird es schließlich zur langwelligen Mikrowellenstrahlung.

gelangende Licht eine Wellenlängenvergrößerung, die umso größer ist, je weiter die Quelle entfernt ist. Dies bedeutet, dass die Photonen (Lichtteilchen) energieärmer werden. Wegen der Expansion ist außerdem die Zahl der pro Sekunde ankommenden Photonen geringer als die Zahl der pro Sekunde ausgesandten Photonen der fernen Lichtquelle. Auch das reduziert die Flächenhelligkeit sehr weiter Objekte!

Der Himmel kann noch aus einem anderen Grund nicht strahlend hell sein. Wäre es möglich, die gesamte im All vorkommende Masse nach Einsteins Formel $E = mc^2$ in Strahlungsenergie umzuwandeln, so ergäbe sich eine mittlere Energiedichte, die einer Hohlraumstrahlung von 20 K (Grad über dem absoluten Nullpunkt) entspricht. Das Strahlungsmaximum eines Körpers dieser Temperatur liegt weit im infraroten Spektralbereich. Der Körper wäre unsichtbar. Das Universum hat einfach zu wenig Energie, um strahlend hell zu sein.

Literatur

Hogan, C. J.: Das kleine Buch vom Big Bang. Dtv, 2000.
Kippenhahn, R.: Licht vom Rande der Welt. DVA, 1984.
Livio, M.: Das beschleunigte Universum. Kosmos-Verlag, 2000.
Meisenheimer, K.; Wolf, C.: Zehntausende Galaxien auf einen Blick. SuW 1/2002.
Übelacker, E.: Unser Kosmos. Tessloff-Reihe WAS IST WAS, Band 102, 2002.
SuW Special 2: Schöpfung ohne Ende – Die Geburt des Kosmos. Spektrum der Wissenschaft, 2002.

Modelle des Kosmos

Volker Kasten

Wir sind nun in unserem Buch bis zu den viele Millionen, ja Milliarden von Lichtjahren entfernten Galaxien vorgedrungen, die das gesamte Weltall in unvorstellbarer Anzahl bevölkern. Immer leistungsfähigere Instrumente bieten uns Einblicke in immer größere Tiefen des Alls. Und so scheinen wir heute der Antwort auf eine große Frage näher zu kommen: Wie sieht denn der Kosmos, also die Welt, in der wir leben, als Ganzes aus, wie ist er entstanden und wie wird er sich im Laufe der Zeit entwickeln?

Die Rotverschiebung der Galaxien

Noch zu Beginn des zwanzigsten Jahrhunderts stellten sich die meisten Astronomen das Weltall als unendlich alt und im Großen und Ganzen unveränderlich vor. Doch dann zwangen bestimmte Beobachtungen an Galaxien zu einer Revision dieses Weltbildes. Etwa um das Jahr 1912 begann der Astronom Vesto M. Slipher am Lowell Observatorium mit eingehenden Spektraluntersuchungen an Galaxien. Und dabei fiel ihm auf, dass die meisten Galaxien eine so genannte *Rotverschiebung* aufweisen: Ihre Spektrallinien sind im Vergleich zu den Ruhewerten im Labor etwas in Richtung auf das rote Ende des Spektrums, also zu längeren Wellenlängen hin, verschoben. Abbildung 1 zeigt einige Galaxienspektren mit zunehmenden Rotverschiebungen.

Die Verschiebung von Spektrallinien gibt man üblicherweise durch eine Maßzahl z an. Wenn die von der Galaxie als Lichtquelle ausgesandte Wellenlänge mit λ_ϱ bezeichnet wird und die beim Beobachter ankommende Wellenlänge mit λ_B, dann definiert man

$$z = \frac{\lambda_B - \lambda_\varrho}{\lambda_\varrho}. \tag{1}$$

Ist das empfangene Licht langwelliger (röter) als bei seiner Aussendung, also $\lambda_B > \lambda_\varrho$, so wird offenbar $z > 0$ und man spricht von einer *Rotverschiebung,* bei $z < 0$ hat man eine *Blauverschiebung.*

Der Andromedanebel und einige andere nahe Galaxien zeigen zwar eine leichte Blauverschiebung, aber das Licht der weiter entfernten Galaxien ist ausnahmslos rotverschoben. So besitzen

Abb. 1: Die Spektren von fünf Galaxien mit wachsender Fluchtgeschwindigkeit. Man beachte, wie sich die markierten Kalziumlinien mit zunehmender Fluchtgeschwindigkeit nach rechts (zum Roten hin) verschieben.

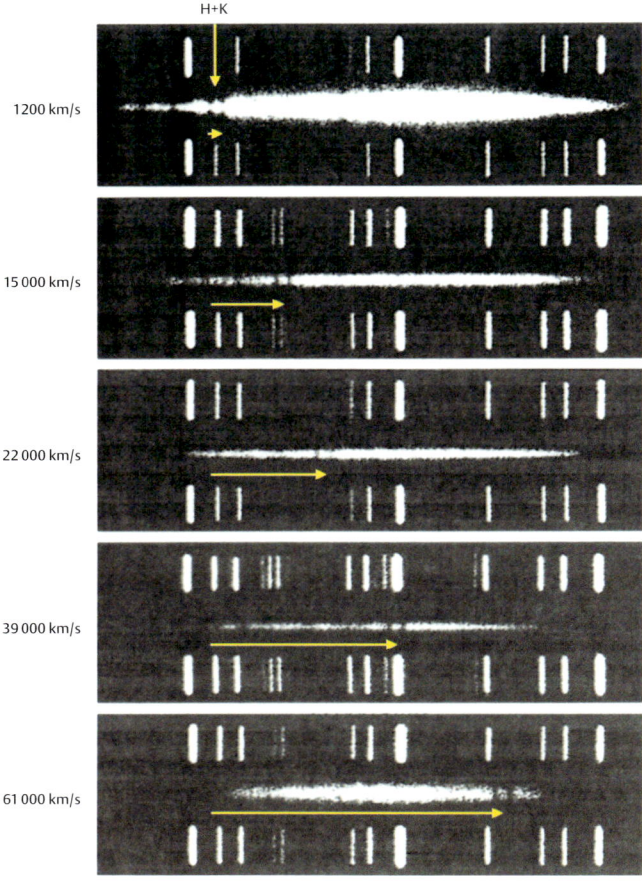

die Mitglieder des etwa 50 Millionen Lichtjahre entfernten Virgo-Galaxienhaufens Rotverschiebungen um $z = 0.0038$, und die Mitglieder des rund 300 Millionen Lichtjahre entfernten Comahaufens liegen bei $z = 0.024$. Während Sliphers damaliger Rekordhalter es nur auf den bescheidenen Wert von $z = 0.006$ brachte, kennt man heute schon Galaxien mit Rotverschiebungen über $z = 6$.

Das expandierende Weltall

Was bedeutet nun dieser Beobachtungsbefund? Als Erklärung bietet sich – jedenfalls für kleine Rotverschiebungen – der so genannte *Dopplereffekt* an. Dies ist ein Bewegungseffekt, den man als Alltagserfahrung kennt, allerdings nicht vom Licht, sondern vom Schall (vgl. Abbildung 2). Der Ton eines Martinshorns klingt erhöht (kurzwelliger), solange das Einsatzfahrzeug sich uns nähert, und er wird plötzlich tiefer (langwelliger), wenn es

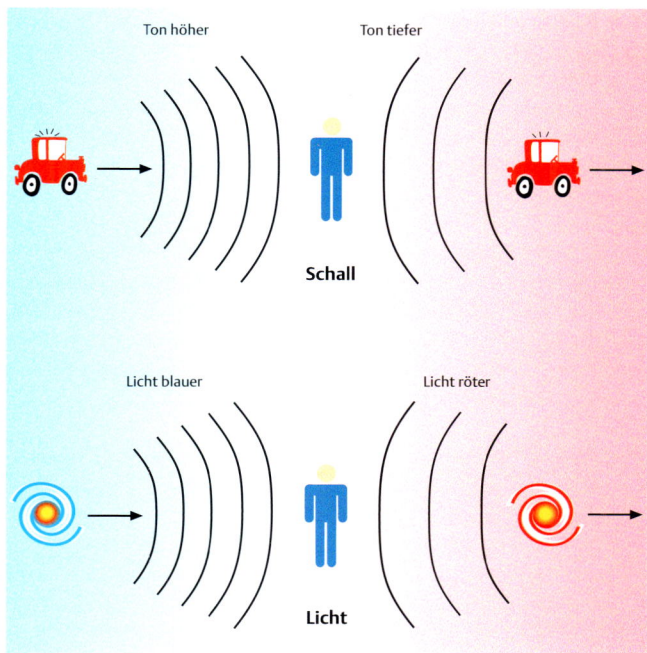

Der Doppler-Effekt. Bewegt sich eine Schall- oder Lichtquelle auf den Beobachter zu, so erreichen ihn die Wellenfronten in rascherer Folge, der Ton klingt höher und das Licht ist blauverschoben. Bewegt sich dagegen die Quelle vom Beobachter fort, so klingt der Ton tiefer und das Licht erscheint röter.

uns passiert hat und sich wieder entfernt. Auch das Licht zeigt einen entsprechenden Effekt: Nähert sich uns eine Lichtquelle, so erscheint ihr Licht etwas blauverschoben (kurzwelliger), entfernt sich die Quelle, so erscheint ihr Licht rotverschoben (langwelliger). Allerdings wird dieser Effekt beim Licht erst bei sehr großen Geschwindigkeiten deutlich und macht sich daher im Alltagsleben nicht bemerkbar. Könnte man sich aber zum Beispiel als rasanter Autofahrer einer auf Rot stehenden Verkehrsampel mit einem Sechstel der Lichtgeschwindigkeit nähern, so erschiene sie grün und böte freie Fahrt!

Wenn v die Geschwindigkeit der Lichtquelle relativ zum Beobachter bezeichnet, so gilt für Geschwindigkeiten, die klein gegen die Lichtgeschwindigkeit $c = 300\,000$ km/s sind, in guter Näherung

$$v = cz. \tag{2}$$

Beispielsweise fliegen die Mitglieder des Coma-Galaxienhaufens bei einer Rotverschiebung von $z = 0.024$ nach Formel (2) also mit einer Geschwindigkeit von $v = 300\,000 \cdot 0.024 = 7200$ km/s von uns fort. Je größer die Rotverschiebung einer Galaxie ist, umso rascher entfernt sie sich von uns (vgl. Abbildung 1). Auf große Rotverschiebungen wie etwa die heute schon beobachteten $z = 6$ darf man die Formel aber keinesfalls mehr anwenden. Das ist schon daran zu erkennen, dass sich solche Galaxien dann mit 6-facher Lichtgeschwindigkeit bewegen müssten!

Die Rotverschiebung weist also auf eine allgemeine »Galaxienflucht« hin: der Kosmos *expandiert*. Diese Entdeckung zählt sicher zu den wichtigsten naturwissenschaftlichen Erkenntnissen des 20. Jahrhunderts. Eine weit verbreitete, aber falsche Vorstellung von der Expansion ist, dass nun alle Galaxien ausgerechnet von uns Erdlingen wegflögen, sodass unser Standort eine Sonderrolle im Kosmos spielte. In Wirklichkeit ist es so, dass sich auch von jedem anderen Standort im Weltall der gleiche Eindruck davonfliegender Galaxien ergib! Man kann sich das so vorstellen wie bei einem Luftballon mit aufgeklebten Münzen (als Galaxien), den man aufbläst. Dabei wachsen alle gegenseitigen Abstände zwischen den Münzen an. Es gibt also keinen Punkt des Ballons, der vor den anderen ausgezeichnet ist und von dem nun alle Galaxien aus unerklärlichen Gründen fortfliegen würden.

Kleinere Himmelskörper wie etwa Sterne oder Planeten haben in diesem globalen Weltmodell keinen Platz. Und selbst die einzelnen Galaxien spielen als Individuen keine größere Rolle als etwa die Moleküle in einem Gas. Das bedeutet auch, dass sich die Expansion nur auf die Abstände zwischen den Galaxien bezieht und mit diesem Konzept nicht etwa gemeint ist, dass sich einzelne Sterne oder Galaxien mit der Zeit vergrößern – sie tun das ebenso wenig wie die starren Münzen in unserem Ballon-Modell. Der witzige Einwand: »Warum finde ich nie einen freien Parkplatz, wo sich die Welt doch angeblich ständig ausdehnt?!«, enthält übrigens noch einen weiteren Gedankenfehler (welchen?).

Hubbles Gesetz

Am Ballon-Modell lässt sich noch eine andere wichtige Beobachtung machen. Zwei Münzen, die doppelt so weit voneinander entfernt sind wie ein Vergleichspaar, werden sich beim Aufblasen auch mit doppelter »Fluchtgeschwindigkeit« voneinander entfernen: Der Abstand ist zur Fluchtgeschwindigkeit proportional. Für reale Galaxien ist nach Formel (2) außerdem die Fluchtgeschwindigkeit v proportional zur Rotverschiebung z. Also sollte für Galaxien auch die Entfernung d proportional zu z sein. Und genau dies konnte Edwin Hubble im Jahr 1929 anhand von Beobachtungsdaten bestätigen. Als Formel geschrieben lautet sein Gesetz:

$$d = \frac{c}{H_0} \cdot z \quad \text{(Hubbles Gesetz).} \tag{3}$$

Hier tritt im Proportionalitätsfaktor $\frac{c}{H_0}$ neben der Lichtgeschwindigkeit c die in der Kosmologie fast allgegenwärtige *Hubble'sche Konstante* H_0 auf.

Hubbles Formel (3) hat zwei wichtige Anwendungen. Zunächst muss man ja die Hubble-Konstante H_0 erst einmal bestimmen. Und das geht im Prinzip auf folgende Weise: Wenn man die Rotverschiebungen und Entfernungen für eine Reihe von Galaxien gemessen hat und diese Daten in ein z-d-Diagramm *(Hubble-Diagramm)* einträgt, sollten sie sich nach Hubbles Gesetz mehr oder weniger gut um eine Gerade gruppieren, deren Gleichung durch (3) gegeben wird (vgl. hierzu Abbildung 3 und auch die Abbildung 4 im Beitrag zur kosmischen Entfernungsbestimmung). Wie man sich eventuell aus Schulzeiten erinnert, ist die Steigung dieser Geraden durch den Faktor $\dfrac{c}{H_0}$ gegeben, sodass sich aus der beobachteten Geradensteigung schließlich auch die Hubble-Konstante H_0 bestimmen lässt. Dass dieser theoretisch so einfache Weg in der Praxis doch sehr mühsam war, liegt an zahlreichen Problemen bei der Entfernungsbestimmung von Galaxien. Nach jahrzehntelangen, kontroversen Diskussionen scheint sich nun ein Wert von etwa $H_0 = 72$ km/sec pro Megaparsec herauszukristallisieren.

Hat man aber erst einmal den Wert von H_0 gefunden, so bietet Hubbles Formel die Möglichkeit, von der leicht zu messenden Rotverschiebung z einer Galaxie auf ihre Entfernung zu schließen. Auf diese Weise könnte man nun den ganzen Kosmos ausloten – wenn Hubbles Formel (3) für beliebig große Rotverschiebungen Gültigkeit hätte. Leider ist dies aber nicht der Fall! Betrachten wir dazu noch einmal die Abbildung 3. Man erkennt, dass der Zusammenhang zwischen Rotverschiebung z und Entfernung d für kleinere Rotverschiebungen von z < 0.1 zwar in guter Näherung linear ist, wie dies Hubbles Gesetz aussagt. Dagegen treten bei Rotverschiebungen von z > 0.1, wie sie zu Hubbles Zeiten noch gar nicht beobachtet waren, deutliche Abweichungen vom geraden Verlauf auf: Für größere Rotverschiebungen gilt also Hubbles Gesetz nicht mehr. Hier machen

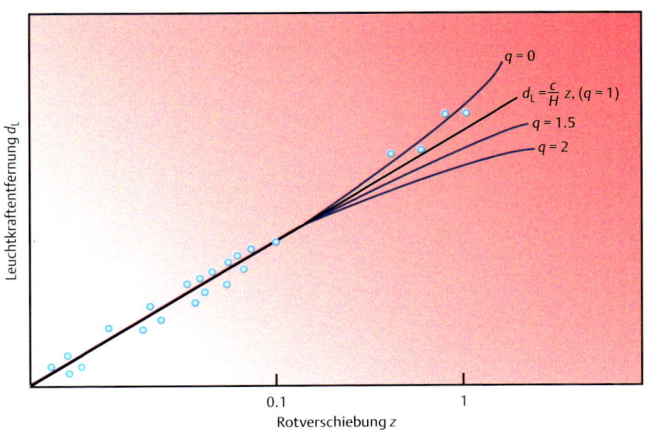

Abb. 3: Trägt man für eine Anzahl von Galaxien jeweils ihre Leuchtkraftentfernung d_L über der Rotverschiebung z auf, so ergibt sich bis etwa z = 0.1 ein linearer Zusammenhang (Hubble'sches Gesetz). Für höhere Werte der Rotverschiebung zeigen sich Abweichungen von dieser Geraden, die eine Bestimmung des Bremsparameters q erlauben.

sich kosmologische Effekte bemerkbar, die wir später deuten werden. Der Geltungsbereich von Hubbles Gesetz (3) liegt etwa bei Entfernungen zwischen 40 und 400 Megaparsec, also zwischen 130 Millionen und 1.3 Milliarden Lichtjahren.

Der raumzeitliche Kosmos

Ein Gesichtspunkt ist bei kosmologischen Betrachtungen besonders wichtig: Der Blick in die Tiefen des Alls ist immer auch ein Blick zurück in der Zeit. Grund hierfür ist die Tatsache, dass sich das Licht nicht instantan ausbreitet, sondern mit einer endlichen Geschwindigkeit. Deshalb benötigt das Licht ferner Galaxien, die wir heute beobachten, Jahrmillionen oder sogar Milliarden von Jahren, ehe es zu uns gelangt. Wir können diese Objekte also prinzipiell nicht so sehen, wie sie heute sind, sondern werfen immer einen Blick in die entfernte Vergangenheit. Aus diesem Grund müssen wir auch die Zeit mit ins Kalkül ziehen und nicht nur den heutigen Weltraum, sondern auch die »Welträume« zu früheren oder auch späteren Zeitpunkten betrachten.

Die Abbildung 4 versucht, die Welt in ihrer raumzeitlichen Gesamtheit darstellen, also schlicht »alles« – vom Urknall über unseren heutigen Raum bis in die ferne Zukunft. Eine solche Darstellung kann natürlich nur schematischen Charakter haben,

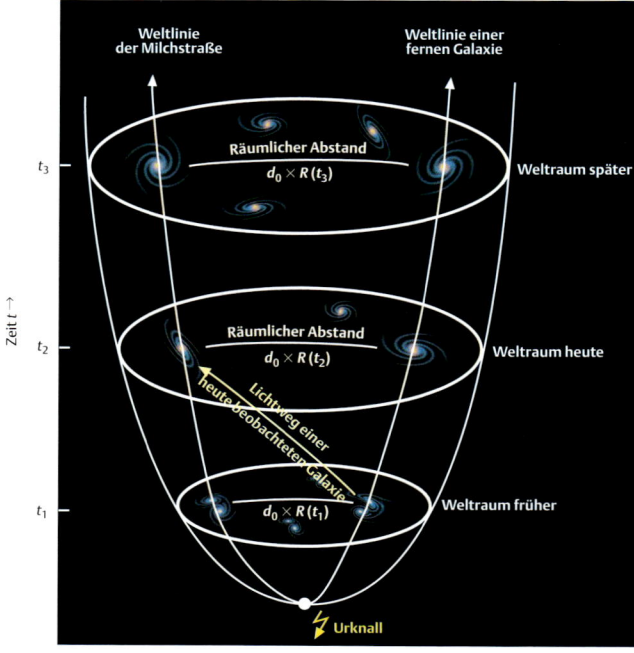

Abb. 4: Wie im Text erläutert, kann man sich die gesamte Raum-Zeit aufgebaut denken aus einzelnen Welt-Räumen. In einem dieser Räume (hier mir t_2 bezeichnet) leben wir heute. Wenn wir eine ferne Galaxie beobachten, so hat deren Licht bereits einen weiten Weg durch Raum und Zeit zurückgelegt (vgl. den skizzierten Lichtweg). Die Expansion des Kosmos drückt sich im Anwachsen des kosmischen Maßstabsfaktors R aus.

und insbesondere hat die hier gewählte äußere Form des gesamten Gebildes natürlich keinerlei reale Entsprechung!

Mit Blick auf die Abbildung kann man sich die gesamte Raumzeit aus lauter einzelnen Welt-Räumen aufgebaut denken, die zu den verschiedenen Zeitpunkten gehören. Einer dieser Räume ist unser »jetziges« Weltall. Wie schon erläutert, entzieht sich dieser heutige Raum jedoch grundsätzlich jeglicher Beobachtung. So macht es zwar Sinn, von der heutigen Entfernung zweier Galaxien zu sprechen, aber dieser Abstand lässt sich in der Praxis nicht direkt messen.

Alle Galaxien und auch das Licht ziehen ihre Bahnen (so genannte *Weltlinien*) durch die Raumzeit. Einige solcher Weltlinien sind in der Abbildung zu sehen. Eingezeichnet ist auch ein Weg, den das Licht einer beobachteten Galaxie quer durch Raum und Zeit zurückgelegt hat, ehe es heute bei uns ankommt und beobachtet wird.

Die Geometrie des Raumes

Wie hat man sich nun einen solchen Welt-Raum geometrisch vorzustellen? Wohl jeder trägt als Relikt aus Schulzeiten noch gewisse Vorstellungen von »Raum« in sich. Und wenn man dort mit Geraden, Kreisen und Kugeln Geometrie betrieben hat, dann war das die so genannte euklidische Geometrie. So wird sich mancher Leser noch an den »Pythagoras« erinnern oder daran, dass die Winkelsumme in Dreicken stets 180° beträgt. All das ist vielleicht nicht graue, aber doch »Theorie«. Deshalb muss die Frage erlaubt sein, ob sich unsere reale Welt, der Kosmos, überhaupt nach den Gesetzen der euklidischen Geometrie richtet? Denn dass es zumindest in der Gedankenwelt der Mathematik auch andere Arten von Geometrie gibt, war bereits im 19. Jahrhundert bekannt.

In diesem Zusammenhang wird gelegentlich berichtet, dass der berühmte Mathematiker, Astronom und Geodät Carl Friedrich Gauß bei seinen Triangulierungen im Königreich Hannover die Winkelsumme des Dreiecks Brocken–Hoher Hagen–Inselsberg auf eine mögliche Abweichung von 180° überprüft haben soll. Das scheint allerdings nicht belegbar zu sein und ist auch eher unwahrscheinlich, denn Gauß wird sich vermutlich bewusst gewesen sein, dass mögliche Abweichungen von der euklidischen Winkelsumme in diesem irdischen Dreieck unmessbar klein sein würden.

Nach Einsteins Gravitationstheorie (Allgemeine Relativitätstheorie, 1915) müssen wir aber davon ausgehen, dass der Raum in der Umgebung großer kosmischer Massen nicht mehr euklidisch, sondern »gekrümmt« ist. Und auch der Kosmos als Ganzes könnte gekrümmt sein, wobei man vereinfachend von einer überall gleich starken (konstanten) Krümmung ausgeht. Dies ergibt sich aus dem so genannten *kosmologischen Prinzip*, das den meisten Weltmodellen zu Grunde gelegt wird. Es besagt: Wo auch immer man sich im Weltraum befindet, überall und in jeder Raumrichtung bietet sich im Wesentlichen das gleiche Bild. Abgesehen davon, dass sich keine halbwegs vernünftige, andere Hypothese anbietet, wird das kosmologische Prinzip durch tief reichende Himmelsdurchmusterungen nahe gelegt, die uns einen ziemlich gleichmäßig mit Galaxien übersäten Kosmos zeigen. Darüber hinaus spricht auch die hochgradig isotrope kosmische Hintergrundstrahlung für die Richtigkeit dieser Annahme. Nach dem kosmologischen Prinzip sollten – zu jedem festen Zeitpunkt – wichtige Parameter wie die Massendichte und eben auch die Raumkrümmung im ganzen Weltraum konstant sein.

Der Begriff des gekrümmten Raumes wird von Laien häufig missverstanden. Denn damit ist nicht etwa gemeint, dass der Weltraum irgendwie gekrümmt aussieht, wenn man ihn »von außen« betrachtet – wie sollte das auch gehen? Entscheidend ist stattdessen, was Astronomen im Kosmos experimentell feststellen würden. Gelten tatsächlich die euklidischen Gesetze, so nennt man den Raum euklidisch, ungekrümmt oder auch »flach«. Wenn aber die Winkelsumme in Dreiecken stets größer als 180° ausfällt, spricht man von *positiver Krümmung*, wenn sie unter 180° liegt, heißt der Raum *negativ gekrümmt.*

Drei Standardräume

Als Raum-Modelle bieten sich also die Räume mit konstanter Krümmung an. Dabei werden vor allem die folgenden drei einfachen Raumtypen betrachtet:

➤ **Der ungekrümmte Raum,** bezeichnet als Krümmungstyp k = 0. Dies ist der Raum mit euklidischer Geometrie, wie man ihn vom Schulunterricht her kennt, und an den wohl die meisten intuitiv denken, wenn von »Raum« die Rede ist. Natürlich ist das Volumen dieses Raumes unendlich groß, und er besitzt keinen Rand, an den man stoßen könnte.

➤ **Der positiv gekrümmte Raum,** Krümmungstyp k = 1. Hier wird eine Veranschaulichung schon schwieriger. Vorstellen kann man sich jedenfalls ein zweidimensionales Analogon: das ist einfach die Oberfläche einer Kugel. Sie hat die konstante positive Krümmung $1/R^2$, wenn R den Kugelradius bezeichnet. In kartesischen Koordinaten (x, y, z) könnte man diese Kugelfläche durch $x^2 + y^2 + z^2 = R^2$ beschreiben. Dies alles lässt sich mathematisch problemlos auf eine Dimension höher übertragen: Im vierdimensionalen Raum mit den Koordinaten x, y, z, w beschreibt $x^2 + y^2 + z^2 + w^2 = R^2$ eine dreidimensionale »Sphäre« vom Radius R, die nun ein Modell abgibt für einen dreidimensionalen Raum mit konstanter positiver Krümmung. Wie die zweidimensionale Kugelfläche, so hat auch die dreidimensionale Sphäre ein endliches Volumen, aber keinen »Rand«, an den ein neugieriger Bewohner stoßen könnte. Man spricht in diesem Fall auch von einem *geschlossenen Kosmos*.

➤ **Der negativ gekrümmte Raum,** Krümmungstyp k = −1. Beispiel einer zweidimensionalen Fläche mit konstanter negativer Krümmung ist die so genannte *Pseudosphäre*, die in ihrer Form an eine idealisierte Trompete erinnert. Ein dreidimensionales Raummodell mit konstanter negativer Krümmung lässt sich im vierdimensionalen *Minkowski-Raum* beschreiben, auf den wir hier aber nicht näher eingehen wollen. Das Volumen dieses negativ gekrümmten Raumes ist unendlich groß, und ebenso wie bei den anderen Räumen gibt es keinen Rand. Man spricht hier auch vom *offenen Kosmos*.

Im Verlauf der Zeit ändert sich der einmal vorhandene Krümmung*typ* des Weltraumes nicht. Allerdings ist bei den gekrümmten Raumtypen die *Stärke* der Krümmung zeitabhängig. Man kann wieder an den Luftballon denken: Je weiter er aufgeblasen wird und je größer sein Radius wird, umso geringer wird seine Krümmung.

Der kosmische Maßstabsfaktor

Wie wir schon gesehen haben, bleiben die Abstände zwischen zwei typischen Galaxien mit der Zeit t nicht konstant, sondern nehmen zumindest in der jetzigen Entwicklungsphase zu (Expansion!). Dies wollen wir nun etwas genauer beschreiben. Dazu betrachten wir einmal zwei Galaxien und bezeichnen ihren von der Zeit t abhängigen Abstand mit d(t). Dann wird man ansetzen können:

$$d(t) = d_0 \cdot R(t). \tag{4}$$

Hier ist d_0 eine individuelle Konstante, die von den betrachteten Galaxien und ihren heutigen Positionen abhängt und uns nicht weiter zu beschäftigen braucht. Damit steckt alle Information über die zeitliche Entwicklung der Abstände in dem Faktor R(t). Man nennt ihn den *kosmischen Maßstabsfaktor* und bezeichnet seinen heutigen Wert mit R_0. In der gegenwärtigen Expansionsphase wächst die Funktion R(t) offenbar an, denn die Abstände der Galaxien nehmen ja zu. In der Vergangenheit war der Maßstabsfaktor vermutlich kleiner als heute, die Abstände zwischen den Galaxien waren geringer. Es ist eine der Hauptaufgaben der Kosmologie, den zeitlichen Ablauf des kosmischen Maßstabsfaktors und damit der gesamten Entwicklung des Weltalls zu bestimmen.

Es gibt einen wichtigen Zusammenhang zwischen dem Maßstabsfaktor und der Rotverschiebung, auf den man bei genauerer Untersuchung der Lichtausbreitung quer durch Raum und Zeit kommt. Nehmen wir an, wir würden heute eine Galaxie mit einer bestimmten Rotverschiebung z beobachten. Zu der Zeit t, als das Licht dort abflog, hatte der Maßstabsfaktor einen gewissen Wert R(t). Dann besteht der Zusammenhang

$$\frac{R_0}{R(t)} = z + 1. \tag{5}$$

Das bedeutet: Die Rotverschiebung verrät uns, wie klein das Weltall (genauer gesagt: die Abstände der Galaxien) zu jener Zeit war, als das Licht von der beobachteten Galaxie ausgesandt wurde! Dies ist die eigentliche Deutung der Rotverschiebung, die im Gegensatz zum Dopplereffekt auch für große z-Werte gültig bleibt.

Ein Zahlenbeispiel mag Formel (5) verdeutlichen: Wenn wir heute eine Galaxie mit der Rotverschiebung z = 6 beobachten, so wurde ihr Licht zu einer Zeit ausgesandt, als $R_0/R(t) = 7$ war: Die Abstände zwischen den Galaxien hatten damals also nur 1/7 ihres heutigen Wertes.

Angemerkt sei schließlich noch, dass der Maßstabsfaktor auch in Zusammenhang mit der Krümmung des Raumes steht. Im Fall des positiv gekrümmten Raumes kann man sich dies wieder am Ballon-Modell veranschaulichen: Je größer der Kugelradius R und damit die Abstände zwischen den Galaxien werden, umso schwächer wird die Krümmung, denn der Ballon wird ja »flacher«. Allgemein berechnet sich die Raumkrümmung zu

$$\frac{k}{R^2(t)}$$

wobei k = −1, 0, 1 wieder den Krümmungstyp des Raumes angibt.

Hubblekonstante und Bremsparameter

Die zeitliche Veränderung der Galaxienabstände, also von R(t), führt uns zu zwei wichtigen kinematischen Größen: der *Hubble-Konstanten* H und dem *Bremsparameter* q. Während die Hubble-Konstante ein Maß für die Expansionsgeschwindigkeit des Alls ist, misst der Bremsparameter etwaige Abbrems- oder Beschleunigungseffekte bei der Expansion.

Größen wie die Geschwindigkeit und Beschleunigung lassen sich mathematisch mit Hilfe der Differenzialrechnung ermitteln, und zwar als erste bzw. zweite Ableitung des Weges (Abstandes) nach der Zeit. Auf den kosmischen Maßstabsfaktor angewandt, gibt also $\dot{R}$ (erste Ableitung) die Expansionsgeschwindigkeit und $\ddot{R}$ (zweite Ableitung) die Beschleunigung der Expansion an. So gelangt man nach geeigneter Normierung zu folgenden Definitionen:

Die zeitabhängige Hubble-Konstante ist durch

$$H := \frac{\dot{R}}{R}$$

gegeben, sie beschreibt demnach die relative Zunahme der Galaxienabstände. Ihr heutiger Wert wird mit H_0 bezeichnet und ist uns in Formel (3) bereits begegnet. Den *Bremsparameter* definiert man zu

$$q := -\frac{\ddot{R}R}{\dot{R}^2}$$

mit dem heutigen Wert q_0. Wenn die Expansion abbremst, ist q positiv, während ein negatives q beschleunigte Expansion bedeutet.

Die Messung von q_0

Eine mögliche Abbremsung oder auch Beschleunigung der Expansion wird sich erst nach längeren Zeiträumen bemerkbar machen. Um solche Beschleunigungseffekte zu beobachten, müssen wir also Objekte aus weit entfernter Vergangenheit des Kosmos beobachten, nämlich Galaxien mit Rotverschiebungen von z > 0.1. Wir hatten schon erwähnt, dass für solche Rotverschiebungen Abweichungen von Hubbles linearem Gesetz auftreten, die mit dem gesuchten Bremsparameter q_0 zusammenhängen. Im früheren Beitrag zur kosmischen Entfernungsbestimmung haben wir bereits eine Verbesserung von Hubbles Gesetz angegeben, die etwa bis z = 1 brauchbar ist und in der auch der Bremsparameter vorkommt. Die dortige Formel (3) enthält allerdings mit dem wahren Galaxienabstand d eine Größe, die sich nicht direkt beobachten lässt. Um q_0 aus Beobachtungen zu bestimmen, ist deshalb die folgende, ähnlich gebaute Formel praktischer:

$$d_L = \frac{c}{H_0} z + \frac{c}{H_0} \frac{1-q_0}{2} z^2. \tag{6}$$

Hier bezeichnet d_L allerdings nicht die wahre Entfernung einer Galaxie, sondern ihre leichter zu ermittelnde *Leuchtkraftentfernung*, wie sie sich ergibt, wenn man ihre scheinbare Helligkeit am irdischen Himmel mit der wahren Leuchtkraft vergleicht (zur Leuchtkraftmethode findet man Näheres im Beitrag »Wie bestimmt man die Entfernungen im Kosmos?«). Für kleine Rotverschiebungen bis etwa z = 0.1 stimmt die Leuchtkraftentfernung mit der wahren Entfernung ungefähr überein, bei größeren z-Werten gehen beide Entfernungsangaben stark auseinander, was aber für die hier interessierende Anwendung keine Rolle spielt.

Die Formel (6) enthält gegenüber Hubbles ursprünglicher Version (3) noch einen Korrekturterm 2. Ordnung in z. Er macht sich erst bei größeren z-Werten (z > 0.1) bemerkbar und ist für die parabolische Form der Kurve verantwortlich. Dabei ist es der Bremsparameter q_0, der die Form dieser Parabel mitbestimmt (vgl. Abbildung 3). Wenn man also die Beobachtungsdaten für eine Anzahl von Galaxien in ein $z - d_L$-Diagramm (*Hubble-Diagramm*) einträgt, so sollten sie zunächst im Bereich 0.01 < z < 0.1 ungefähr auf einer Geraden liegen (aus deren Stei-

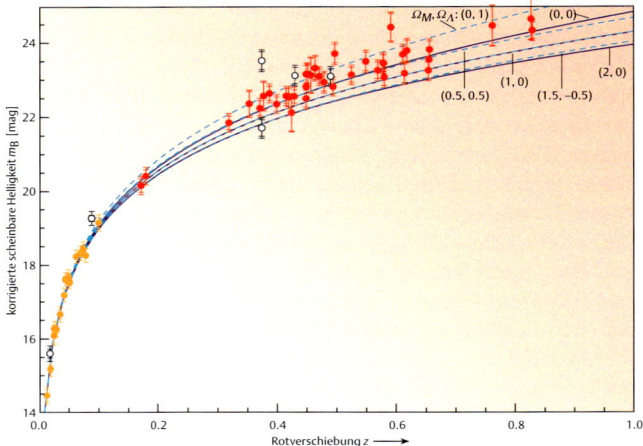

gung die Hubble-Konstante H_0 abzulesen ist), aber dann für $z > 0.1$ einer leicht parabolischen Kurve folgen, aus deren Form der Bremsparameter q_0 zu bestimmen ist. Ein aktuelles Hubble-Diagramm für weit entfernte Supernovae zeigt Abbildung 5. Diese Messergebnisse zweier unabhängiger Forschergruppen brachten eine große Überraschung: Sie ergaben ein negatives $q_0 \approx -0.55$. Hiernach scheint es so, dass das heutige Weltall seine Expansion sogar noch beschleunigt !

Die Friedmann-Gleichung

Wie entwickelt sich nun der kosmische Maßstabsfaktor $R(t)$ im Laufe der Zeit? Eine Schlüsselgleichung ist hier die so genannte *Friedmann-Gleichung*, die nach dem russischen Mathematiker Alexander Friedmann (1888–1925) benannt ist, der zu Beginn der zwanziger Jahre des letzten Jahrhunderts als einer der Ersten mathematische Modelle des Kosmos auf der Grundlage von Einsteins Theorie untersucht hat. Die Friedmann-Gleichung folgt aus Einsteins *Feldgleichungen* und lautet:

$$\dot{R}^2(t) - \frac{8\pi G}{3}\varrho(t)R^2(t) = -kc^2. \tag{7}$$

Hier bezeichnet c wieder die Lichtgeschwindigkeit, G ist die Gravitationskonstante und $k = -1, 0, 1$ der Krümmungstyp des Raumes. Mit dem Dichte-Faktor $\varrho(t)$ wird der gesamte Materie- und Energieinhalt des Kosmos berücksichtigt. Hierzu gehören im Einzelnen: die Dichte ϱ_m von sichtbarer und dunkler Materie (»gravitating stuff«, s.u.), die heute geringe Strahlungsdichte ϱ_r sowie eine wahrscheinlich vorhandene Energiedichte ϱ_v des Vakuums, die mit Einsteins so genannter *kosmologischer Konstanten* Λ zusammenhängt. Während Einstein seine Einführung dieser

Konstanten später als Fehler ansah, deuten moderne kosmologische Beobachtungen auf $\Lambda > 0$ hin, wie wir noch sehen werden.

Leider kann man die Friedmann-Gleichung nicht einfach nach dem gesuchten Maßstabsfaktor R(t) auflösen, denn in der Gleichung kommt ja außer R(t) selbst auch noch die Ableitung $\dot{R}(t)$ des Maßstabsfaktors vor. Man nennt so etwas eine *Differenzialgleichung*. Zum Glück muss man aber nicht tiefer in die Theorie der Differenzialgleichungen einsteigen, um den Sinn der Friedmann-Gleichung zu erfassen. Nehmen wir einmal an, wir würden den Zustand des Kosmos zu einem bestimmten Zeitpunkt t kennen – es lägen also die momentanen Werte vom Maßstabsfaktor R(t), der kosmischen Dichte $\varrho(t)$ und auch der Krümmungstyp k vor. Dann ist in Formel (7) alles bekannt, bis auf die Änderungsrate $\dot{R}(t)$, die man nun einfach ausrechnen kann. Wenn aber die Änderungsrate von R bekannt ist, weiß man auch, wie es mit dem Abstandsfaktor weitergeht, wie sich also die Expansion des Kosmos weiter entwickelt. Auf diese Weise kann uns die Friedmann-Gleichung zu gegebenen »Anfangswerten« schrittweise die gesuchte Lösung R(t) liefern. In der Praxis wird man diese Rechenarbeit dem Computer überlassen.

Die Dichteparameter

Die Friedmann-Gleichung macht auch deutlich, wovon die Expansion R(t) des Kosmos eigentlich abhängt: Das können nur die Größen sein, die in dieser Gleichung vorkommen, also die kosmische Dichte ϱ und der Krümmungstyp k des Weltraumes. Dabei ist es so, dass allein die Dichte bereits den Krümmungstyp bestimmt. Um das einzusehen, nehmen wir einmal an, die Dichte des Weltraumes hätte zum heutigen Zeitpunkt den speziellen Wert

$$\varrho_c = \frac{3H_0^2}{8\pi G}. \tag{8}$$

Man nennt ϱ_c die *kritische Dichte*. Mit dem heutigen Wert der Hubble-Konstanten von $H_0 = 72$ km/s pro Megaparsec beträgt die kritische Dichte etwa 10^{-26} kg pro Kubikmeter, ist also extrem klein.

Wenn man den kritischen Wert ϱ_c für die Dichte in die Friedmann-Gleichung einsetzt und

$$H_0 = \frac{\dot{R}}{R}$$

beachtet, kommt k = 0 heraus: Die Geometrie des Raumes muss dann also euklidisch sein! Ist dagegen die heutige Dichte größer als die kritische Dichte, also $\varrho > \varrho_c$, so folgt k = 1 (positiv gekrümmter Kosmos), im Fall $\varrho < \varrho_c$ wäre das Weltall negativ gekrümmt (k = −1).

Die kritische Dichte ϱ_c wird oft als Bezugsgröße gewählt, zu der man andere Dichten in Beziehung setzt. Das zahlenmäßige Verhältnis wird oft mit dem griechischen Buchstaben Ω

bezeichnet. So definiert man die (heutigen) *Dichteparameter*

$$\Omega_m := \frac{\varrho_m}{\varrho_c} \text{ (anziehende Materie),}$$

$$\Omega_r := \frac{\varrho_r}{\varrho_c} \text{ (Strahlung), und}$$

$$\Omega_v := \frac{\varrho_v}{\varrho_c} \text{ (Vakuumdichte).}$$

Mit $\Omega = \Omega_m + \Omega_r + \Omega_v$ wird der totale Dichteparameter bezeichnet.

Sollte das All tatsächlich die kritische Dichte haben, und viele Kosmologen glauben dies heute, so hätte man die Beziehung

$$\Omega = \Omega_m + \Omega_r + \Omega_v = 1. \tag{9}$$

Alle diese Dichteangaben beziehen sich auf den heutigen Zeitpunkt. Sie bestimmen aber auch die Gesamtdichte $\varrho(t)$ zu anderen Zeiten t, die ja in der Friedmann-Gleichung benötigt wird. Es gilt nämlich die so genannte *Zustandsgleichung*:

$$\varrho(t) = \frac{3H_0^2}{8\pi G}\left(\Omega_v + \Omega_m \left(\frac{R_0}{R(t)} \right)^3 + \Omega_r \left(\frac{R_0}{R(t)} \right)^4 \right). \tag{10}$$

Man erkennt an dieser Formel, dass die Dichte abnimmt, wenn der Kosmos expandiert, also R(t) wächst. Wenn dagegen wie beim Urknall (auf den wir natürlich noch eingehen werden) die Abstände R(t) gegen Null schrumpfen, wird die Dichte ins Unermessliche steigen.

Wir haben gesehen, dass es die kosmische Dichte ist, die den Verlauf R(t) der Expansion steuert. Daher sollte es nicht verwundern, dass die Dichteparameter auch eng mit der Hubblekonstanten H_0 und dem Bremsparameter q_0 zusammenhängen, also Größen, die ja direkt mit dem Maßstabsfaktor R zu tun haben. Beispielsweise ergibt sich der heutige Bremsparameter zu

$$q_0 = \frac{\Omega_m}{2} + \Omega_r - \Omega_v. \tag{11}$$

Die Messung der Dichten

Am besten bekannt ist heute die Strahlungsdichte, zu der vor allem die Photonen der kosmischen *Hintergrundstrahlung* (*cosmic background radiation, CBR*) beitragen, die von der Gluthitze des Urknalls übrig geblieben ist. Jeder Kubikmeter des Weltraums enthält 400 Millionen Photonen der Hintergrundstrahlung, entsprechend einer Strahlungsdichte von $\Omega_r \approx 5 \cdot 10^{-5}$. Gegenüber den anderen Ingredienzien des Alls ist dieser heutige Anteil der Strahlung so gering, dass er oft vernachlässigt wird.

Um die Dichte Ω_m der gravitierenden Materie im Kosmos zu bestimmen, gibt es eine ganze Reihe von Methoden, auf die wir hier im Einzelnen gar nicht eingehen können. Einen guten Überblick gibt zum Beispiel das Buch von J. Rich (vgl. Literaturverzeichnis). Jedenfalls kann man wohl davon ausgehen, dass der »gravitating stuff« vor allem in Galaxien und Galaxienhaufen versammelt ist. Wie lässt sich aber die Masse einer typischen Galaxie bestimmen? Hier könnte man zunächst die folgende einfache Rechnung aufmachen: Bei einer Ansammlung von Sternen ist die gesamte Leuchtkraft L nahezu proportional zur versammelten Masse M – das Masse-Leuchtkraft-Verhältnis liegt etwa bei $M/L \approx 3$, wobei M und L in Sonneneinheiten angegeben sind. Die Beobachtungen zeigen, dass typische Galaxien Leuchtkräfte von etwa $L = 2 \cdot 10^{10}$ der Sonnenleuchtkraft haben. Also sollte ihre Masse ungefähr $M = 3L = 6 \cdot 10^{10}$ Sonnenmassen betragen. Und da es im Kosmos durchschnittlich etwa 0.005 Galaxien pro Kubik-Megaparsec gibt, käme man auf eine kosmische Massendichte von etwa $3 \cdot 10^{8}$ Sonnenmassen pro Kubik-Megaparsec.

Berücksichtigt sind hier aber nur die sichtbaren Objekte, vor allem Sterne. Nun ist in letzter Zeit immer deutlicher geworden, dass die leuchtende Materie offenbar nur einen kleinen Bruchteil sämtlicher gravitierender Materie darstellt. Zum Beispiel lässt die Bewegung von Sternen und Wasserstoffwolken in Spiralgalaxien Rückschluss auf die insgesamt vorhandene, gravitierende Masse zu. Und bei Galaxienhaufen kann man aus der Geschwindigkeitsverteilung der einzelnen Mitglieder, aber auch aus der Röntgenstrahlung des intergalaktischen Gases, auf die Masse des Galaxienhaufens schließen. Diese Art von Massenbestimmungen führen auf viel höhere Massewerte als die oben beschriebene Leuchtkraft-Methode! Demnach dürfte die leuchtende Materie nur einen Anteil von etwa zehn Prozent ausmachen, der Rest ist einer »dunklen« Materie zuzuschreiben. Woraus diese dunkle Materie besteht, ist bislang noch weitgehend rätselhaft und ein Gegenstand aktueller Forschung.

Ein flacher Raum mit kritischer Dichte?

Für die Gesamtdichte von sichtbarer und dunkler Materie liefern aktuelle Schätzungen etwa $\Omega_m = 0.3$. Wenn man nun die Werte $q_0 = -0.55$, $\Omega_m = 0.3$ und $\Omega_r \approx 0$ in Gleichung (11) einsetzt, ergibt sich für die Vakuumdichte $\Omega_v \approx 0.7$, und man erhält für die Gesamtdichte $\Omega = \Omega_m + \Omega_r + \Omega_v \approx 1$. Demnach besitzt der Kosmos zumindest annähernd die kritische Dichte, was für einen ungekrümmten (flachen) Kosmos spricht. Dass die Gesamtdichte $\Omega \approx 1$ ist, legt auch eine genaue Untersuchung der kosmischen Hintergrundstrahlung nahe. Die Temperatur dieser Strahlung weist eine für Kosmologen hochinteressante Feinstruktur auf, wie in Abb. 6 gut zu erkennen ist. Die Abbildung zeigt den Kosmos etwa 300 000 Jahre nach dem Urknall. Die äußerst geringen Temperaturunterschiede – sie betragen weniger als 10^{-4} Grad – gehen mit entsprechenden Dichteschwankungen einher, sodass man

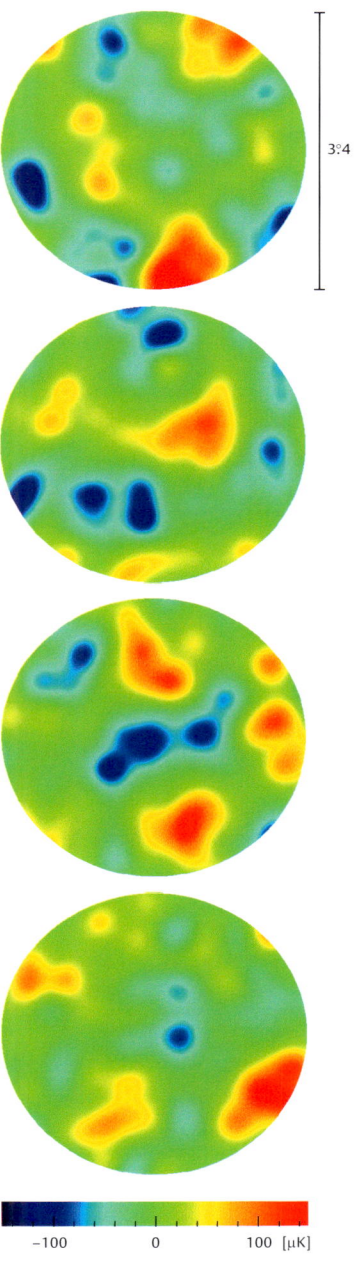

3°4

−100   0   100 [μK]

Abb. 6: Vier Bilder der Temperaturfluktuationen in der kosmischen Hintergrundstrahlung, wie sie das nahe dem Südpol aufgestellte Radioteleskop DASI bei seiner ersten Messkampagne im Jahr 2000 gemessen hat.

hier wohl die Keimzellen der späteren Massenansammlungen vor sich sieht. Aus der ziemlich komplizierten Theorie der Strukturbildung im frühen Kosmos ergibt sich, dass bei einer Gesamtdichte von $\Omega = 1$ die stärksten Temperaturschwankungen der CBR eine Winkelausdehnung am Himmel von etwa 1° aufweisen sollten. Tatsächlich konnte dieser Wert inzwischen von den etwa 30 Forschergruppen bestätigt werden, die mit Hilfe von Satelliten und hochfliegenden Ballonen, aber auch von der Erde aus das Spektrum der Temperaturschwankungen untersucht haben.

Sollten die genannten Werte der kosmischen Parameter zutreffen, so lebten wir in einem wahrlich seltsamen Kosmos, der ganz überwiegend aus dunkler Materie und dunkler Energie besteht, also Bestandteilen, die uns heute noch viele Rätsel aufgeben.

Vergangenheit und Zukunft des Kosmos

Wenn man mit den aktuellen Dichteparametern die Friedmann-Gleichung löst, ergibt sich ein Verlauf des kosmischen Maßstabsfaktors R(t), wie er in Abbildung 7 zu sehen ist. Man erkennt, dass sich der Kosmos ständig in Ausdehnung befindet und dass sich diese Expansion zurzeit sogar noch beschleunigt. Der Blick in die Vergangenheit zeigt, dass es einen Zeitpunkt vor rund 13 Milliarden Jahren gegeben hat, zu dem alle Abstände gegen Null geschrumpft sind: Dies ist der berühmte Urknall, von dem wohl jeder schon einmal gehört hat!

Solange aber die Werte der kosmologischen Parameter noch nicht vollständig sicher sind, wird man gut daran tun, sich auch mögliche andere Lösungen der Friedmann-Gleichung anzuschauen. Was im Fall anderer Dichtewerte geschieht, lässt sich aus der Abbildung 8 ablesen. Jede angenommene Dichtekombination (Ω_m, Ω_v) führt zu einem bestimmten Punkt in diesem Diagramm und entspricht einem bestimmten Weltmodell. Dabei wurde die

Abb. 7: So entwickelt sich der kosmische Maßstabsfaktor R(t) im Laufe der Zeit, wenn man die Dichteparameter $\Omega_m = 0.3$ und $\Omega_v = 0.7$ zu Grunde legt. Der heutige Wert wurde zu 1 normiert. Man beachte den »Urknall« vor rund 13 Milliarden Jahren (R → 0) und die beschleunigte Expansion in der Zukunft.

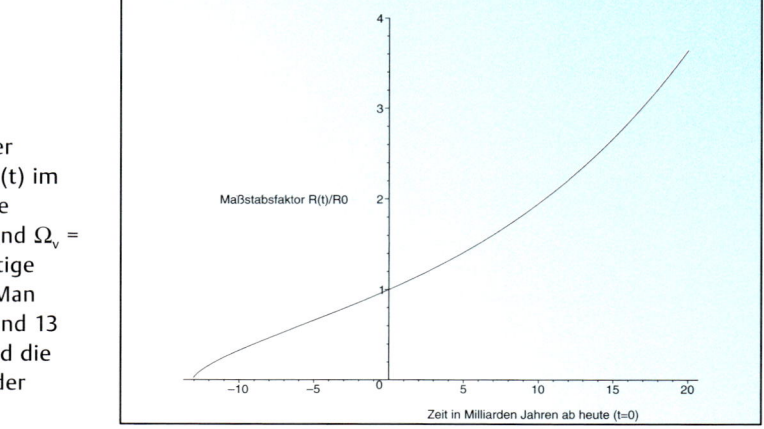

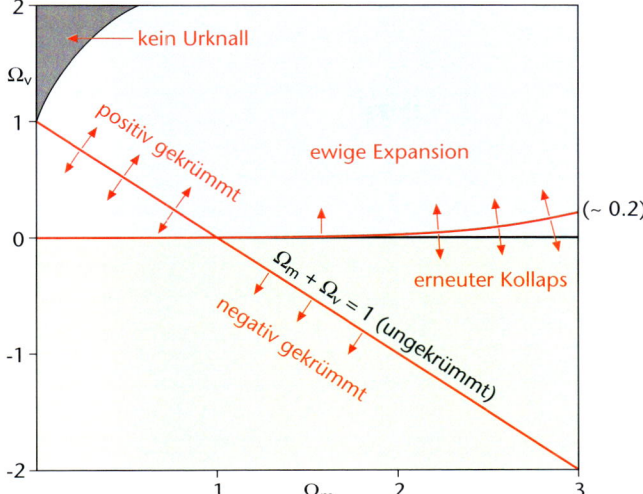

Abb. 8: Je nach Materiedichte Ω_m und Vakuumdichte Ω_v ergeben sich unterschiedliche Weltmodelle (die Strahlungsdichte wurde vernachlässigt). Die eingezeichnete Gerade $\Omega_m + \Omega_v = 1$ entspricht Modellen mit einem ungekrümmten Raum. Für Modelle unterhalb dieser Geraden ist der Raum negativ gekrümmt, oberhalb liegen Modelle mit positiver Raumkrümmung. Gekennzeichnet sind weiter die Bereiche mit ständig fortschreitender Expansion bzw. mit einem erneuten Kollaps. Abgesehen von einem kleinen Gebiet links oben im Diagramm starten alle Modelle mit einem »Urknall«.

geringe heutige Strahlungsdichte Ω_r vernachlässigt. Aus der Lage eines (Ω_m, Ω_v)-Punktes im Diagramm lässt sich zunächst einmal die Geometrie des zugehörigen Raumes ablesen: Für alle Punkte auf der Grenzgeraden $\Omega_m + \Omega_v = 1$ ist der Raum euklidisch (Typ $k = 0$). Zu den Punkten unterhalb dieser Geraden gehören negativ gekrümmte Räume ($k = -1$), die Punkte oberhalb der Geraden führen auf einen positiv gekrümmten Kosmos ($k = 1$).

Sozusagen »quer« zu den geometrischen Verhältnissen verläuft die Entwicklung der Expansion. Auch hier starten alle Modelle mit realistischen Dichteparametern mit einem Urknall. Nur im Diagramm links oben, bei geringer Massendichte, aber sehr großer kosmologischer Konstanten, ergäben sich Modelle, die einen Urknall vermeiden – die Beobachtungen schließen solche Fälle aber aus. Man erkennt, dass die Expansion des Alls auf ewig weitergeht, sobald die Vakuumdichte Ω_v auch nur geringe positive Mindestwerte annimmt. Positive Werte der Vakuumdichte erzeugen eine der Gravitation entgegenwirkende Abstoßung und tragen entsprechend zu einer Expansion des Alls bei.

Der Urknall

Nach heutiger Kenntnis der Dichteparameter muss man also von einem Urknall vor rund 13 Milliarden Jahren ausgehen, aus dem unser Kosmos entstanden ist. Wenn man in die Vergangenheit zurückgeht und sich diesem berühmten »Zeitpunkt Null« nähert, sollten Dichte und Temperatur über alle Grenzen anwachsen und damit physikalische Zustände geherrscht haben, wie sie in keinem Labor nachgebildet werden können. Man glaubt, dass unsere heutige theoretische Physik die Zustände ab etwa einer Millionstel Sekunde nach dem Urknall einigermaßen glaubwürdig beschreibt, als das Universum eine homogene »Suppe« aus Quarks, Gluonen und Leptonen war. Was vor diesem Zeitpunkt lag – vielleicht ein kurzzeitiges Aufblähen des Kosmos von unvorstellbarem Ausmaß (Theorie der Inflation) – bleibt vorerst noch spekulativ.

Dass es eine heiße Frühphase der Welt gegeben hat, wird durch verschiedene starke Argumente gestützt. Hierzu zählt vor allem die 1965 durch Penzias und Wilson entdeckte, weitgehend isotrope kosmische Hintergrundstrahlung (CBR) mit einer heutigen Temperatur von 2.73 K, bei der es sich um die inzwischen abgekühlte Reststrahlung der heißen Frühphase handelt. Ebenso spricht auch die erfolgreiche Vorhersage der Bildung leichter Elemente wie Helium und Lithium, wie sie im Rahmen dieser Urknall-Modelle möglich ist, für die Richtigkeit unserer Vorstellungen. Auch das aus kosmologischen Rechnungen folgende Alter der Welt hat kürzlich von ganz anderer Seite eine Bestätigung erfahren: So fanden sich auf lang belichteten Aufnahmen des Hubble-Weltraumteleskops im Kugelsternhaufen M 4 Weiße Zwerge, die zu den ältesten Sternen im Universum gerechnet werden. Weil man das Abkühlverhalten dieser Sternenreste gut kennt, ließ sich aus ihrer heutigen Leuchtkraft das Alter ermitteln: Sie sind knapp 13 Milliarden Jahre alt.

Der Urknall bewegt die Phantasie der Menschen wie kaum ein anderes Thema. Und deshalb widmen wir ihm anschließend noch einen eigenen Beitrag.

Literatur

Federspiel, M., Labhardt, L. und Tammann, A.: Der Wert der Hubble-Konstante. SuW 4+5/1998.

Harrison, E. P.: Kosmologie. Die Wissenschaft vom Universum. Verlag Darmstädter Blätter, 1990 (3. Aufl.).

Kippenhahn, R.: Licht vom Rande der Welt. DVA 1987. Eine populärwissenschaftliche Einführung in kosmologische Themen.

Livio, M.: Das beschleunigte Universum. Kosmos-Verlag, 2001. Ein unterhaltsam geschriebenes Buch zum Thema.

Peacock, J.: Cosmological Physics. Cambridge University Press, 2001. Umfassende Darstellung auf hohem Anspruchsniveau.

Rich, J.: Fundamentals of Cosmology. Springer Verlag, 2001. Klar und kompakt geschrieben, anspruchsvoller Text.

Schulz, H.: Dunkle Energie, Teil I: Die Dynamik des Standard-Weltmodells. SuW 10/2001, S. 854 – 861.

Schulz, H.: Dunkle Energie, Teil II: Kosmische Komponenten – Bremser und Antreiber. SuW 11/2001, S. 948 – 955.

Silk, J.: Die Geschichte des Kosmos. Spektrum Akademischer Verlag, 1999.

Unsöld, A., und Baschek, B.: Der neue Kosmos. Springer Verlag, 2002 (7. Auflage). Mit einem Abschnitt über Weltmodelle. Auf universitärem Niveau.

Der Urknall –
Geburt des Universums?

Erich Übelacker

Wenn man von Jahr zu Jahr zum Himmel blickt, kann man leicht den Eindruck gewinnen, dass Sterne und Planeten seit ewigen Zeiten bestehen und sich nie verändern. Unsere Großeltern, ja die alten Römer und Griechen, haben den Großen Wagen in seiner heutigen Form beobachtet und sahen wie wir Venus und Mars ihre Schleifen ziehen. Und doch kann man schon in einem kurzen Menschenleben Veränderungen im All erkennen. Kometen tauchen auf und verändern ihre Form, ferne Sonnen explodieren vor unseren Augen und werden dabei milliardenmal heller als zuvor.

Aber auch andere Beobachtungen und Überlegungen zeigen uns, dass es im Weltall Veränderungen gibt, dass Sterne und Planeten entstehen und vergehen. Die ältesten Gesteinsproben aus unserem Sonnensystem sind nie älter als etwa 4.5 Milliarden Jahre, egal, ob sie von der Erde, vom Mond oder von Meteoriten stammen. Die Sonne selbst kann wegen ihres begrenzten Brennstoffvorrats höchstens 11 Milliarden Jahre lang strahlen. Unsere nähere Heimat im All, das Sonnensystem, hat ein begrenztes Alter, das man auf Grund verschiedener Beobachtungen auf 4.6 Milliarden Jahre festgesetzt hat. Auch unsere kosmische Heimat im weiteren Sinn, das Milchstraßensystem, ist nicht unendlich alt. Seine ältesten bekannten Objekte, verschiedene Kugelsternhaufen, haben zwar eine Geschichte von über 12 Milliarden Jahren hinter sich, können jedoch schon wegen der begrenzten Kernbrennstoffvorräte ihrer Mitgliedssterne nicht seit ewigen Zeiten leuchten. Neben unserem Milchstraßensystem gibt es im uns bekannten Teil des Alls über 100 Milliarden andere Galaxien oder Milchstraßen. Seit einigen Jahrzehnten weiß man, dass der Raum, in den diese Sternsysteme eingebettet sind, expandiert. Das Weltall dehnt sich aus. Die Galaxien entfernen sich voneinander, wobei ihre Geschwindigkeit der Entfernung proportional ist (vgl. Abb. 1).

Lässt man diese Bewegung in Gedanken zurücklaufen, so kommt man zu dem Schluss, dass alle Materie vor Jahrmilliarden einmal einen extrem konzentrierten und heißen Feuerball gebildet haben muss, aus dem sich mit der Zeit bei laufender Abkühlung Galaxien, Sterne, Planeten und Lebewesen gebildet haben. Die Entstehung dieses Feuerballs nennt man Big Bang oder Urknall, eine sehr unglückliche Bezeichnung, da sie eine Explosion in einem schon vorhandenen Raum suggeriert.

Abb. 1: Das Weltall dehnt sich aus, es expandiert. Je größer der Abstand zwischen zwei Galaxien ist, umso schneller entfernen sie sich voneinander. Dieser Zusammenhang wurde von Hubble entdeckt.

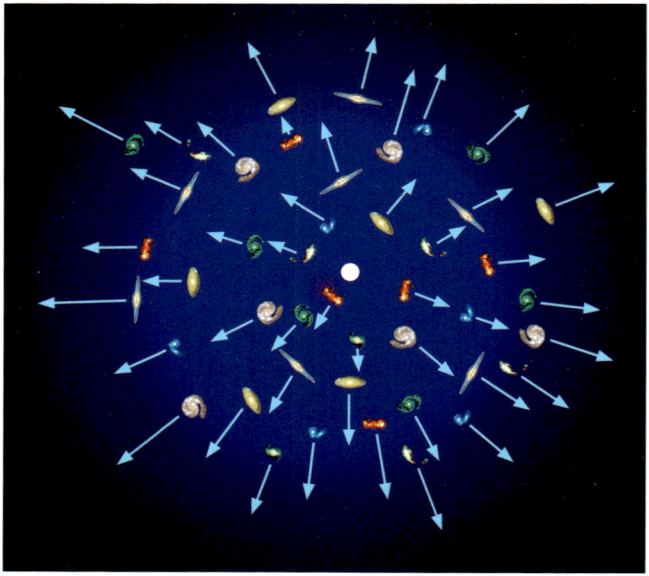

Abb. 2: Der Aufbau der Materie. Ein Atom besteht aus einem sehr kleinen Kern und Elektronen, welche diesen umgeben. Der Kern enthält Protonen und Neutronen, die so genannten Nukleonen. Diese sind aus je drei Quarks zusammengesetzt.

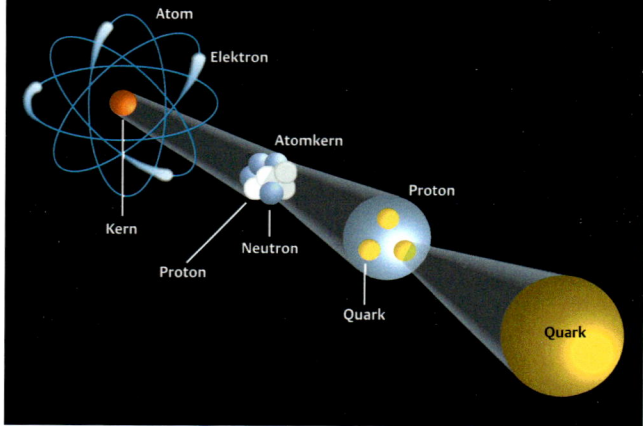

Wie muss man sich das junge Universum vorstellen? Da bei den anfänglich extrem hohen Temperaturen Planeten, Sterne und auch Atome nicht existieren konnten, war das frühe Weltall wohl nur ein Gemisch aus energiereicher Strahlung und Elementarteilchen. Zu ihnen gehören die Elektronen, welche bekanntlich die Atomhüllen bilden, und die Quarks, aus denen zum Beispiel die Protonen und Neutronen in den Atomkernen zusammengesetzt sind (vgl. Abb. 2). Lässt man den »Film«, der die Geschichte des Weltalls beschreibt, noch weiter zurücklaufen, so kommt man zu einem merkwürdigen Ergebnis. Zum Zeitpunkt 0 muss das Weltall ein unendlich dichter Punkt ohne jede Ausdehnung gewesen sein, den die Physiker und Mathematiker

»Singularität« nennen. Diese muss dann begonnen haben, sich explosionsartig auszudehnen und abzukühlen. In der Physik sind solche Singularitäten nicht vorstellbar, und wir wissen immer noch nicht genau, was sich in den ersten Sekundenbruchteilen abgespielt hat. An der Evolution des Kosmos aus einem heißen Urzustand zweifelt heute jedoch kaum ein Wissenschaftler mehr, so vielfältig sind die Befunde, die dafür sprechen.

Um die heutigen Vorstellungen über die ersten Sekundenbruchteile des jungen Universums zu beschreiben, müssen wir wissen, dass alles im Weltall von vier verschiedenen Naturkräften zusammengehalten wird. Zu ihnen gehört die Gravitation, die einen Stein zur Erde fallen und die Planeten um die Sonne kreisen lässt. Auch die elektromagnetische Kraft ist jedem bekannt. Die beiden anderen Kräfte heißen starke und schwache Wechselwirkung. Sie wirken nur auf extrem kurze Distanz und waren daher dem jungen Einstein noch unbekannt. Die starke Wechselwirkung sorgt dafür, dass die Quarks in den Protonen und Neutronen und diese in den Atomkernen festgehalten werden. Die schwache Wechselwirkung ist zum Beispiel für die Radioaktivität wichtig.

Das junge Universum könnte sich nach Ansicht vieler Wissenschaftler etwa folgendermaßen entwickelt haben: Über die ersten 10^{-43} Sekunden lassen sich keine genauen Aussagen machen, da man nach der Quantentheorie den Zeitpunkt eines Ereignisses gar nicht genauer als auf 10^{-43} Sekunden angeben kann. In der Geburtsphase des Weltalls gab es keine definierbaren Zeitabläufe und auch keinen Raum im heutigen Sinne. So merkwürdig es klingt: Die zeitliche Geschichte des Universums beginnt erst 10^{-43} Sekunden nach seiner Entstehung, »davor« gab es keine Zeit und keinen Raum. Zu diesem Zeitpunkt war alles sehr einfach. Zwar hatten Temperatur, Dichte und Druck des nur 10^{-33} cm großen Alls unvorstellbare Werte, aber es gab nur eine Urkraft und eine Teilchensorte, auf die diese Kraft wirkte. Das Universum begann sich nun auszudehnen und damit abzukühlen.

Zum Zeitpunkt 10^{-43} Sekunden spaltete sich die zunächst einzige Kraft in zwei Kräfte auf, die Gravitation und die »GUT« (Grand Unified Theory) -Kraft. Von dieser trennte sich bei weiterer Abkühlung nach 10^{-35} Sekunden die starke Wechselwirkung ab (vgl. Abb. 3). Es blieb eine so genannte elektroschwache Kraft übrig, die sich nach etwa 10^{-12} Sekunden in die elektromagnetische und die schwache Wechselwirkung aufspaltete. Mit den vier Naturkräften bildeten sich auch die verschiedenen Elementarteilchen heraus. Am Anfang waren sie ununterscheidbar gewesen und traten nur in Form eines Urteilchens hervor. Man sieht: Schon am Anfang wurde das zunächst einfache Weltall immer vielseitiger. Es hatte zunächst, wie man sagt, eine hohe Symmetrie und gewann seine Vielfalt an Teilchen und Kräften durch so genannte Symmetriebrechungen. Etwa zwischen 10^{-35} und 10^{-32} Sekunden nach dem Urknall dehnte sich nach Ansicht vieler

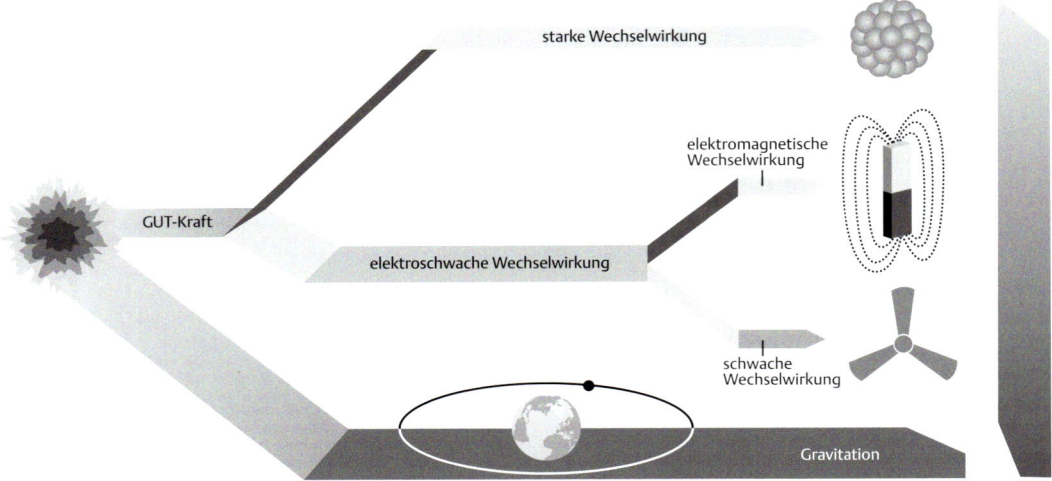

Abb. 3: Aus einer Urkraft sollen nach und nach die vier Naturkräfte entstanden sein.

Theoretiker das junge Universum extrem schnell aus. Diesen Vorgang nennt man Inflation. In diesem kurzen Zeitraum soll sich das Weltall so vergrößert haben, dass sein Rauminhalt danach 10^{90}-mal größer als vorher war. Dazu muss man wissen, dass das junge Universum damals in einem »Vakuumzustand« mit extremer Abstoßungskraft war, der dann in den heutigen Zustand überging. Neue Messungen ergeben, dass es auch heute noch eine solche Abstoßung gibt, die zwar gering ist, aber zu einer beschleunigten Expansion führt.

Nach nur einer tausendstel Sekunde verschwand fast die ganze Materie und verwandelte sich in elektromagnetische Strahlung. Dazu muss man wissen, dass es nicht nur Quarks und Elektronen, sondern auch Antiquarks und Antielektronen gibt. Zu jedem Teilchen gibt es ein Antiteilchen, das aus so genannter Antimaterie besteht. Trifft ein Teilchen auf sein Antiteilchen, so zerstören sich die beiden in einem Strahlungsblitz (vgl. Abb. 4). Eine tausendstel Sekunde nach dem Urknall vernichteten sich fast alle Quarks und Antiquarks auf diese Weise gegenseitig. Neue konnten im Gegensatz zu früher nicht mehr entstehen, da

Abb. 4: Links: Ein Elektron und ein Antielektron (Positron) vernichten sich gegenseitig. Es entstehen zwei Strahlungsteilchen oder Quanten. Rechts: Aus zwei Quanten kann sich auch Materie bilden, zum Beispiel ein Elektron-Antielektron-Pärchen oder auch ein Quark und sein Antiteilchen. Dazu müssen die Quanten aber eine gewisse Mindestenergie haben.

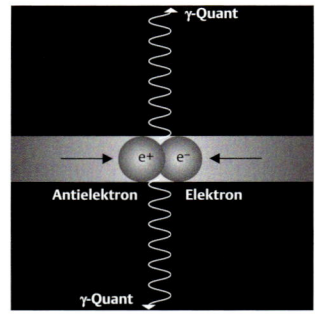

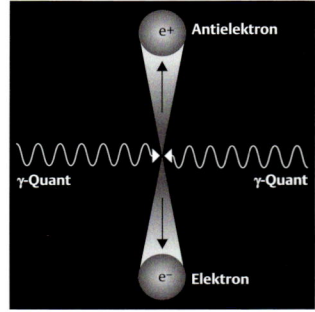

bei zunehmender Abkühlung die Strahlungsquanten zu energie-
arm geworden waren, um neue Quark-Antiquark-Pärchen zu
bilden. Hätte es eine völlige Symmetrie zwischen Materie und
Antimaterie gegeben, so wären zu diesem frühen Zeitpunkt alle
Quarks verschwunden, es hätte nie Protonen, Kohlenstoff oder
Eisen gegeben, und wir wären nie entstanden. Man kann zeigen,
dass ganz am Anfang durch den Zerfall der so genannten X-Teil-
chen etwas mehr Materie als Antimaterie gebildet wurde. So blieben einige Quarks übrig, die keinen Partner fanden, mit dem sie
sich hätten in Strahlung verwandeln können. Je drei dieser übrig
gebliebenen Quarks schlossen sich zu einem Proton oder einem
Neutron zusammen. Damit waren die Bausteine für die späteren
Atomkerne entstanden. In den nun folgenden Minuten vernichteten sich fast alle Elektronen und Antielektronen. Die überzäh-
ligen Elektronen schwirrten zunächst frei herum. Erst später bildeten sie die Hüllen, welche die Atome umgeben. Mit den Atom-
bestandteilen Proton, Neutron und Elektron waren, nur wenige
Minuten nach dem Urknall, die Grundbausteine für alle Sterne,
Planeten und Lebewesen vorhanden.

Das junge Universum war zu diesem Zeitpunkt ein ungefähr
eine Milliarde Grad heißes Gemisch aus Protonen, Neutronen,
Elektronen und Strahlungsteilchen sowie vielen anderen Parti-
keln wie Neutrinos. In den nun folgenden etwa 30 Minuten
spielte sich ein Vorgang ab, den wir in ähnlicher Form auch vom
Inneren der Sterne kennen. Die Nukleonen, also die Protonen
und Neutronen, verschmolzen durch Kernfusion zu kleinen
Atomkernen. Es entstanden aber nur die einfachsten Kerne des
Wasserstoffs und Heliums sowie Spuren von Lithium. Schwere
Atomkerne wie die des Eisens oder Sauerstoffs bildeten sich im
schnell expandierenden Universum zunächst noch nicht. Sie entstanden erst sehr viel später im Inneren von Sternen.

In den nächsten Jahrtausenden kühlte sich das Weltall immer
mehr ab, nach rund 300 000 Jahren war es nur noch 3000 Grad
heiß. Bei dieser Temperatur konnten sich vollständige Atome bilden. Die Kerne fingen Elektronen ein, die von nun an die Atomkerne umgaben. Bei höheren Temperaturen wäre das nicht möglich gewesen. Die Temperatur ist ja ein Ausdruck dafür, wie viel
Energie die Teilchen haben und wie schnell sie sich bewegen.
Bei sehr hohen Temperaturen würden die Atome so stark zu-
sammenstoßen, dass die Elektronen von den Kernen abgesprengt
und die vollständigen Atome zerstört würden. Nach Bildung der
Atome wurde das All durchsichtig, während es am Anfang völlig
undurchsichtig war. Ein Gemisch aus freien Atomkernen und
Elektronen, wie es in den ersten 300 000 Jahren vorlag, nennt
man Plasma. Ein solches Plasma ist völlig undurchsichtig. Atome
sind dagegen im Großen und Ganzen durchsichtig, auch wenn
sie Licht bestimmter Wellenlängen verschlucken, was man ja bei
der Spektralanalyse ausnutzt.

Es würde hier zu weit führen, zu beschreiben, wie sich aus
dem frühen Urgas Galaxien, Sterne und Planeten gebildet haben

und welche Rolle dabei die geheimnisvolle Dunkelmaterie gespielt haben könnte, aus der das All wahrscheinlich zu 90 % aufgebaut ist. Wann und wie diese Dunkelmaterie entstanden ist, ist ja auch noch nicht geklärt. Wir wollen uns aber noch die Frage stellen, wie alt das Weltall eigentlich ist, wie viel Zeit also nach dem Urknall vergangen ist. Diese Frage klingt zunächst einfach. Man muss ja nur die Expansionsbewegung in Gedanken zurücklaufen lassen. Aber der Teufel steckt wie immer im Detail! Die Expansionsgeschwindigkeit war nämlich in der Vergangenheit nicht die gleiche wie heute. Daher muss man den zeitlichen Verlauf des kosmischen Maßstabsfaktors, also der Abstände zwischen den Galaxien, mühsam berechnen, wie das im Beitrag »Weltmodelle« näher erläutert ist. Hierfür braucht man Informationen über die Dichte der gravitierenden Materie und auch über die Größe der kosmologischen Konstante. Diese Konstante gibt an, ob es zwischen weit entfernten Objekten eine mit dem Abstand zunehmende Abstoßung gibt. Auch eine neben der Gravitation zusätzliche Anziehung wäre denkbar. So nehmen manche Fachleute ein Weltalter von 10 Milliarden, andere ein solches von 30 Milliarden Jahren an. Die erste Zahl ist sicherlich zu klein, weil dann die Kugelsternhaufen älter als das ganze Weltall wären. Aktuelle Beobachtungen legen ein Weltalter von 13–14 Milliarden Jahren nahe.

Es gibt auch Wissenschaftler, die trotz der vielen Hinweise auf den Urknall einen einmaligen Schöpfungsakt ablehnen. So gibt es Theorien, wonach das All sich nur bis zu einem gewissen Grad ausdehnt und dann wieder in sich zusammenstürzt. Dabei schrumpft es aber nicht zu einer unendlich kleinen Singularität zusammen, sondern es gibt bei großer Konzentration und Temperatur eine Art Rückprall, nach dem sich das Universum wieder ausdehnt. Diesen Rückprall nennt man Big Bounce. Bis auf die allerersten Sekundenbruchteile verhält sich dieser wie ein klassischer Urknall und ist in seinen späteren Auswirkungen kaum von ihm zu unterscheiden.

Zum Schluss noch eine kleine Anmerkung des Verfassers: Ich habe in diesem Beitrag versucht, Vorgänge mit unserer Alltagssprache auszudrücken, die eigentlich nur in der Sprache der Physik, nämlich der höheren Mathematik, zu beschreiben sind. Dabei muss man oft grob vereinfachen. Dieser Text soll nur eine kleine Einführung in die Urknalltheorie sein und erhebt keinerlei Anspruch auf Vollständigkeit.

Schwarze Löcher – Exoten im Weltall

Hans-Ulrich Keller

Schwarze Löcher sind sehr populär. In Buchhandlungen findet man Werke über Black Holes, wie sie englisch heißen, zuweilen unter der Rubrik Esoterik. Auch zu Filmehren sind sie schon gekommen. Die Eigenschaften Schwarzer Löcher sind in der Tat recht seltsam und fern unserer Alltagserfahrung. Man vermutet, dass der Kosmos zahlreiche Objekte enthält, die die Bezeichnung »Schwarzes Loch« verdienen. Etliche Hinweise gibt es für das Vorkommen Schwarzer Löcher, endgültige Beweise für ihre Existenz stehen allerdings noch aus.

Der Begriff »Black Hole« wurde von John Archibald Wheeler (geb. 1911), Mitarbeiter und Nachfolger von Albert Einstein in Princeton, Mitte der 1960er Jahre geprägt, ist also relativ jung. Doch bereits lange vorher haben John Michell (1724–1793) und Pierre Simon de Laplace (1749–1827) vermutet, dass es Sterne geben könnte, die so »schwer« seien, dass nicht einmal das Licht sie verlassen könne. Sie stützten sich bei ihren Berechnungen auf das Gravitationsgesetz von Newton und seine Theorie, dass Licht aus Korpuskeln besteht.

Der Erste, der die Größe eines Schwarzen Loches exakt berechnet hat, war Karl Schwarzschild, ehemals Direktor der Sternwarten in Göttingen und Potsdam (vgl. SuW 28, 12 [1/1989]). Wenige Monate, nachdem Einstein seine Gravitationstheorie, die Allgemeine Relativitätstheorie nämlich, veröffentlicht hatte, lieferte Schwarzschild die ersten Lösungen der Einstein-Gleichungen. Schwarzschild war einer der hervorragendsten und vielseitigsten Astrophysiker des vergangenen Jahrhunderts. Im Alter von 43 Jahren starb er 1916 infolge eines Kriegsleidens. Nach ihm ist auch das Karl-Schwarzschild-Observatorium in Tautenburg bei Jena benannt, das das größte Schmidt-Teleskop der Erde beherbergt.

Schwarzschild berechnete den Radius einer kugelförmigen Masse, bei dem die Entweichgeschwindigkeit an der Oberfläche gleich der Lichtgeschwindigkeit wird. Nach seinem Entdecker spricht man heute vom Schwarzschild-Radius. In der russischen Literatur findet man auch die etwas ungeschickte Bezeichnung »Gravitationsradius«.

Die Entweichgeschwindigkeit gibt an, wie schnell sich ein Gegenstand von einem Himmelskörper entfernen muss, um seinem Gravitationsfeld zu entfliehen. Dabei wird angenommen, dass die Masse des Gegenstandes im Verhältnis zum Himmelskörper vernachlässigbar klein ist. Wirft man einen Stein in die

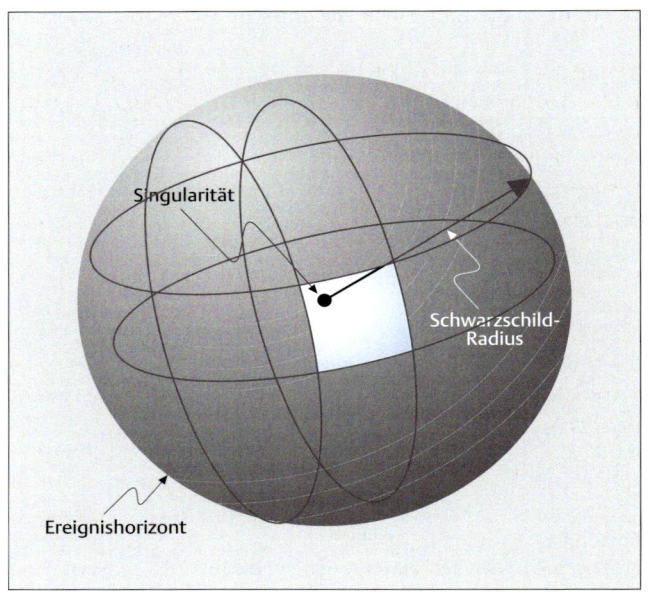

Abb. 1: Ein Schwarzes Loch besteht im Wesentlichen aus leerem Raum. Im Zentrum sitzt die Singularität. Der Ereignishorizont, die »Oberfläche« des Schwarzen Loches, wird durch den Schwarzschild-Radius definiert.

Höhe, so steigt er eine Weile, wobei seine Geschwindigkeit abnimmt, bis er stehen bleibt. Anschließend fällt er mit zunehmender Geschwindigkeit wieder in Richtung Erdmittelpunkt. Je schneller der Stein hochgeworfen wird, desto höher steigt er, bis er wieder abzustürzen beginnt. Seine Gipfelhöhe hängt von der jeweiligen Anfangsgeschwindigkeit ab. Bei einer bestimmten Geschwindigkeit wird die Gipfelhöhe unendlich, was praktisch bedeutet, dass der Stein nicht mehr zur Erde zurückkehrt. Man nennt diese Geschwindigkeit Entweich- oder Fluchtgeschwindigkeit. Auf der Erdoberfläche beträgt ihr Wert 11.2 Kilometer pro Sekunde. Wird ein Gegenstand mit 11.2 km/s in die Höhe geschossen, dann verlässt er die Erde für immer. Glücklicherweise ist 11.2 km/s eine sehr hohe Geschwindigkeit, denn sonst hätten die meisten Luftmoleküle die Erde längst verlassen und unser Planet wäre ohne Atmosphäre wie der Mond, auf dessen Oberfläche die Entweichgeschwindigkeit nur 2.4 km/s misst.

Der Wert der Entweichgeschwindigkeit hängt von der Masse und dem Radius des jeweiligen Himmelskörpers ab. Je größer die Masse und je kleiner dabei der Radius, desto höher wird die erforderliche Geschwindigkeit, um zu entfliehen. Hätte beispielsweise die Erde bei gleicher Masse nur den halben Durchmesser, dann müsste man 15.8 km/s statt 11.2 km/s erreichen, um zum Mond zu fliegen. Ist M die Masse und r der Radius eines Himmelskörpers, so ergibt sich die Entweichgeschwindigkeit v_E aus der einfachen Beziehung:

$$v_E^2 = \sqrt{\frac{2GM}{r}}$$

Dabei ist G die universelle Newton'sche Gravitationskonstante ($G = 6.672 \cdot 10^{-11}$ m³ kg⁻¹ s⁻²). Bei einer vorgegebenen Masse nimmt also die Entweichgeschwindigkeit mit abnehmendem Radius zu. Für jede Masse kann man somit einen Radius angeben, bei dem die Entweichgeschwindigkeit gleich der Lichtgeschwindigkeit ($c = 300\,000$ km/s) wird. Dieser Radius wird, wie erwähnt, Schwarzschild-Radius (RS) oder Gravitationsradius genannt. Er errechnet sich aus obiger Gleichung, wenn man $v_E = c$ setzt zu:

$$R_s = \frac{2\,G\,M}{c^2}$$

Da G und c universell gültige Naturkonstanten sind, so besagt diese Gleichung, dass der Schwarzschild-Radius proportional der Masse ist und allein von ihr bestimmt wird. Die Proportionalitätskonstante $2\,G/c^2 = k$ hat den Zahlenwert $k = 1.5 \cdot 10^{-27}$ m/kg. Gibt man jedoch die Masse in Einheiten der Sonnenmasse $M_\odot$ an und den Radius in km, so wird $k = 3$ km/$M_\odot$, eine leicht zu merkende Zahl. Würde danach die Sonne auf eine Kugel von nur 6 km Durchmesser schrumpfen, so betrüge die Entweichgeschwindigkeit an ihrer Oberfläche $300\,000$ km/s, also die Lichtgeschwindigkeit. Kein Lichtstrahl, keine elektromagnetische Welle, kein Teilchen könnte dann die Sonnenoberfläche mehr verlassen, die Sonne wäre zu einem Schwarzen Loch geworden. Bei Antares, der zehnfache Sonnenmasse aufweist, beträgt der Schwarzschild-Radius 30 km, bei der Erde ist der Schwarzschild-Radius nur neun Millimeter groß. Die Erde müsste man auf die Größe einer Kirsche zusammenquetschen, um aus ihr ein Schwarzes Loch werden zu lassen. In den Zentren von Galaxien vermutet man supermassereiche Schwarze Löcher. Ein Schwarzes Loch von einer Million Sonnenmassen hat dabei einen Schwarzschild-Radius von drei Millionen km, dies ist mehr als der doppelte Sonnendurchmesser.

Kollabiert also auf Grund seiner eigenen Schwerkraft ein Himmelskörper auf die Größe des Schwarzschild-Radius, so kann überhaupt nichts mehr seine Oberfläche verlassen. Das Gestirn wird unsichtbar. Keine Information über die Zustände im oder auf dem Schwarzen Loch kann mehr an die Außenwelt gelangen. In diesem Zusammenhang spricht man gerne vom »Kosmischen Zensor«. Lediglich das Gravitationsfeld des kollabierenden Himmelskörpers, den man auch als Kollapsar (von engl. collapsing star) bezeichnet, bleibt erhalten. Die Kraftwirkung des Schwerefeldes auf die Außenwelt nimmt dabei wie bei jeder Masse mit $1/r^2$ ab. Die Vorstellung, dass ein Schwarzes Loch alles in seine Nähe kommende aufsaugt und verschlingt wie ein Staubsauger, ist falsch. Würde unsere Sonne durch einen Kollapsar gleicher Masse ersetzt, so liefe die Erde wie eh und je in gleichem Abstand um das Zentralgestirn, nur Licht und Wärme würden uns nicht erreichen.

Existieren Schwarze Löcher im All?

Normalerweise sind Sterne stabile Gaskugeln. Der innere Gas- und Strahlungsdruck hält der Schwerkraft die Waage. Erlischt jedoch am Ende eines Sternenlebens das Atomfeuer, so lässt der innere Druck gewaltig nach, der Stern bricht auf eine vergleichsweise kleine Kugel von Erdgröße zusammen. Die Sternenmasse wird dabei ungeheuer dicht zusammengepresst, auf einen Kubikzentimeter kommen mehrere Tonnen Materie. Solche Sternenleichen nennt man Weiße Zwerge, von denen man zahlreiche im Weltall gefunden hat. Der lichtschwache Begleiter des hellen Sirius war der erste Weiße Zwerg, den man entdeckt hat. Weiße Zwerge werden vom Druck des Elektronengases im Gleichgewicht gehalten, das der Schwerkraft Paroli bietet. Obwohl die Materie in einem Weißen Zwerg außerordentlich komprimiert ist, sind die Elektronen noch relativ locker gepackt. Ihre gegenseitigen Abstände sind rund hundertmal so groß wie ihr Durchmesser. Auf eine Menschenmenge übertragen, würde dies bedeuten, dass die Abstände der einzelnen Personen voneinander zwischen 100 und 200 Meter betragen, fürwahr kein allzu großes Gedränge. Der große Astrophysiker Subramanian Chandrasekhar (1910–1995, Nobelpreis für Physik 1983, vgl. SuW 22, 572 [12/1983]) hat berechnet, dass für Weiße Zwerge eine Massengrenze existiert, oberhalb derer sie nicht mehr stabil sind. Bei mehr als etwa eineinhalbfacher Sonnenmasse kann der Druck des Elektronengases der Gravitation nicht mehr standhalten, der Weiße Zwerg bricht zu einem Neutronenstern zusammen. Neutronensterne haben Durchmesser von im Mittel zwanzig bis dreißig km, aber die doppelte Sonnenmasse. Die Dichte wird entsprechend hoch: Ein Kubikzentimeter enthält nicht einige Tonnen Materie wie bei einem Weißen Zwerg, sondern einige Millionen! Die Elektronen sind dabei in die Atomkerne hineingequetscht (»inverser Beta-Prozess«), der so gebildete Neutronenbrei hat die Dichte der Atomkerne.

Schon in den 1930er Jahren wurde die Theorie der winzigen, aber superdichten Neutronensterne erarbeitet. Niemand wusste damals, ob es sie im Kosmos auch wirklich gibt. Erst 1967 wurde durch Zufall der erste Neutronenstern entdeckt, der kurzfristig und in äußerst regelmäßigen Abständen Radioimpulse aussendet. Inzwischen wurden Dutzende solcher Pulsare gefunden, die nichts anderes sind als rasch rotierende Neutronensterne.

Inzwischen gibt es ausführliche Untersuchungen über den inneren Aufbau und die äußeren Schichten (»Atmosphären«) der Neutronensterne. Die äußere Kruste eines Neutronensterns besitzt eine feste, kristalline Struktur. Die positiv geladenen Atomkerne sind in einem See von Elektronen eingebettet. In tieferen Schichten sind die Elektronen und die Protonen der Atomkerne bei extremen Drücken zu einem Brei von Neutronen zusammengequetscht (inverser Betaprozess). Im Zentralbereich der Neutronensterne vermutet man einen völlig anderen Materiezustand, ein so genanntes Quark-Gluon-Plasma. Protonen wie Neutronen setzen sich aus je drei Quarks zusammen, die üblicherweise untrennbar aneinander gefesselt sind. Sie sind gewissermaßen in den Kernbausteinen gefangen (confinement). Werden die Nukleonen weit über die normale Kerndichte zusammengepresst, dann sind sie nicht mehr stabil und die Quarks sind nicht mehr an ein bestimmtes Nukleon gebunden. Quarks und Gluonen (die Feldquanten der Farbladungen) können sich frei bewegen. Ein solches Quark-Gluon-Plasma weist eine drastische Erhöhung der Freiheitsgrade auf (deconfinement). Der Phasenübergang von Confinement zum Deconfinement tritt allerdings nur bei sehr hohen Temperaturen von 10^{12} K (eine Billion Grad) ein, was einer mittleren Teilchenenergie von etwa 200 MeV entspricht!

Solche Zustände herrschen vermutlich im tiefen Inneren von Neutronensternen. Jedoch gilt: Je größer die Masse eines Neutronensterns, desto dünner die Kruste und die äußeren Schichten. Je näher ein Neutronenstern seiner Massenobergrenze kommt, desto größer im Verhältnis zur Kruste ist der Quark-Gluon-Plasma-Ball. Im Extremfall besteht ein solcher Neutronenstern völlig aus dieser seltsamen Materiemischung. Man spricht dann von einem Quarkstern.

Doch auch für Neutronensterne gibt es eine obere Massengrenze. Wenn die Masse eines Neutronensternes 3.2 Sonnenmassen übersteigt, kann selbst der Druck des entarteten Neutronengases der Gravitation nicht mehr das Gleichgewicht halten. Bei mehr als 3.2 Sonnenmassen bricht das Himmelsobjekt vollständig zusammen – es kommt zu einem Gravitationskollaps. Diese Massenobergrenze wird Oppenheimer-Volkoff-Grenze genannt nach den beiden Physikern, die sie zuerst berechnet haben. Sie folgt aus der TOV-Zustandsgleichung für Neutronenmaterie (Tolman-Oppenheimer-Volkoff-Gleichung), wobei je nach Wahl bestimmter Parameter diese obere Massengrenze zwischen 2 und 3.5 Sonnenmassen liegt.

Der Gravitationskollaps kann oberhalb der Oppenheimer-Volkoff-Grenze durch nichts mehr aufgehalten werden. Der beim endgültigen Zusammenbruch enorm ansteigende Innendruck verhindert den Kollaps nicht nur nicht, sondern im Gegenteil, er beschleunigt ihn sogar. Denn die Druckenergie bewirkt eine relativistische Massenzunahme, die die Schwerkraftwirkung noch verstärkt.

Beim Gravitationskollaps stürzt gemäß den Gleichungen der Allgemeinen Relativitätstheorie (ART) der Stern zu einem ausdehnungslosen Punkt zusammen. In diesem Punkt sind die Materiedichte und die Raumkrümmung unendlich groß, man spricht von einer Singularität. Zu Recht bezweifelt man, dass solche Singularitäten tatsächlich existieren. Wird nämlich die Dichte größer als 10^{93} g cm^{-3} (die so genannte Planck-Dichte), so lassen sich die physikalischen Zustände nicht mehr mit der ART allein beschreiben. Hier kommt die Quantenmechanik ins Spiel. Eine befriedigende Vereinigung von ART und Quantenmechanik ist aber bisher noch nicht gelungen.

Für den außen stehenden Betrachter spielt dies aber keine Rolle. Sobald die Sternenkugel bei ihrem Kollaps den Schwarzschild-Radius erreicht beziehungsweise unterschritten hat, ist der Kollapsar für den Beobachter zu einem Schwarzen Loch geworden.

Die Suche nach Schwarzen Löchern

Wie kann man aber prüfen, ob es Schwarze Löcher im Kosmos tatsächlich gibt? Sie strahlen nicht, weder sichtbares Licht noch Radiowellen, noch sonstige Informationsträger können die Oberfläche eines Schwarzen Loches verlassen. Der kosmische Zensor verhindert dies. Es gibt jedoch Methoden, auf indirektem Wege auf die Existenz Schwarzer Löcher zu schließen.

Es gibt enge Doppelsternsysteme, die eine intensive Röntgenstrahlung aussenden. Die Energie, die dabei abgestrahlt wird, übertrifft gelegentlich der Größenordnung nach zehntausend Sonnenleuchtkräfte. Dabei flackern manche Röntgenquellen in Bruchteilen von Sekunden. Nur winzige, aber massereiche Objekte können eine solch intensive, extrem kurzfristig variierende Röntgenstrahlung aussenden.

Ist ein Schwarzes Loch Partner in einem engen Doppelsternsystem, so kann es vorkommen, dass Materie vom normalen Stern im Laufe seiner Entwicklung auf das Schwarze Loch stürzt (Abb. 2). Dabei wird beim Sturz von Gasmassen aus der Atmosphäre des normalen Sterns auf den kollabierenden Begleiter intensives Röntgenlicht erzeugt. Die Gasströme fallen dabei nicht direkt vom normalen Stern auf den Kollapsar, da das System um einen gemeinsamen Schwerpunkt rotiert, wobei der Gesamtdrehimpuls erhalten bleibt. Daher laufen die Gasströme in einer Spiralbahn auf den kollabierten Partner zu, es bildet sich

Abb. 2: Ein Schwarzes Loch macht sich als Partner in einem engen Doppelsternsystem als kosmische Röntgenquelle bemerkbar. Von einem normalen Begleitstern stürzt Materie in Spiralbahnen in die Schwerkraftfalle des Kollapsars. Die viele Millionen Kelvin heiße Akkretionsscheibe sendet ein intensives Röntgenlicht aus.

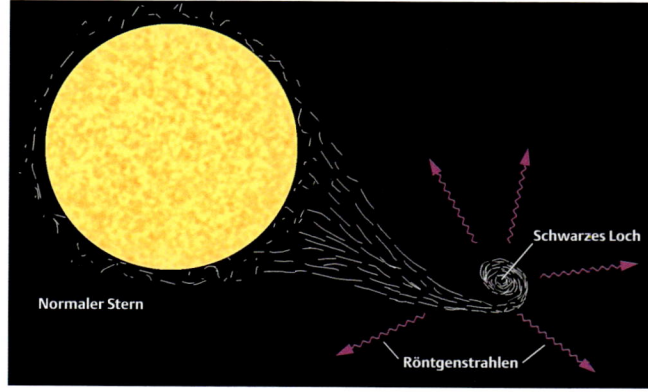

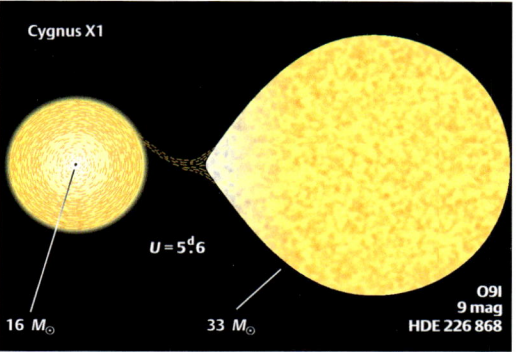

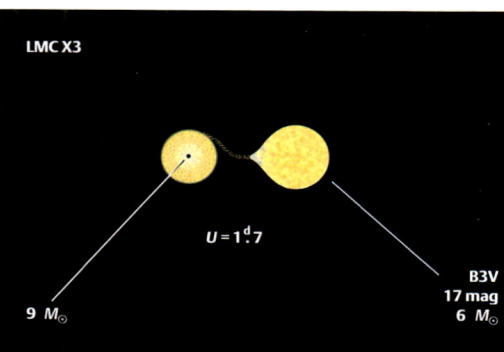

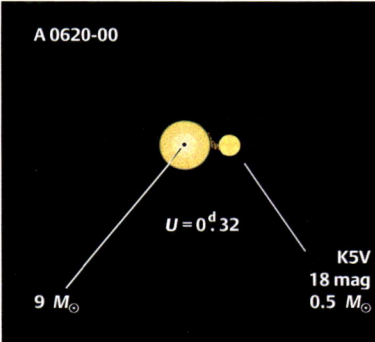

gewissermaßen ein Strudel. Um das Schwarze Loch kreist eine Scheibe aus heißem Gas, auch Akkretionsscheibe genannt. Kollisionen zwischen den Gasatomen führen zur Aufheizung dieser Scheibe auf mehrere Millionen Grad. Beim Sturz auf einen kompakten Neutronenstern oder gar in ein Schwarzes Loch flammt die in Spiralbahnen einfallende Materie daher im Röntgenlicht auf. Um zu entscheiden, ob der zusammengebrochene Partner ein Neutronenstern oder ein Schwarzes Loch ist, muss seine Masse ermittelt werden. Sie kann aus der Bahngeschwindigkeit der Komponenten abgeleitet werden.

Das erste Objekt, von dem man schon 1974 ziemlich sicher war, dass es ein Schwarzes Loch beinhaltet, ist Cygnus X1 (erste Röntgenquelle im Schwan, Abb. 3). Diese Röntgenquelle ist identisch mit dem spektroskopischen Doppelstern HDE 226 868. Im Röntgenbereich entspricht die Energieabstrahlung von Cyg X1 der Größenordnung nach rund zehntausend Sonnenleuchtkräften. Die beiden Doppelsternkomponenten von Cyg X1 umkreisen einander in nur 5.6 Tagen. Während die Masse des heißen blauen Hauptsterns (Spektralklassifikation O9 I) 33 Sonnenmassen ist, beträgt die des Begleiters mindestens 16 Sonnenmassen. Aus extrem kurzfristigen Variationen der Röntgenintensität und anderen Eigenschaften folgt, dass der Begleiter ein extrem kompaktes Objekt sein muss. Bei 16 Sonnenmassen scheidet ein Neutronenstern aus, alles deutet auf ein Schwarzes Loch hin. Zwei weitere Röntgenquellen werden als sichere Kandidaten für Schwarze Löcher angesehen: LMC X3 (Abb. 4) und A0620-00 (Abb. 5). Das Objekt LMC X3 wurde als dritte Röntgenquelle in der Großen Magellan'schen Wolke entdeckt. Der kompakte Begleiter hat mindestens neun Sonnenmassen und ist somit ziemlich sicher ein Schwarzes Loch. Die Quelle A0620-00 liegt im Sternbild Einhorn. Das A bezieht sich auf den britischen Röntgensatelliten Ariel 5, mit dem diese Quelle entdeckt wurde. Der normale Stern dieses Doppelsternsystems ist ein roter Zwerg von nur einer halben Sonnenmasse. Der Begleiter ist im sichtbaren Licht unbeobachtbar. Die radiale Komponente der Bahngeschwindigkeit des Zwergsterns beträgt rund 450 km/s, ein

Abb. 3 (links): Die Röntgenquelle Cyg X1 beherbergt ein Schwarzes Loch von mindestens 16 Sonnenmassen.

Abb. 4 (rechts): Die Röntgenquelle LMC X3 im Sternbild Doradus sitzt in der Großen Magellan'schen Wolke. Das kompakte Begleitobjekt dieses Systems hat mindestens neun Sonnenmassen und ist deshalb wahrscheinlich ein Schwarzes Loch.

Abb. 5: Die Röntgenquelle Ariel 0620-00 im Sternbild Monoceros ist das dritte stellare Schwarze Loch, das entdeckt wurde.

Umlauf um das gemeinsame Schwerezentrum dauert nur 0.32 Tage. Damit lässt sich eine untere Grenze der Begleitermasse ermitteln, sie beträgt mindestens drei Sonnenmassen. Dies gilt für den Fall, dass die Bahnebene genau in der Sichtlinie liegt. Man hat jedoch Hinweise darauf, dass die Bahn um 45° geneigt ist, woraus sich eine tatsächliche Bahngeschwindigkeit von 640 km/s und eine neunfache Sonnenmasse ergibt, ein ziemlich sicherer Kandidat für ein Schwarzes Loch.

Schwarze Löcher müssten sich auch als Gravitationslinsen bemerkbar machen. Allerdings sind entsprechende Suchprogramme erst im Vorstadium einer Planung. Schwarze Löcher mit Hilfe des Gravitationslinseneffektes aufzuspüren, erfordert einen ungeheuren Beobachtungsaufwand, der nur mit Hilfe von automatisch ablaufenden Verfahren ermöglicht werden kann.

Auf Grund von Radialgeschwindigkeitsmessungen an interstellarem Gas und von Sternen in den Zentralbereichen von Galaxien zeigt sich, dass die Zentren von Milchstraßensystemen auf engstem Raum gedrängt oft ein kompaktes Objekt von mehreren Millionen Sonnenmassen beherbergen. Der Schluss liegt nahe, dass es sich hier um supermassereiche Schwarze Löcher handelt. Der Radius eines Schwarzen Loches von einer Million Sonnenmassen beträgt immerhin drei Millionen km, das ist der doppelte Sonnendurchmesser!

Im Herzen unserer Milchstraße verbirgt sich vermutlich ebenfalls ein riesiges Schwarzes Loch von rund zweieinhalb Millionen Sonnenmassen. Die Massenbestimmung wurde mit Hilfe von Radialgeschwindigkeitsmessungen im infraroten Spektralbereich an extrem zentrumsnahen Sternen vorgenommen. Aus den sehr hohen Umlaufgeschwindigkeiten von teilweise weit mehr als 1000 km/s konnte man auf eine Dichte von rund einer Billion (10^{12}) Sonnenmassen innerhalb eines Zentralbereiches von nur drei Lichtjahren Durchmesser schließen. Eine solche Massenkonzentration kann allein durch einen sehr kompakten Sternhaufen nicht mehr erklärt werden.

Auch die Leuchtkraft von Quasaren lässt darauf schließen, dass sich um ein supermassereiches Schwarzes Loch eine gigantische, Millionen Grad heiße Akkretionsscheibe gebildet hat. Quasare sind die Zentren sehr aktiver Galaxien, die in ihrem Zentralbereich mehr Energie freisetzen als das Hundertfache unserer eigenen Milchstraße.

Eigenschaften Schwarzer Löcher

Schwarze Löcher sind seltsame Gebilde. Sie bestehen fast ausschließlich aus leerem Raum. In ihrem Zentrum sitzt die mysteriöse Singularität, von der heute niemand weiß, wie sie aussieht. Die Oberfläche eines Schwarzen Loches wird durch den Schwarzschild-Radius definiert. Doch im Gegensatz zu einem Weißen Zwerg oder Neutronenstern hat ein Schwarzes Loch keine feste Oberfläche oder eine Art Grenzschicht, sondern am Ereignishorizont wird lediglich das Gravitationspotenzial so groß, dass die Entweichgeschwindigkeit gleich der Lichtgeschwindigkeit wird. Ein in ein Schwarzes Loch fallender Raumfahrer stieße jedenfalls an keinerlei Barriere, er hätte den Eindruck, er fliege durch den fast leeren Weltraum. Bei stellaren Schwarzen Löchern mit einigen Sonnenmassen könnte ein Raumfahrer den Fall in ein Schwarzes Loch nicht überleben. Durch die differenziellen Gezeitenkräfte würde er noch vor Erreichen des Ereignishorizontes schlicht zerrissen. Fiele er kopfüber hinein, so würde der Kopf, weil näher dem Gravitationszentrum, wesentlich stärker beschleunigt als die weiter entfernten Füße. Die differenziellen Gravitationskräfte würden den Raumfahrer zu Spaghettiform auseinander ziehen. Anders bei supermassereichen Schwarzen Löchern von einigen Millionen Sonnenmassen. Wegen des wesentlich größeren Schwarzschild-Radius sind die Beschleunigungsdifferenzen zwischen Kopf und Füßen des Raumfahrers beim Durchfliegen des Ereignishorizontes erheblich geringer, er könnte schadlos ins Innere eindringen. Doch nicht allzu lange könnte er sich über das geglückte Eindringmanöver freuen. Im freien Fall würde er sich der punktförmigen Singularität nähern und noch vor Erreichen derselben zerrissen werden, ein Vorgang, den ein äußerer Beobachter aber nie beobachten könnte, der Kosmische Zensor verhindert dies: Keine Information kann den Ereignishorizont verlassen. Selbst das Erreichen des Schwarzschild-Radius bleibt unbeobachtbar, eine Konsequenz der ART: Uhren im Gravitationsfeld gehen langsamer. Für einen außen stehenden Beobachter dauert es unendlich lange, bis ein auf das Schwarze Loch zufallender Raumfahrer den Ereignishorizont erreicht. Dies gilt auch für einen kollabierenden Stern: Bis die im freien Fall zusammenstürzende Sternenkugel den Ereignishorizont erreicht hat, vergeht für einen fernen Betrachter unendlich viel Zeit. Einfach ausgedrückt: Bis ein massereicher Stern zu einem Schwarzen Loch wird, dauert es unendlich lange. In der Praxis der Beobachtung spielt dies keine Rolle: Bereits nach Ablauf der Freifallzeit (die eine Funktion der Masse ist) wird der Kollapsar unsichtbar und macht sich nur durch sein Gravitationsfeld bemerkbar. Von außen betrachtet bleibt die Zeit am Ereignishorizont gewissermaßen stehen. Da nichts die Oberfläche eines Schwarzen Loches verlassen kann, so darf man mit Fug und Recht sagen: Ein Schwarzes Loch kapselt sich aus Raum und Zeit ab.

Bei einem Gravitationskollaps gehen alle Strukturen der Materie verloren, sogar Magnetfelder verschwinden. John A. Wheeler meinte dazu scherzhaft: Schwarze Löcher haben keine Haare. Dieses »No-hair-Theorem« sagt aus, dass Schwarze Löcher recht einfache, völlig strukturlose Gebilde sind. Der gewaltige Informationsverlust beim Kollaps bewirkt dabei ein ungeheures Anwachsen der Entropie. Nur drei physikalische Parameter reichen aus, um ein Schwarzes Loch völlig zu beschreiben: Masse,

Drehimpuls und elektrische Ladung. Da die Materie im Weltall elektrisch weitgehend neutral ist, gibt es wohl keine elektrisch geladenen Schwarzen Löcher. Anders sieht es jedoch mit dem Drehimpuls aus. Alle Körper im Universum besitzen einen mehr oder minder großen Drehimpuls: Monde, Planeten, Asteroiden, Sonne und andere Sterne, Galaxien – sie alle rotieren.

Kollabiert ein massereicher Stern zu einem Schwarzen Loch, so bleibt der Drehimpuls erhalten. Schwarzschild hat nur die Metrik, das heißt die Raum-Zeit-Struktur, in der Umgebung eines nichtrotierenden Schwarzen Loches beschrieben. Man spricht daher heute bei statischen Schwarzen Löchern vom Schwarzschild-Typ. Die Metrik eines rotierenden Schwarzen Loches zu beschreiben, ist wesentlich komplizierter als die eines vom Schwarzschild-Typ. Erstmals hat 1964 der neuseeländische Mathematiker Roy Kerr die Metrik in der Umgebung eines rotierenden Schwarzen Loches beschrieben. Im gleichen Jahr berechnete Brandon Carter den Kollaps eines rotierenden Black Holes.

Rotierende Schwarze Löcher haben besonders seltsame Eigenschaften. Ihre Raum-Zeit-Metrik zu berechnen, ist erheblich schwieriger als die nichtrotierender Black Holes. Sie sind Tore zu anderen Welten, die zu erreichen der kosmische Zensor verhindert.

Da beim Kollaps eines Sternes der Drehimpuls erhalten bleibt, beziehungsweise nur teilweise abgeführt werden kann, nimmt die Winkelgeschwindigkeit der Rotation enorm zu. Denn das Trägheitsmoment verkleinert sich dramatisch und der Drehimpuls ist bekanntlich das Produkt aus Trägheitsmoment und Winkelgeschwindigkeit. Rein rechnerisch ergeben sich beim Kollaps lineare Umlaufsgeschwindigkeiten am Äquator des Ereignishorizontes, die größer sind als die Lichtgeschwindigkeit. Dies ist aber nicht möglich gemäß den Erkenntnissen der Speziellen Relativitätstheorie. Beim Kollaps muss also ein Teil des Drehimpulses abgeführt werden, teilweise durch Absprengen von Materie infolge der gewaltigen Fliehkräfte, zum Teil durch Abstrahlen von Gravitationswellen. Man darf davon ausgehen, dass Schwarze Löcher enorm schnell rotieren mit Geschwindigkeiten, die nahe der maximal erlaubten liegen.

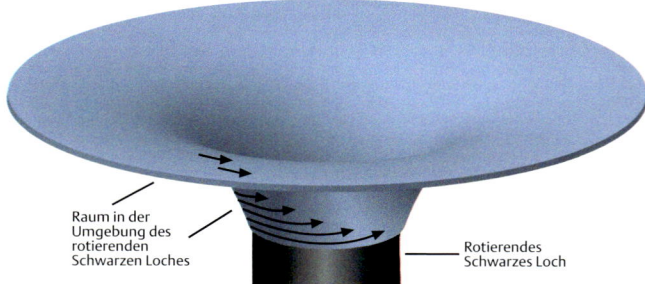

Abb. 6: In der unmittelbaren Nachbarschaft eines rotierenden Schwarzen Loches wird der Raum »mitgeführt«.

Raum in der Umgebung des rotierenden Schwarzen Loches

Rotierendes Schwarzes Loch

Nach der klassischen Mechanik ist das äußere Gravitationsfeld einer Masse unabhängig von ihrer Rotationsgeschwindigkeit. In erster Näherung ist dies zutreffend. Nach der ART spielt jedoch die Rotation eine Rolle für die Wirkung des Gravitationsfeldes einer Masse. Der Raum wird nicht nur gekrümmt wie bei einem Black Hole vom Schwarzschild-Typ, sondern auch mitgeführt. Für Planeten und Sterne ist dieser Mitführeffekt winzig klein und experimentell nur schwer prüfbar. Bei den extremen

Tafel zur Entdeckung der Schwarzen Löcher

1783 John Michell und
1795 Pierre Simon de Laplace vermuten auf Grund Newtons Korpuskeltheorie des Lichtes und seines Gravitationsgesetzes die Existenz von massereichen, kompakten Sternen, von denen kein Licht mehr ausgestrahlt werden kann.
1915 Albert Einstein veröffentlicht seine Gravitationstheorie, die Allgemeine Relativitätstheorie (ART).
1916 Karl Schwarzschild, der mit Einstein korrespondiert, zeigt, dass es für jede kugelförmige Masse einen Radius gibt, bei dem die Entweichgeschwindigkeit gleich der Lichtgeschwindigkeit wird.
1930 Subramanian W. Chandrasekhar entdeckt die Massenobergrenze für Weiße Zwerge (etwa 1.5 Sonnenmassen, Chandra-Limit).
1939 Robert Oppenheimer, Hartland Snyder und George Volkoff geben eine Massenobergrenze für Neutronensterne an und berechnen den Gravitationskollaps.
1959 John A. Wheeler vermutet auf Grund seiner Beschäftigung mit der ART, dass Raumzeit-Singularitäten als Folge eines Gravitationskollapses entstehen könnten.
1963 Maarten Schmidt u. a. finden die zunächst rätselhaften Quasare.
1963 Roy Kerr gibt Lösungen der Einstein'schen Feldgleichungen für ungeladene Massen an und entwickelt die Metrik der Raum-Zeit in der Umgebung rotierender Kollapsare.
1965 Roy Kerr und Ted Newman geben die Metrik für rotierende und elektrisch geladene Kollapsare an.
1966 Igor Novikow und Jakob B. Zel'dowich bestätigen, dass Kerrs Metrik ein rotierendes Schwarzes Loch beschreibt.
1967 Susan Jocelyn Bell und Antony Jewish finden den ersten Pulsar, der sich als rasch rotierender Neutronenstern entpuppt.
1968 John A. Wheeler führt die Bezeichnung »Black Hole« (Schwarzes Loch) für Kollapsare sowie das »Nohairtheorem« ein.
1970 Cygnus X1 wird als kräftige Röntgenquelle im Schwan entdeckt.
1974 Auf Grund der Bahndynamik wird vermutet, dass Cygnus X1 ein Doppelstern mit einem Schwarzen Loch als zweite Komponente ist.
1974 Stephen Hawking entwickelt eine Thermodynamik Schwarzer Löcher. Quantenmechanische Prozesse führen langfristig zum Verdampfen Schwarzer Löcher – sie existieren nicht ewig.
1989 Zweifel an der Existenz sowohl der Black-Hole-Singularitäten als auch der Big-Bang-Singularität tauchen auf. Virtuelle Black Holes werden als Messenger-Particles (Feldquanten) der Superkraft vermutet. Quantenmechanische Übergänge zur Quantenvakuumfluktuation werden untersucht.
1991 Stephen Hawking stellt die Hypothese von der Erhaltung der Zeitrichtung auf und weist auf die Unmöglichkeit von Zeitmaschinen hin, mit denen man eine Reise in die Vergangenheit unternehmen könnte.
1992 Stuart Shapiro und Saul Teukolsky spekulieren über die Existenz nackter Singularitäten, die beim Kollaps von Sternscheiben entstehen könnten, wobei der kosmische Zensor ausgeschaltet wäre. In der Realität dürften sie jedoch nicht vorkommen.

Gravitationsfeldern in der Nähe schnell rotierender Schwarzer Löcher wird der Raum jedoch förmlich mitgerissen. Freilich kann man einen mitrotierenden Raum nicht sehen, seine Wirkungen sind aber zu spüren. Würde ein Raumfahrer in die Nähe eines rasch rotierenden Schwarzen Loches geraten, so hätte er das Gefühl, herumgeschleudert zu werden wie in einem Karussell, vielleicht würde ihm schwindlig werden. Die auftretende Fliehkraft würde ihn scheinbar paradoxerweise nicht vom Schwarzen Loch wegtreiben, sondern im Gegenteil, ihn zum Ereignishorizont, also in Richtung des Schwarzen Loches, hinziehen. Mit einem Gyroskop könnte er nachweisen, dass sich das lokale Inertialsystem gegenüber der globalen Raumstruktur der Galaxienwelt dreht. Das Gyroskop begänne zu präzedieren, die Kreiselachse beschriebe einen doppelten Kegelmantel.

Während ein statisches Schwarzes Loch durch seinen Schwarzschild-Radius vollständig charakterisiert ist und sein Ereignishorizont exakt sphärisch ist, treten bei einem rotierenden Schwarzen Loch vom Kerr-Typ zwei Horizonte auf. Während der innere Horizont einen exakt kugelförmigen Raum mit dem Schwarzschild-Radius umschließt, hat der äußere Horizont die Form eines Rotationsellipsoides. Ein Kerr-Black Hole ist nicht kugelsymmetrisch, sondern hat als ausgezeichnete Richtung die Rotationsachse. Der Bereich zwischen innerem und äußerem Horizont wird Ergosphäre genannt. Während der innere Horizont ein Ereignishorizont im Sinne des Kosmischen Zensors ist, stellt der äußere Horizont eine Stationaritätsgrenze dar. Für ein nicht mitrotierendes Teilchen ist dort die Entweichgeschwindigkeit gleich der Lichtgeschwindigkeit.

Erreicht ein Teilchen die Oberfläche der Ergosphäre, also den äußeren Horizont, so wird es nach innen gezogen und in eine Spiralbahn gezwungen. Je näher es dabei dem inneren Horizont kommt, desto schneller wird es. Die Fliehkraft nimmt zu, allerdings bewirkt sie scheinbar völlig paradox, dass das Teilchen immer stärker nach innen driftet. Am Ereignishorizont, also am

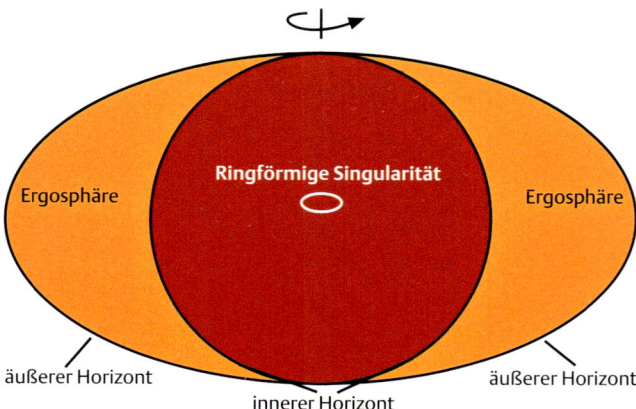

Abb. 7: Ein rotierendes Schwarzes Loch besitzt nach Roy Kerr einen inneren und einen äußeren Horizont, der die so genannte Ergosphäre umschließt. Die Singularität entartet zu einem kleinen Ring.

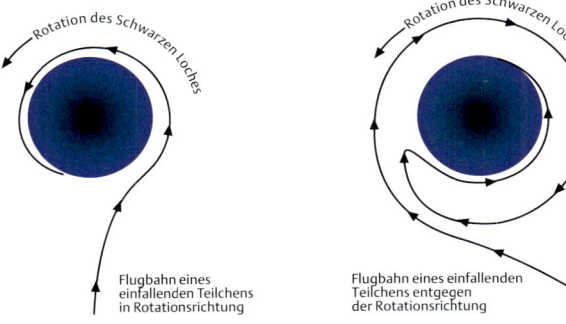

inneren Horizont, erreicht das Teilchen die Rotationsgeschwindigkeit des Schwarzen Loches. Durch den mitrotierenden Raum werden alle Körper innerhalb der Ergosphäre in eine Rotation gezwungen.

Einfallende Teilchen werden also vom Raumstrudel eines rotierenden Black Holes mitgerissen. Fällt dabei ein Teilchen entgegengesetzt der Rotationsrichtung in die Ergosphäre hinein, so wird es abgebremst und seine Bewegungsrichtung umgekehrt. Tritt ein Teilchen mit relativ hoher Geschwindigkeit in Richtung der Rotation in die Ergosphäre, so kann es dem rotierenden Black Hole wieder entfliehen und dabei sogar Rotationsenergie aufnehmen.

Während Black Holes vom Schwarzschild-Typ eine punktförmige Singularität besitzen, zumindest der Theorie nach, entartet die Singularität eines Kerr-Black Hole zu einem winzigen Ring. Die Raumkrümmung wird hier nicht in allen drei Dimensionen unendlich groß. Man spricht auch von einem Wurmloch, denn dem mathematischen Formalismus nach führt das Durchstoßen dieses Wurmloches in eine seltsame Welt, in eine Art Antigravitations-Universum mit negativer Raumkrümmung, in dem die Schwerkraft abstoßend wirkt und die Zeit rückwärts läuft. Zum Ärger der Science-Fiction-Freunde ist allerdings eine Reise durch ein solches Wurmloch in ein anderes Weltall prinzipiell nicht möglich. Denn nach dem Nohairtheorem von Wheeler gehen im Schwarzen Loch alle Strukturen verloren. Nicht einmal ein Atomkern könnte eine solche Reise überstehen. Der Kosmische Zensor löscht alle Erinnerungen. Die fremde Welt eines Antigravitations-Universums bleibt für uns stets verschlossen.

Explodierende Schwarze Löcher

Dem genialen und leider an den Rollstuhl gefesselten englischen Physiker Stephen Hawking (geb. 1942) gelang es, eine Thermodynamik Schwarzer Löcher zu entwickeln. Hawking versucht, eine Vereinigung von Quantenmechanik und Allgemeiner Rela-

Abb. 9: Die Temperatur eines Schwarzen Loches ist umgekehrt proportional zu seiner Masse. Während stellare Schwarze Löcher nur wenige Millionstel Kelvin »warm« sind, sind die vermuteten primordialen Schwarzen Löcher von nur wenigen Tonnen Masse sehr heiß.

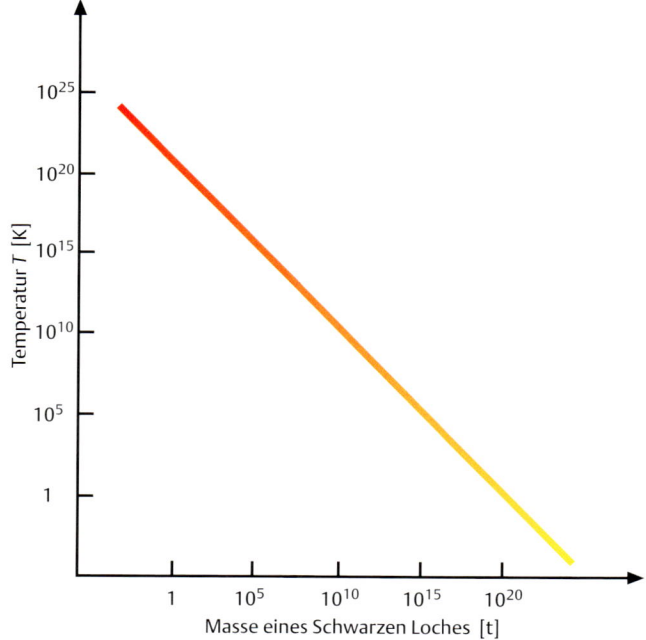

tivitätstheorie zu erreichen. Dabei fand er, dass aus quantenmechanischen Gründen in seltenen Fällen spontan Elementarteilchen einem Schwarzen Loch entrinnen können. Er interpretierte dies gewissermaßen als einen Verdampfungsprozess. Schwarzen Löchern kann demnach eine Temperatur zugeschrieben werden. Sie ist umgekehrt proportional zu ihrer Masse (vgl. Abb. 9).

Stellare Schwarze Löcher sind dabei extrem kalt. Ein Schwarzes Loch von drei Sonnenmassen hat nur ein Zehnmillionstel Grad über dem absoluten Nullpunkt (T = 10^{-7} K). Zunächst sammelt ein Schwarzes Loch auf Grund der kosmologischen Hintergrundstrahlung sowie des Vorhandenseins interstellarer Materie und Sternenstrahlung Photonen und Elementarteilchen ein, seine Masse wächst noch. Doch in einer fernen Phase des Universums wird es weniger Elementarteilchen einsammeln als aussenden. Die Masse des Black Hole wird dann abnehmen und damit die Temperatur ansteigen. Dieser Prozess geht zunächst äußerst langsam vonstatten. Da die Temperatur des Schwarzen Loches entsprechend der Abnahme seiner Masse anwächst, beschleunigt sich der »Verdampfungsprozess«, immer mehr Elementarteilchen werden in der Zeiteinheit freigesetzt. Hat das Black Hole nur mehr tausend Tonnen Masse, dies entspricht etwa einem längeren Güterzug, so detoniert es innerhalb eines Bruchteils einer Sekunde und setzt dabei so viel Energie frei wie etwa ein Tausendstel der Sonnenleuchtkraft. Grob kalkuliert explodieren stellare Schwarze Löcher nach 10^{64} bis 10^{66} Jahren.

Dies ist viele Zehnerpotenzen länger als das heutige Alter des Universums. Dennoch existieren Schwarze Löcher nicht ewig, wie man einst vermutete. Supermassereiche Schwarze Löcher detonieren sogar erst nach rund 10^{100} Jahren. Damit leben sie praktisch ewig.

Hawking zeigte auch, dass in einer sehr frühen Phase des Universums, als das so genannte Urknallszenario ablief, Schwarze Löcher mit relativ geringer Masse etwa in der Größenordnung von Kleinplaneten entstanden sein könnten. Solche primordialen Minilöcher hätten dann eine Lebensdauer von zehn bis zwanzig Milliarden Jahren (vgl. Abb. 10). Sie müssten somit in unserer Zeit detonieren und sich durch kräftige Ausbrüche von Gammastrahlung bemerkbar machen. Zurzeit fahndet man nach solchen Gammastrahlenblitzen. Noch weiß man aber nicht, ob die inzwischen beobachteten »Gamma Bursts« explodierende primordiale Schwarze Löcher sind oder andere Ursachen haben. Neuere Untersuchungen lassen an der Existenz primordialer Schwarzer Löcher zweifeln.

Schwarze Löcher sind sicher die exotischsten Himmelskörper, die wir kennen. Bisher kann man nur indirekt auf ihre Existenz schließen. Man hofft aber, eines mehr oder minder fernen Tages mit geeigneten Gravitationswellendetektoren Kollapsare im statu nascendi aufspüren zu können.

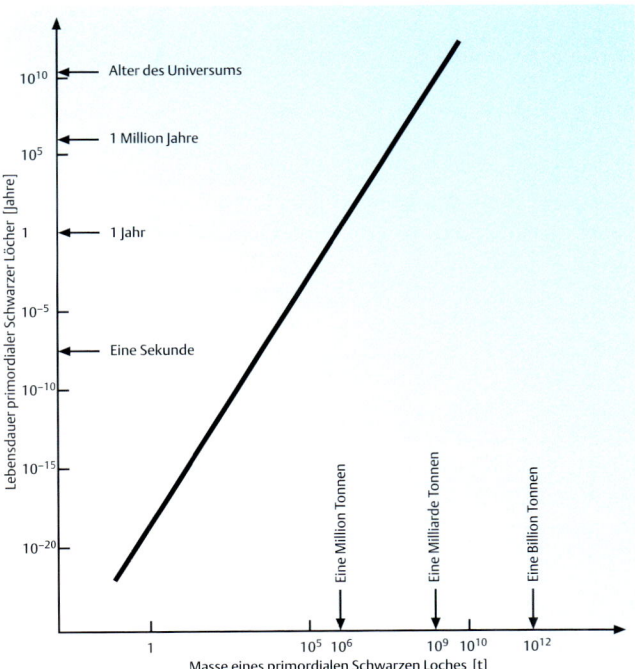

Abb. 10: Schwarze Löcher »verdampfen« nach Stephen Hawking auf Grund quantenmechanischer Prozesse. Je größer die Masse, desto länger die Lebensdauer eines Schwarzen Loches. Stellare Schwarze Löcher existieren im Mittel 10^{65} Jahre, primordiale massearme Schwarze Löcher nur einige Milliarden (10^9) Jahre. Minilöcher von nur einigen Tausend Tonnen detonieren in Bruchteilen einer Sekunde.

Literatur

Moore, P. & Nicolson, I.: Black Holes in Space. Orbach and Chambers London, 1974.

Sexl, R. & H.: Weiße Zwerge, Schwarze Löcher. Rowohlt Taschenbuch Verlag, 1975.

Asimov, I.: Die Schwarzen Löcher. Kiepenheuer & Witsch, 1979.

William J. Kaufmann, III, Black Holes and Warped Spacetime, W. H. Freeman and Comp., 1979.

Shapiro, S. L./ Teukolsky, S. A.: Black Holes, White Dwarfs and Neutron Stars Physics of compact Objects. John Wiley & Sons, 1983*.

Novikow, I. D.: Schwarze Löcher im All, Verlag Harri Deutsch, 1989.

Novikow, I. D. & Frolov, V. P.: Physics of Black Holes. Kluwer Academic Publ., 1989*.

Thorne, K. S.: Black Holes & Time Warps. Einsteins Outrageous Legacy. W. W. Norton & Comp. 1993, deutsch: Gekrümmter Raum und verbogene Zeit. Droemer-Knaur, 1994.

* Reine Fachbücher

Was sind Gravitationslinsen?

Volker Kasten

Schon Einstein hat sie als theoretische Möglichkeit untersucht, aber dass es sie wirklich gibt, weiß man erst seit zwei Jahrzehnten: die Gravitationslinsen, augenfällige Beweise für die Lichtablenkung in Gravitationsfeldern.

Die Wirkung der Gravitation ist uns von Kindesbeinen an vertraut. Und Linsen kennt man nicht nur als leidlich schmackhaftes Gemüse, sondern auch als wichtiges optisches Hilfsmittel, um sich in der Welt umzusehen. Aber wie passt beides zusammen – was ist eine Gravitationslinse? Angesiedelt im Umfeld weiterer spannend klingender Begriffe wie Lichtkrümmung, Relativitätstheorie, Quasare und Kosmologie, und illustriert durch ebenso hübsche wie rätselhafte Himmelsaufnahmen, ist den Gravitationslinsen ein breites Interesse sicher. Grund genug, sich einmal näher mit ihnen zu befassen.

Linsen

Schon das Auge funktioniert wie eine Linse und bildet unser Blickfeld auf die Augenrückwand ab. Gemeinhin erwartet man von einer Linse allerdings, dass sie mehr zeigt als die Augen und möglichst ein vergrößertes oder wenigstens helleres Bild vom Gegenstand unseres Interesses liefert.

Durch geschickte Linsenanordnungen wurden im ausgehenden 16. Jahrhundert erste Mikroskope und Fernrohre hergestellt. So konnte Galilei im Jahre 1610 mit Hilfe seines kleinen Fernrohres die vier hellen Jupitermonde entdecken, die Lichtphasen der Venus und vieles mehr.

Entscheidend für den Effekt einer Linse ist, dass die vom Gegenstand kommenden Lichtstrahlen an ihr eine Richtungsänderung erfahren (vgl. auch Abb. 2). Dagegen spielt es keine Rolle, ob diese Richtungsänderung durch Brechung an Glas oder anderweitig zustande kommt – etwa durch Reflexion an verspiegelten Oberflächen, wie das bei Spiegelfernrohren ausgenutzt wird.

Wie wir sehen werden, können Linseneffekte aber auch noch auf ganz andere Art hervorgerufen werden, nämlich durch die lichtablenkende Wirkung schwerer Massen. So werden einzelne Sterne, aber auch ganze Galaxien und Galaxienhaufen zu Gravitationslinsen, die uns unter günstigen Umständen Bilder von weit entfernten Hintergrundobjekten zeigen können.

Licht im Gravitationsfeld

Stellen wir uns das Schwerefeld eines Himmelskörpers vor, wo jeder Gegenstand der Anziehungskraft unterworfen ist. Wenn eine aus großer Entfernung anfliegende Masse in das Gravitationsfeld gerät, so wird sie mehr oder weniger aus ihrer ursprünglichen Flugrichtung abgelenkt. Schon Isaac Newton, der Begründer der Himmelsmechanik, fragte sich, ob die Gravitation nicht auch auf das Licht wirkt und Lichtstrahlen entsprechend krümmt.

Aber erst Einsteins Äquivalenzprinzip, ein wichtiger Bestandteil seiner 1915 veröffentlichten Allgemeinen Relativitätstheorie (ART), fordert geradezu die Lichtablenkung in Gravitationsfeldern. Was besagt dieses Prinzip?

Als Erdbewohner leben wir im Schwerefeld unseres Planeten und kennen jedenfalls die offensichtlichen Wirkungen der Gravitation. Ob wir sitzen oder stehen, unser Gewicht drückt uns auf den Boden, und wenn wir einen Gegenstand loslassen, so fällt er mit wachsender Geschwindigkeit (beschleunigt) nach unten. Interessanterweise beobachtet man aber ganz ähnliche Effekte auch in einem beschleunigten Bezugssystem. Wer weiß nicht schon aus Science-Fiction-Filmen, dass man in interstellaren Raumschiffen ein Schwerefeld künstlich erzeugen kann, indem man das Raumschiff mit Hilfe seiner Steuerdüsen entsprechend beschleunigt!

Hier setzt nun Einsteins Äquivalenzprinzip an. Es postuliert, dass in dem beschleunigten Raumschiff sämtliche physikalischen Vorgänge genauso ablaufen, als befände man sich in einem Gravitationsfeld: Beide Bezugssysteme sind äquivalent. Wenn man also wissen will, was sich in einem Gravitationsfeld tut, braucht man stattdessen nur zu überlegen, was man in einem beschleunigten Raumschiff beobachten würde – das ist meist einfacher.

Wenden wir dieses Prinzip einmal auf einen Lichtstrahl an, der durch das Raumschiff fliegt (vgl. Abb. 1). Von außen betrachtet, sieht der Lichtstrahl geradlinig aus. Beobachter innerhalb ihres Raumschiffes werden dagegen eine (allerdings winzige und kaum nachweisbare) Krümmung des Strahls beobachten, weil sich ihr Raumschiff beschleunigt bewegt. Da nach dem Äquivalenzprinzip aber in einem Gravitationsfeld dieselben Effekte auftreten wie im beschleunigten Raumschiff, müssen Lichtstrahlen in Gravitationsfeldern eine Ablenkung erfahren.

Lichtablenkung an der Sonne

Wenn man bei einer totalen Sonnenfinsternis einen Stern nahe dem Rand der verdunkelten Sonne beobachtet, so ist sein Licht ja auf dem Weg zur Erde dicht an der Sonne vorbeigeflogen und sollte in ihrem Schwerefeld eine Ablenkung aus seiner ursprünglichen Richtung erfahren haben. Allerdings lässt das Äquivalenz-

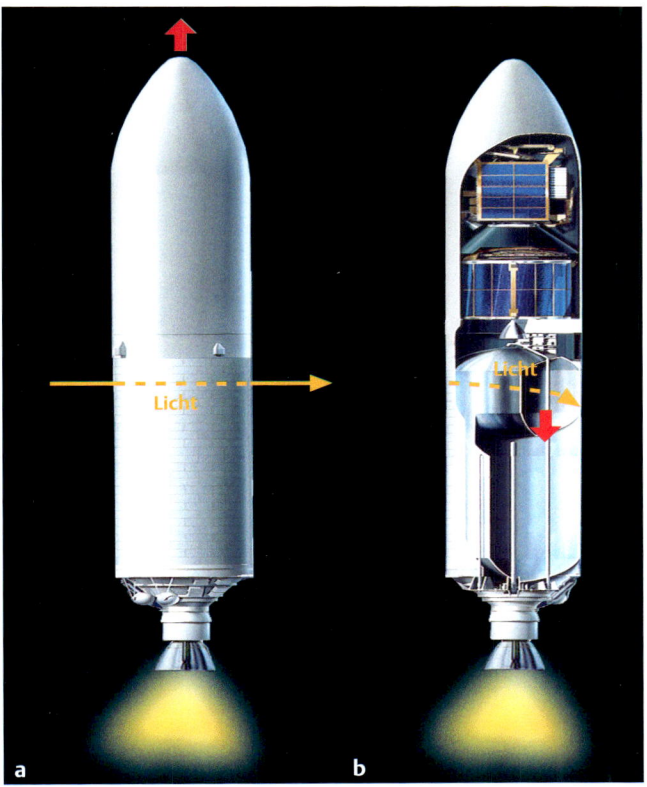

Abb. 1: Ein Lichtstrahl durchquert ein Raumschiff, das durch einen Raketenmotor beschleunigt wird. a) Von außen betrachtet, durchquert der Lichtstrahl das Raumschiff geradlinig. b) Im Innern des Raumschiffes erscheint die Lichtkurve leicht gekrümmt (relativ zu den Wänden). Der Effekt ist hier stark übertrieben dargestellt.

prinzip keine quantitative Berechnung dieser Lichtablenkung zu. Dazu braucht man die komplette ART, und mit ihrer Hilfe sagte Einstein eine Lichtablenkung am Sonnenrand von 1″.75 voraus. Tatsächlich konnte Einsteins Vorhersage bei der totalen Sonnenfinsternis im Jahr 1919 erstmals größenordnungsmäßig bestätigt werden. Inzwischen ist man hierfür nicht mehr auf Sonnenfinsternisse angewiesen. So verdeckt die Sonne bei ihrer Wanderung durch den Tierkreis in jedem Jahr am 8. Oktober den fernen Quasar 3C279, und dabei ließ sich die Ablenkung seiner Radiostrahlung zu 1″.73 bestimmen.

Gravitationslinsen

Die Sonne liefert durch ihre Gravitation also ein leicht verzerrtes Bild des Sternenhintergrundes – ähnlich wie eine Linse. Wenn man allerdings heute von »Gravitationslinsen« spricht, so denkt man meistens an andere Situationen, die sich in größeren Tiefen des Kosmos abspielen und wo Sterne, Galaxien oder ganze Galaxienhaufen als Linsen für Hintergrundobjekte dienen. Theoretisch untersucht und vorhergesagt wurden Gravitationslinsen

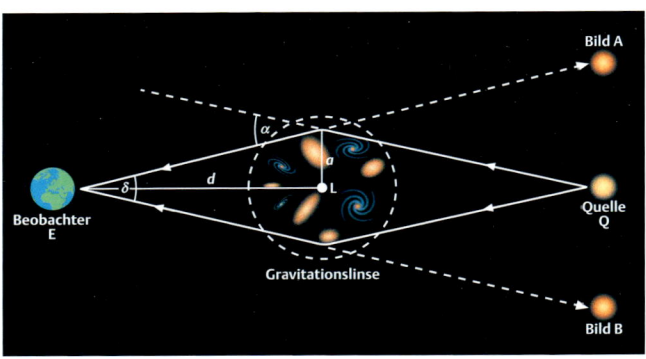

Abb. 2: Prinzip einer Gravitationslinse. Skizziert sind die Wege zweier Lichtstrahlen, die von der Quelle Q ausgehen, an der Linse L abgelenkt werden und schließlich beim irdischen Beobachter E ankommen. Formeln für den Ablenkungswinkel α und den Winkelabstand δ der beiden Bilder A und B werden im Text gegeben.

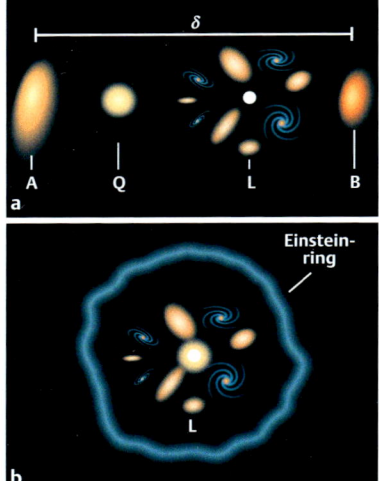

Abb. 3: Das sieht der irdische Beobachter: In a) befindet sich die wahre Position der Hintergrundquelle Q dicht neben der Linse L, und man beobachtet zwei Bilder A und B beiderseits von L: Bild A erscheint wegen der größeren Flächenverzerrung heller. Wenn sich die Quelle Q genau hinter der Linse L befindet (b), entsteht für den Betrachter ein Einsteinring.

schon recht früh (Eddington 1920, Einstein 1936, Zwicky 1937). Aber erst in den letzten beiden Jahrzehnten ist es den Astronomen gelungen, wenigstens einige solcher Gravitationslinsen am Himmel aufzuspüren.

Die Abb. 2 zeigt schematisch eine Linsensituation, zu der immer drei Elemente gehören: das zu beobachtende Hintergrundobjekt Q, das als Linse wirkende Objekt L und natürlich der Beobachter E. Als Linsen L wollen wir zunächst einmal Galaxien betrachten, und unter den gelinsten Hintergrundobjekten Q sollte man sich Quasare vorstellen – jene ungeheuer energiereichen Strahlungsquellen, die in den Zentren mancher Galaxien sitzen und die zu den entferntesten beobachtbaren Objekten des Weltalls gehören.

Mehrfachbilder und Einsteinringe

Was wird ein Beobachter durch eine solche Gravitationslinse sehen? Zunächst zeigt Abb. 2 etwas Seltsames: Wenn die Quelle nicht ausgerechnet exakt hinter der Linse steht, kann ihr Licht auf zwei Wegen an der Linse vorbeifliegen, um schließlich aus unterschiedlichen Richtungen beim Beobachter anzukommen. Das bedeutet, dass man die Quelle am Himmel doppelt sieht – als zwei Objekte A und B, mit der Linse dazwischen (Abb. 3a).

Wenn aber der seltene Fall eintritt, dass sich die Quelle genau hinter der Linse befindet, dann gibt es symmetrisch um die Linse herum sogar unendlich viele Lichtbahnen, die beim Beobachter kegelförmig zusammenlaufen: Er sieht einen kreisförmigen Einsteinring mit der Linse im Mittelpunkt (Abb. 3b).

Wenn die Linse eine ausgedehnte Galaxie ist, durch deren komplexes Gravitationsfeld die Lichtwege unterschiedlich abgelenkt werden, können sich auch kompliziertere Bilder ergeben. Um quantitative Aussagen über Gravitationslinsen zu erhalten, muss man die Formeln der ART bemühen. Wir merken hier zwei Formeln an, die für uns von Bedeutung sind.

Der Ablenkungswinkel α für einen Lichtstrahl, der die Linse der Masse M im Abstand a passiert (vgl. Abb. 2), beträgt im Bogenmaß:

$$\alpha = \frac{4\,G\,M}{a\,c^2} \tag{1}$$

Hier bezeichnet G = 6.672 10^{-11} $m^3kg^{-1}s^{-2}$ die Gravitationskonstante und c = 2.998 10^8 ms^{-1} die Lichtgeschwindigkeit. Man erkennt, dass für die Stärke der Ablenkung vor allem die Masse der Linse eine Rolle spielt und dass der Effekt mit wachsendem Abstand von der Linse rasch kleiner wird. Auf die Sonne angewandt (Masse M = 2 10^{30} kg, Sonnenradius a = 7 10^5 km) liefert die Formel gerade Einsteins berühmte 1″.75.

Für den Winkelabstand δ von zwei gelinsten Quasarbildern A und B am irdischen Himmel ergibt sich näherungsweise

$$\delta = \sqrt{\frac{16\,G\,M}{d\,c^2}} \tag{2}$$

Hier bedeutet d die Entfernung der Gravitationslinse vom Beobachter.

Als Anwendung betrachten wir einmal eine massereiche Galaxie von einer Billion Sonnenmassen, die in der Entfernung von einer Milliarde Lichtjahren von uns stehen möge. Wenn durch diese Galaxie ein weit im Hintergrund stehender Quasar gelinst und in zwei Bilder A und B gesplittet wird, so ergibt Formel (2) für den Winkelabstand der Bilder rund δ = 10″. Doppelbilder mit einem solchen Abstand müssten sich unschwer beobachten lassen – wenn man sie erst einmal gefunden hat!

Die ersten Funde

Im Jahr 1979 gaben die Astronomen Walsh, Carswell und Weymann in der Zeitschrift Nature die erste Entdeckung eines Doppelquasars bekannt. Er steht im Sternbild des Großen Bären (natürlich weit hinter dessen Sternen!) und erhielt die Bezeichnung QSO0957+561A und B. Seine beiden sternförmigen Bilder sind nur von 17. Größe, stehen 6″ auseinander und zeigen bemerkenswerte Ähnlichkeiten: Ihre Rotverschiebungen (ein Maß für die Entfernung) sind gleich groß, und die Spektren zeigen ein ungewöhnliches Maß an Übereinstimmungen. Die Vermutung, dass es sich hier um einen gelinsten Quasar handelt, wurde praktisch zur Gewissheit, als man einen nahen Galaxienhaufen entdeckte, dessen hellste Galaxie zwischen den beiden Quasarbildern steht und offenbar als Linse dient.

Inzwischen konnten weitere gelinste Quasare aufgefunden werden, einige davon auch auf der Europäischen Südsternwarte (ESO) in Chile. Abb. 4 gibt eine schöne ESO-Aufnahme des

Abb. 4: Zwei Abbildungen des Doppelquasars HE1104–1805. Nach Anwendung einer neu entwickelten Bildverarbeitungssoftware (rechtes Bild) konnte die linsende Galaxie deutlich sichtbar gemacht werden. Nach ihrer Rotverschiebung (z = 1.66) dürfte die Linsengalaxie 6–9 Milliarden Lichtjahre von uns entfernt sein (Infrarotaufnahme der ESO).

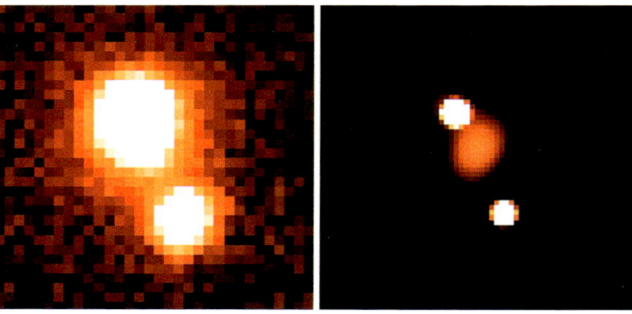

Doppelquasars HE 1104–1805 wieder, auf der auch die linsende Galaxie gut zu erkennen ist.

Berühmt ist auch das bilderbuchhafte Einsteinkreuz, ein Vierfachbild mit der Koordinatenbezeichnung 2237+0305, und das ebenfalls vierfache Kleeblatt (H 1413+117), zu dem allerdings bislang noch keine linsende Galaxie entdeckt wurde. In SuW 1/1995 (vgl. Literatur) ist eine ganze Bildergalerie von Mehrfachquasaren zu bewundern. Dort findet man auch einen kleinen Katalog gelinster Quasare.

Während die Quasare meist nur punktförmig erscheinen, können flächenhaft ausgedehnte Hintergrundgalaxien durch eine Gravitationslinse zu leuchtenden Bögen (Luminous Arcs) auseinander gezogen werden. Die Abb. 5 zeigt ein faszinierendes Panorama solcher Bögen, aufgenommen im Jahr 1995 mit dem Weltraumteleskop Hubble. Als Linsen fungieren hier verschiedene Mitglieder des reichen Galaxienhaufens Abell 2218.

Abb. 5: Über 100 Bögen (arclets) und 7 Mehrfachbilder sind auf dieser Aufnahme mit dem Weltraumteleskop Hubble des Galaxienhaufens Abell 2218 zu finden. Die Galaxien dieses etwa eine Milliarde Lichtjahre entfernten Haufens dienen als Gravitationslinsen und zeigen uns in vergrößerter und zu Bögen verzerrter Form Hintergrundgalaxien, die 5–10-mal so weit entfernt sind und ohne Linseneffekt gar nicht zu beobachten wären.

Die Helligkeit der Bilder

Gravitationslinsen können wie gewöhnliche Glaslinsen auch die Helligkeit der Hintergrundobjekte verstärken. Dabei erscheinen die verschiedenen Bilder eines gelinsten Quasars im Allgemeinen unterschiedlich hell. Außerdem unterliegen die Helligkeiten im Ablauf von Monaten oder Jahren deutlichen Veränderungen. Das wundert nicht, denn dieses Verhalten zeigen auch ungelinste Quasare. Bei den gelinsten Bildern könnte zusätzlich noch der Effekt des Microlensing eine Rolle spielen: Bei ausgedehnten Linsengalaxien wird ein vom Quasar kommender Lichtstrahl die Linsengalaxie durchqueren und dabei auch einzelne Sterne passieren. Deren lichtablenkende Wirkung ist zwar nach Formel (2) unbeobachtbar klein, aber diese Mikrolinsen könnten helligkeitsverstärkend wirken.

Interessante Konsequenzen hätte es, wenn sich zwischen den Lichtkurven der einzelnen Quasarbilder eine zeitliche Verschiebung (Phase) nachweisen ließe, hervorgerufen durch unterschiedlich lange Lichtlaufzeiten zwischen Quasar und Beobachter. Derartige Phasenverschiebungen sollten bis zu einigen Jahren betragen, und mit ihrer Hilfe wäre es möglich, die Entfernung d zur Linsengalaxie unabhängig von ihrer Rotverschiebung zu bestimmen. Zusammen mit der beobachteten Rotverschiebung z der Linse ließe sich dann auf neuartige Weise die kosmologisch wichtige Hubble-Konstante (gemäß $H = c\,z/d$) ermitteln.

Die Suche nach Machos

Kehren wir zum Schluss aus kosmologischen Tiefen wieder zurück in unsere galaktische Umgebung!

Wie das Rotationsverhalten der Sterne in den Randzonen der Milchstraßenscheibe zeigt, muss es im ausgedehnten Halobereich rund um die Milchstraßenscheibe noch zusätzliche, nicht sichtbare Masse geben. Allerdings ist die Natur dieser dunklen Materie bislang noch ziemlich rätselhaft. Im Gespräch sind exotische Elementarteilchen, die WIMPS (Weakly Interacting Massive Particles), ebenso wie so genannte MACHOS (Massive Compact Halo Objects), bei denen es sich um gewöhnliche, aber kaum leuchtende Objekte wie zum Beispiel kühle Zwergsterne oder Neutronensterne handeln kann. Derartige MACHOS können sich durch »Microlensing« an Hintergrundsternen verraten. Geeignete Hintergrundobjekte geben die Sterne der Großen Magellan'schen Wolke ab, des 170 000 Lichtjahre entfernten Begleiters der Milchstraße.

Tatsächlich haben groß angelegte Überwachungen von Millionen von Einzelsternen der Großen Magellan'schen Wolke in den letzten Jahren über 100 Ereignisse geliefert, bei denen die Hintergrundsterne jeweils für einige Wochen genau den Helligkeitsanstieg zeigten, den man für ein Microlensing erwartet. Im

Jahr 2001 gelang es mit Hilfe des Hubble-Weltraumteleskops und des VLT (Very Large Telescope) der ESO, einen solchen MACHO-Effekt genau zu untersuchen und sogar das verursachende Objekt abzubilden. Wie sich herausstellte, handelt es sich um einen roten Zwergstern von nur wenigen Prozent der Sonnenmasse, der etwa 600 Lichtjahre entfernt ist.

Literatur

Borgeest, U. & Schramm, K.-J.: Bilder von Gravitationslinsen. SuW 34 [1/1995], S. 24ff.

Wambsganß, J.: Kosmische Zerrbilder. Aufsatz im SuW- Spezial Nr. 6, Gravitation, S. 96 ff. Verlag Sterne und Weltraum, Mai 2001.

Auf der Suche nach außerirdischem Leben

Erich Übelacker

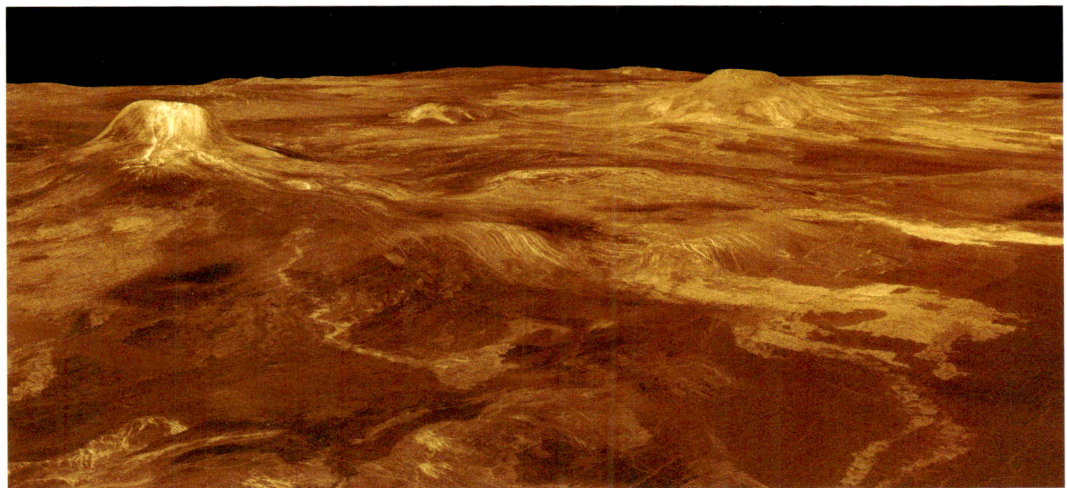

Abb. 1: Venusvulkane. Auf der durch Vulkanismus geprägten Venusoberfläche ist Leben unmöglich. Die Temperatur beträgt dort +470 °C (Bild: JPL/Nasa).

Nach meinen vielen populärwissenschaftlichen Vorträgen in Planetarien und Volkshochschulen gab es oft lange und interessante Diskussionen mit den Besuchern. Eine Frage wurde dabei besonders oft gestellt: Gibt es Ufos und Außerirdische?

Vor hundert Jahren war man überzeugt, dass es neben der Erde in unserem Sonnensystem zumindest noch einen weiteren bewohnten Planeten gibt, den rötlichen Mars. Auch unter den Venuswolken vermutete man tropisches Leben. Raumfahrtmissionen, wie Magellan oder Viking, haben fast alle Illusionen dieser Art zerstört. Aber in den Tiefen des Alls gibt es viele andere Sonnensysteme mit milliardenfachen Chancen für exotische Lebensformen.

Leben auf Venus und Mars?

Die Suche nach Leben in unserem Sonnensystem konzentrierte sich im letzten Jahrhundert auf die so genannte Ökosphäre, eine Zone, die nicht zu nah bei der Sonne, aber auch nicht zu weit von unserem Zentralgestirn entfernt ist. Auch wenn der Umfang dieser Ökosphäre umstritten ist, nehmen die meisten Fachleute an, dass sie die Bahnen der drei Planeten Venus, Erde und Mars einschließt.

Der sonnennahe und atmosphärenlose Merkur kam für Leben nie in Betracht, wie die Raumsonde Mariner 10 bestätigte. Der Planet ist eine Kraterwüste, deren Gestein sich bei senkrechter Sonneneinstrahlung auf mehr als 450 °C erwärmen kann. Es gibt keinen Schutz vor gefährlichen Strahlen und natürlich auch keine Ozeane. Da liegen die Dinge bei Venus schon anders. Sie besitzt eine dichte Atmosphäre, die fast ganz aus Kohlendioxid besteht. Dieses Gas sorgt für einen extremen Treibhauseffekt. Wie viele Messungen beweisen, beträgt die Oberflächentemperatur dort nicht wie früher angenommen 50, sondern 470 °C. An irgendwelche Lebensformen ist unter diesen Bedingungen nicht zu denken. Möglicherweise war das vor einigen Milliarden Jahren anders, da die Treibhausatmosphäre ja erst langsam aufgebaut werden musste. Fossilien eines eventuellen früheren Lebens werden wir allerdings kaum finden, da die ganze Oberfläche der Venus immer wieder von Lava überflutet wurde, die alle Spuren der Vorzeit beseitigt haben dürfte.

Mars, der erdähnlichste aller Planeten, hat heute eine sehr dünne Lufthülle, deren Hauptbestandteil ebenfalls Kohlendioxid ist. Der niedrige Luftdruck verhindert das Auftreten von

Search for Extraterrestrial Intelligence – was Sie selbst tun können
Martin Neumann

Von zu Hause oder vom Büro aus kann jeder Interessierte zur wissenschaftlichen Suche nach Signalen außerirdischer intelligenter Zivilisationen beitragen.

Seti@home

Seti@home ist ein wissenschaftliches Experiment der Universität Berkeley, das die Rechenleistung von Hunderttausenden – über das Internet verbundenen – Computern nutzt, um nach außerirdischer Intelligenz zu suchen.

Seti@home basiert auf Daten, die mit dem 305-m-Radioteleskop in Arecibo, Puerto Rico, aufgenommen werden. Das Radioteleskop betrachtet den Himmel in Zenitnähe und im Frequenzbereich von 1418.75 MHz bis 1421.25 MHz. Dieses 2.5 MHz breite Frequenzband wird in 256 Frequenzintervalle unterteilt, von denen jedes rund 10 kHz breit ist. Zusätzlich werden die Beobachtungen in Zeitintervalle von jeweils 107 s geteilt. So entstehen alle 107

Sekunden 256 Datenpakete, denen noch Zusatzinformationen wie die genaue Frequenz der Beobachtung und die Koordinaten der Himmelsregion hinzugefügt werden. Die 340 kByte großen Datenpakete versenden die Computer des Samuel Silver Space Science Laboratory der Universität Berkeley zur Auswertung an interessierte Teilnehmer in aller Welt. Die Software kann von der

Internet-Homepage des Projekts Seti@home, www.setiathome. ssl.berkeley.edu, kostenlos heruntergeladen werden.

Ein Beispiel für die Darstellung auf dem Computerbildschirm zeigt die Abbildung unten. Hier ist die Intensität der gemessenen Radiosignale in Abhängigkeit von der Zeit und der Frequenz der Beobachtung aufgetragen. Oben links befinden sich Angaben zum aktuellen

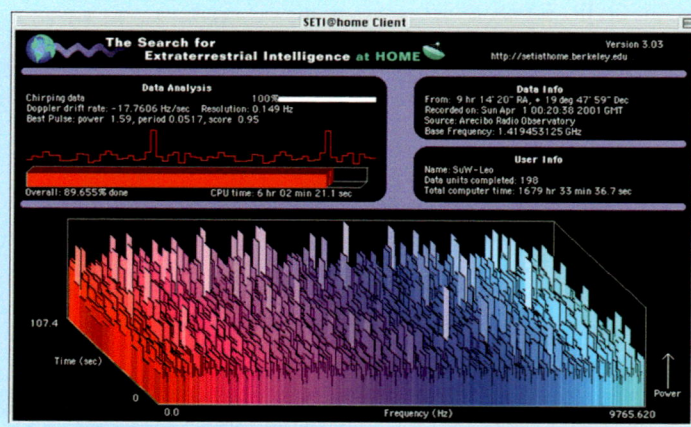

Abb. 1: Seti@home auf dem Computerbildschirm.

Wasser in seiner flüssigen Form. Allerdings zeigen Satelliten-aufnahmen des Planeten riesige ausgetrocknete Flüsse, die darauf hinweisen, dass auf Mars früher viel günstigere Lebensbedingungen herrschten. Neuere Beobachtungen des Satelliten Mars Global Surveyor beweisen, dass es auch in jüngerer Zeit an verschiedenen Stellen flüssiges Wasser gegeben haben muss. Allerdings ist Leben auf dem Roten Planeten zurzeit kaum denkbar: Es fehlt die schützende Ozonschicht; auch ist kein Ozean oder See vorhanden, in dem Lebewesen Schutz finden könnten. Die Bodenprobenuntersuchungen der Viking-Sonden zeigten auch, dass es an den Landeplätzen keine organischen Stoffe gab.

Das kann vor Jahrmilliarden anders gewesen sein: In einigen eindeutig vom Mars stammenden Meteoriten, besonders in dem Felsbrocken mit der Bezeichnung ALH 84001, fand man winzige Strukturen, die Bakterien ähneln. Auch entdeckte man in dem Stein so genannte PAHs, die Zerfallsprodukte von lebenden Organismen sein können. Kristalle von magnetischen Eisenverbindungen, die sich in irdischen Bakterien bilden, waren ebenfalls nachweisbar. Vieles spricht dafür, dass vor Jahrmilliarden

Abb. 2: Marsmeteorit ALH 84001. Fossilien oder Verunreinigung? In diesem Marsmeteoriten fand man Strukturen und Stoffe, die auf früheres Leben auf diesem Planeten schließen lassen.

Auswertungsschritt (Näheres hierzu erfahren Sie auf der Internetseite von Seti@home). Darunter ist, als roter Balken, der aktuelle Stand der Auswertung gezeigt. Unter »Data info« sind der Zeitpunkt der Beobachtung und die Himmelskoordinaten festgehalten. Im Abschnitt »User info« sind der Benutzernamen, die Zahl der bereits bearbeiteten Datenpakete sowie die dazu benötigte Rechnerzeit vermerkt.

Bis zum September 2002 hatten sich rund 4 Millionen Benutzer an Seti@home beteiligt, seit dem Start des Projekts am 13. Mai 1999 waren mehr als 620 Millionen Datenpakete in Berkeley eingetroffen. Die dafür benötigte Rechenzeit beträgt rund 1.1 Millionen Jahre.

Teilnehmer, die z. B. in Firmen, Schulen, Instituten und astronomischen Vereinen tätig sind, schließen sich zu Gruppen zusammen, die untereinander wetteifern. Auch SuW-Leser und die Redaktion beteiligen sich auf diese Weise an dem Projekt. Der Gruppe »Sterne und Welt-

raum« gehören derzeit 244 Mitglieder an, die in 242 CPU-Jahren rund 130 000 ausgewertete Datenpakete nach Berkeley sendeten (Stand: September 2002). Wer sich der Gruppe anschließen möchte, folgt auf der Internetseite von Seti@home unter »User Zone« dem Link »Groups« und setzt in das nun folgende elektronische Formular »Sterne und Weltraum« ein. Die Anmeldung erfolgt dann unter »Join«.

Seti mit Amateurradioteleskopen

Wem die Auswertung von Radiosignalen mit dem eigenen PC nicht spannend genug ist und wer stattdessen selbst nach Signalen von intelligenten Zivilisationen suchen möchte, findet alle dazu nötigen Informationen bei der SetiLeague unter www.setileague.org. Das Ziel der seit 1994 von dem Ingenieur Paul Shuch geleiteten Organisation besteht im Aufbau eines Netzes von weltweit 5000 Amateurradioteleskopen, die den gesamten Himmel rund um die Uhr überwachen sollen. Um

dieses Ziel zu verwirklichen, berät die SetiLeague interessierte Amateurastronomen in technischen Fragen. Eine typische Seti-Station besteht aus einer handelsüblichen Satellitenantenne, einem hochwertigen Empfänger für den Bereich der Dezimeterwellen sowie aus einem PC. Mehr als 100 derartiger Stationen sind bereits an dem kos-

Abb. 2: Paul Shuch, Direktor der SetiLeague, vor einem typischen Amateurradioteleskop.

auf unserem Nachbarplaneten das Experiment Leben gestartet wurde, aber fast genauso sicher ist das Leben durch eine einmalige Katastrophe (Impakt?) oder durch eine schleichende Verschlechterung der Verhältnisse wieder zu Grunde gegangen. Die an Großskulpturen erinnernden Strukturen wie das so genannte Marsgesicht sind leider keine Kunstwerke einer fernen Kultur, sondern Launen der Natur, die mit Vulkanismus und Erosion bizarre Formen hervorbringen kann. Auch die so genannten Marskanäle waren keine Bauwerke, sondern optische Täuschun-

Abb. 3: Viking-Szene. Die amerikanischen Viking-Sonden fanden keine Lebensspuren auf Mars.

mischen Lauschangriff mit der Bezeichnung »Projekt Argus« beteiligt. Neben umfangreichen und frei verfügbaren technischen Informationen zum Aufbau einer eigenen Seti-Station bietet die SetiLeague auf ihrer Homepage auch den vierteljährlich erscheinenden Newsletter »SearchLites« als PDF-Dokument an. Die Kontaktadresse lautet: SetiLeague, P. O. Box 555, Little Ferry, NJ 07643, USA. Ansprechpartner in Deutschland ist Peter Wright, Ziethenstr. 97, D-68251 Mannheim, Tel.: +49 (0621) 794597.

Seti mit optischen Amateurteleskopen

Längst vollzieht sich Seti nicht mehr nur bei Radiowellenlängen, sondern auch im Optischen. Unter den zahlreichen Programmen, die diesem relativ jungen Gebiet gewidmet sind, gibt es auch einige, an denen sich Amateurastronomen beteiligen können. Unter der Annahme, dass extraterrestrische Zivilisationen gepulste Laser zur interstellaren Kommunikation nutzen, wird bei nahen, son-

Abb. 3: Mit einem 10"-Schmidt-Cassegrain-Teleskop (LX 200 von Meade) sucht Stuart A. Kingsley nach optischen Signalen außerirdischer Zivilisationen.

nenähnlichen Sternen nach entsprechenden Signalen gesucht. Einer der aktivsten Beobachter ist Stuart A. Kingsley. Seit 1990 betreibt er in Columbus, Ohio, ein optisches Seti-Teleskop, welches mit einer Photonenzählelektronik und einem Computer zum Nachweis kurzzeitiger Signale ausgerüstet ist. Auf seiner Internetseite »The Optical Seti Resource For Planet Earth«, http://www.coseti.org/, stellt er umfangreiche Informationen bereit.

gen der damals unzureichend ausgestatteten Fernrohrbeob-achter.

Neuerdings diskutiert man über weitere Himmelskörper außerhalb der eigentlichen Ökosphäre, die exotische Lebensfor-men tragen könnten, zum Beispiel den Jupitermond Europa. Unter seinem Eispanzer befindet sich ein Wasserozean, in dem Organismen denkbar sind. Auch der Saturnmond Titan, dessen Lufthülle an die frühe Erdatmosphäre erinnert, wird genannt. Zusammenfassend ist jedoch zu sagen, dass es mit an Sicherheit grenzender Wahrscheinlichkeit zurzeit in unserem Sonnensys-tem kein außerirdisches Leben gibt.

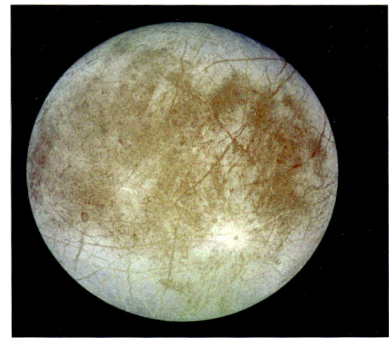

Abb. 4: Jupitermond Europa in Echtfarben. Die Kruste besteht vorwiegend aus Wassereis. Besonders auffällig ist der große Einschlagskrater unten rechts, der provisorisch nach Pywell, dem keltischen Gott der Unterwelt, getauft wurde (Bild: JPL/Nasa/DLR).

Blick in die Tiefen des Alls

Allein in unserer Galaxie gibt es mehr als 100 Milliarden Sterne, die Planeten haben können. Überall finden wir die gleichen Naturgesetze, chemischen Elemente, Sterntypen und Sternsyste-me, alle Orte im Universum scheinen gleichberechtigt zu sein. Könnte das nicht auch für das Phänomen Leben gelten? Vieles spricht für diese Annahme. Unsere gewaltigen Radioteleskope finden überall im interstellaren Raum, besonders aber in Stern-entstehungsgebieten wie dem Orion-Nebel, organische Molekü-le, Grundbausteine des Lebens. Zu ihnen gehören Formaldehyd, Ethanol und Ameisensäure. Um viele junge Sonnen haben sich Gas- und Staubscheiben gebildet, aus denen sich Planetensyste-me entwickeln können.

Auch fertige Planeten hat man entdecken können. Es ist heute möglich, spektroskopisch Bahnstörungen bei Sternen nachzu-weisen, die durch massereiche Planeten verursacht werden. Besonders bekannt wurde in dieser Hinsicht der Stern 51 Pegasi, der wie unsere Sonne über ein Planetensystem verfügt. Nicht alle Fixsterne können bewohnte Planeten haben. Die sehr masserei-chen Sterne leben zu kurz, um eine Lebensevolution auf ihren Begleitern zu ermöglichen, die masseärmeren Sterne verfügen über zu wenig Strahlungsenergie. Auch viele Doppelsternsyste-me scheiden aus, da sie keine stabilen Planetenbahnen ermög-lichen. Aber es gibt Milliarden von sonnenähnlichen Sternen, die als Zentralgestirne für bewohnte Planetensysteme in Frage kom-men. Natürlich sind nicht alle Planeten für Leben geeignet. Viele Bedingungen müssen erfüllt werden. Bewohnte Planeten müssen innerhalb der jeweiligen Ökosphäre liegen und geeignete Atmos-phären ohne zu großen Treibhauseffekt besitzen. Ihre Schwer-kraft muss diese Atmosphären dauerhaft festhalten können; auch die Existenz großer Wassermassen ist nötig. Wahrscheinlich ist auch die Anwesenheit eines großen Mondes erforderlich, der durch seine Gezeiten die Lebensentstehung fördert und die Ach-senlage des Planeten stabilisiert. Sicher gibt es viele Planeten, die alle diese Anforderungen erfüllen. Aber sind sie auch bewohnt? Gibt es dort intelligente Wesen?

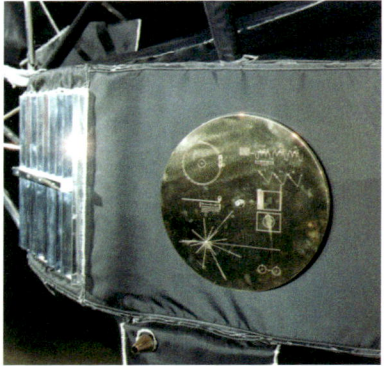

Abb. 5: Voyager-Platte.
Flaschenpost für Außerirdische:
Den Voyager-Sonden wurden Bild-
Ton-Platten mitgegeben, die viele
Informationen über unsere Planeten
und Musikstücke enthalten. Ob die
Außerirdischen das ebenfalls
beiliegende Abspielgerät bedienen
können?

Außerirdische Zivilisationen?

Schon bei der historischen Green-Bank-Konferenz 1962 machte
man sich Gedanken über die Zahl der möglichen Nachbarzivili-
sationen, die gleichzeitig mit uns existieren und zum Austausch
von Funkbotschaften fähig sind. Wenn man davon ausgeht, dass
die Entstehung von Leben ein normaler Vorgang ist, hängt diese
Zahl von vielen weiteren Faktoren ab. Dazu gehören die Entstehungsrate von Sternen und Planeten, der Anteil der Sterne mit
Planetensystemen, die mittlere Zahl der in der Ökosphäre krei-
senden Planeten, das Verhältnis von bewohnten zu bewohnbaren
Planeten, der Anteil der von intelligenten Wesen bevölkerten
Welten, das Verhältnis von technischen zu nicht technischen,
zum Beispiel religiös orientierten Zivilisationen und ganz
besonders eine Zahl: die mittlere Lebensdauer einer technischen
Zivilisation. Ist sie kurz, zum Beispiel ein Jahrhundert, dann ist
es sehr unwahrscheinlich, im näheren Umkreis eine Welt zu finden, die jetzt gleichzeitig mit uns unser technisches Niveau
erreicht hat. Eine solche Zivilisation wird dann sehr weit entfernt
sein. Natürlich haben wir keine Ahnung, wie stabil auf anderen
Planeten die Kulturen und Gesellschaftsordnungen sind.

Vielleicht gibt es im näheren Umkreis aber doch intelligentes
Leben. An diesen unwahrscheinlichen Fall dachte man sicher bei
der Nasa, als man Raumsonden, die unser Sonnensystem verlassen, Botschaften für Außerirdische mitgab, zum Beispiel Plaket-
ten oder CDs mit Informationen über die Erde.

Seti – auf der Suche nach Kontaktsignalen

Sonden wie Pioneer 10 oder Voyager 2 sind zu den nächsten Fixsternen mehr als 80 000 Jahre unterwegs. Auf die Flaschenpost,
die wir diesen Sonden mitgegeben haben, werden wir also wohl
nie eine Antwort erhalten, da wir bei deren Eintreffen am Zielort
längst ausgestorben sein dürften. Ein besserer Weg ist da schon
die Funkbotschaft, die sich mit Lichtgeschwindigkeit ausbreitet.
Schon seit 1960 tastet man mit Radioteleskopen immer wieder
den Himmel nach Kontaktsignalen von benachbarten Sonnen-
systemen ab. Dies könnte durchaus zum Erfolg führen, sofern
deren Bewohner eine ähnliche Technik wie wir entwickelt haben.

Im Jahr 1992 begann das bisher umfangreichste Programm
dieser Art namens Seti (Search for Extra-Terrestrial Intelligence).
Alle sonnenähnlichen Sterne im Umkreis von rund 100 Lichtjahren wurden auf vielen Millionen Frequenzen beobachtet. Seti
wurde aus finanziellen Gründen bereits nach einem Jahr
gestoppt und durch das bescheidenere Projekt Phoenix ersetzt.
Das Ergebnis unserer kosmischen Lauschangriffe war allerdings
immer negativ. Aber was bedeutet das schon? Wenn es im überhaupt erfassbaren Umkreis beispielsweise zwei erdähnliche Planeten gibt, so laufen auf dem einen vielleicht erst die Saurier

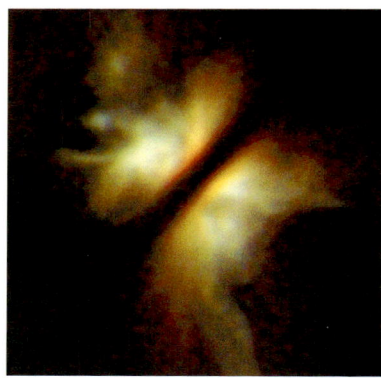

Abb. 6: Entstehende Planetensysteme. Das Weltraumteleskop
entdeckte zahlreiche Scheiben um
junge Sterne, aus denen sich
Planetensysteme entwickeln
können (Bild: STScI).

Abb. 7: Lagunennebel (M8). In diesem Sternentstehungsgebiet findet man viele organische Stoffe, Grundbausteine des Lebens. (Bild: Philip Keller)

herum, auf dem anderen ist eine ehemalige Zivilisation möglicherweise längst ausgestorben. Wie bereits angedeutet, ist es extrem unwahrscheinlich, dass dort gerade jetzt derselbe Zivilisationszustand wie auf der Erde anzutreffen ist. Diese existiert immerhin seit 4.6 Milliarden Jahren, Radioteleskope gibt es aber erst seit einigen Jahrzehnten und nach 100 oder 1000 Jahren werden sie wieder verschwunden sein. Auf jeden Fall ist das »High-Tech-Zeitalter« gemessen an der Lebensdauer von Planeten kurz, auch wenn es noch 10 000 Jahre andauern sollte. Allerdings steckt in unseren Überlegungen eine große, aber unvermeidbare Unsicherheit: Wir kennen nur eine Zivilisation, nämlich die unsrige, und schließen von ihr auf das ganze Weltall. Vielleicht werden wir längst von Außerirdischen beobachtet, wovon zumindest die Ufo-Anhänger felsenfest überzeugt sind.

Ufos – Realität oder Wahnvorstellung?

Die alte Frage, ob es Ufos gibt, kann man getrost mit ja beantworten, denn Ufo bedeutet ja nur »unidentifiziertes Flugobjekt«. Allerdings kann man die meisten dieser Himmelserscheinungen natürlich erklären. Punktförmige Ufos entpuppen sich meist als helle Planeten, Meteore oder Satelliten. Scheibenförmige Objekte sind oft hoch fliegende Ballone, Reflexe von Auto- oder Diskoscheinwerfern, Vogelschwärme oder so genannte Lentikularwolken. Auch Flugzeuge, Zeppeline oder in die Atmosphäre eindringende Satelliten- oder Raketenteile werden oft als übernatürliche Erscheinungen angesehen.

Andere Ufos kommen nicht aus den Tiefen des Alls, sondern aus den Tiefen der menschlichen Seele. So kam es in der Geschichte immer wieder vor, dass erregte Menschen Kreise oder

Abb. 8: Allein stehende Lentikularwolke. Aufgenommen am 5. November 1997 kurz nach Sonnenaufgang (Bild: Jürgen Krieg).

Die Formel von Drake

Volker Kasten

Wer möchte nicht wissen, wie viele hoch technisierte Zivilisationen, die kontaktfähig und auch kontaktwillig sind, es heute in der Milchstraße gibt? Nennen wir diese gesuchte Anzahl einmal N. Dann kann man mit Blick auf unsere eigene Zivilisation ohne falsche Bescheidenheit jedenfalls $N \geq 1$ konstatieren. Bereits im Jahr 1961 hat Frank Drake, inzwischen emeritierter Professor und Leiter des kalifornischen SETI-Institutes, eine einfache Formel für N aufgestellt. Sie lautet:

$$N = R \cdot L \cdot f_p \cdot n_e \cdot f_l \cdot f_i \cdot f_c$$

Auf den ersten Blick mag Drakes Formel kompliziert erscheinen, sie ist aber leicht nachzuvollziehen. Stellen wir uns dazu einmal eine hoch stehende Zivilisation auf einem fernen Planeten vor, die mit uns zusammen heute irgendwo in der Milchstraße existiert. Ihre Lebensdauer als hoch stehende Zivilisation betrage L Jahre, wobei es an dieser Stelle nicht bekümmern soll, dass heute niemand in der Lage ist, einen typischen Zahlenwert für L anzugeben – wir können ja noch nicht einmal absehen, wie lange sich unsere eigene Zivilisation halten wird!

Weiter wollen wir annehmen, dass es für eine außerirdische Zivilisation ebenso wie auf der Erde rund 5 Milliarden Jahre gedauert hat, ehe sich ihre Zivilisation entwickeln konnte. Wenn sie heute gerade erst am Anfang ihrer Hochblüte stehen sollte, muss ihr Heimatplanet vor 5 Milliarden Jahren zusammen mit seinem Zentralstern entstanden sein. Wenn sich die Zivilisation dagegen schon dem Ende ihrer Existenz (Lebensalter L) befindet, müsste der Heimatplanet bereits älter sein, nämlich L+5 Milliarden Jahre. Auf jeden Fall fällt die Entstehungszeit des fraglichen Planeten und seiner Sonne in eine Zeitspanne von L Jahren.

In einem solchen Zeitraum entstehen $R \cdot L$ Sterne, wenn R die Entstehungsrate pro Jahr bezeichnet (nach heutiger Kenntnis ist etwa R = 1). Damit haben wir den Anfang der rechten Seite der Drake-formel schon gedeutet: $R \cdot L$ ist die Anzahl der Sonnen in unserer Galaxis, die heute alt genug sind, um zum Heimatstern einer hoch entwickelten Zivilisation geworden sein zu können.

Von diesen Sternen wird aber nur ein Bruchteil überhaupt Planetensysteme besitzen. In Drakes Formel ist dieser Bruchteil mit f_p bezeichnet (f wie »fraction«), wobei die Schätzung $f_p = 0.5$ nicht ganz falsch liegen dürfte. Wenn nun jedes Planetensystem im Durchschnitt n_e potenziell bewohnbare Planeten enthält, so gibt der Bestandteil $R \cdot L \cdot f_p \cdot n_e$ in Drakes Formel die Anzahl der bewohnbaren Planeten des passenden Alters in der Milchstraße an.

Bewohnbare Planeten müssen aber nicht tatsächlich bewohnt sein, und falls sie bewohnt sind, müssen dort keine intelligenten Wesen entstanden sein! Um auch dies noch zu berücksichtigen, werden die letzten drei Faktoren der Formel gebraucht. Dabei bezeichnet f_l den Bruchteil der prinzipiell bewohnbaren Planeten, auf denen sich auch tatsächlich Leben in irgendeiner Form gebildet hat. Unter diesen werden im Zuge der Evolution nur wiederum auf einem Bruchteil f_i intelligente Zivilisationen entstanden sein. Und schließlich sollten diese Zivilisationen auch technisch in der Lage und gewillt sein, mit anderen Kontakt aufzunehmen (Bruchteil f_c).

Die Größe dieser letzten drei Faktoren wird ebenso wie die typische Lebensdauer L einer Zivilisation bislang von den Experten sehr unterschiedlich eingeschätzt, und so gibt es bislang keine vertrauenswürdige Schätzung für die gesuchte Zahl N heutiger kontaktfähiger Zivilisationen.

Wir können aber versuchen, eine obere Grenze für N zu bestimmen, indem wir in Drakes Formel sehr optimistische Werte einsetzen! Die Wahl von R = 1 und $f_p = 0.5$ dürfte nach heutigem Kenntnisstand realistisch sein. Weiter setzen wir $n_e = 2$ und wollen einmal mit $f_l = f_i = f_c = 1$ rechnen, was sicherlich viel zu optimistisch ist, denn wir nehmen damit ja kühnerweise an, dass es auf jedem prinzipiell bewohnbaren Planeten stets zu Leben und sogar zur Ausbildung einer intelligenten, kontaktwilligen Zivilisation kommt. Mit diesen Startwerten liefert Drakes Formel N = L, und wir sehen uns genötigt, die typische Lebensdauer einer hoch stehenden Zivilisation anzugeben. Wenn wir nun probeweise L=10 000 Jahre setzen (hoffentlich ist das nicht schon zu lang?), so hätten wir derzeit N = 10 000 kontaktwillige Zivilisationen in unserer Milchstraße. Das entspricht einem unter 20 Millionen Sternen, und die nächste solche Zivilisation wäre in einer Entfernung von rund 1000 Lichtjahren zu erwarten. Aber wie gesagt: Dies ist wahrscheinlich eine viel zu optimistische Rechnung.

Scheiben am Himmel sahen, die in Wirklichkeit nicht existierten. Andere Leuchterscheinungen entstehen über geologischen Anomalien wie Verwerfungen oder Erzlagern. Dies wird zwar immer wieder bestätigt und wieder verworfen, jedoch kommen diese nicht ganz erklärbaren Erscheinungen sicher nicht von fernen bewohnten Welten. Auch Geheimwaffen des Kalten Krieges wurden in Ost und West immer wieder für Raumschiffe Außerirdischer gehalten. Trotzdem sind nicht alle Ufo-Erscheinungen so einfach erklärbar. Es gibt leuchtende Scheiben, welche die Elektronik von Flugzeugen beeinflussen oder auf Radar reagieren. Auch behaupten Menschen immer wieder, von Außerirdischen entführt und verletzt worden zu sein, ein Phänomen, das übrigens schon sehr alt ist und auch im Mittelalter vorkam. Bei allen diesen Dingen kann es sich um das Wirken ferner Zivilisationen, aber auch um Naturerscheinungen oder psychopathische Phänomene handeln, die heute noch nicht erklärbar sind. Auch Blitze und Polarlichter wurden einmal für übernatürliche Botschaften von Geistern und Göttern gehalten und sind heute leicht natürlich zu deuten.

Immer wieder wird gefragt, warum sich die Außerirdischen, wenn es sie gibt, nicht besser zu erkennen geben. Eine Antwort auf diese Frage ist die so genannte Zoo-Hypothese, nach der wir wie Tiere im Gehege nur beobachtet, aber nicht beeinflusst werden. Auch kommt immer wieder die Frage auf, warum irgend eine Nachbarwelt nicht einige Tausend Jahre weiter als wir ist und längst große Teile unserer Galaxie besiedelt hat. Sind ausgerechnet wir am weitesten fortgeschritten, oder sind wir ganz einfach doch alleine im All? Vielleicht wird das neue Jahrtausend eine Antwort auf diese auch in unserer fortschrittlichen Zeit verbliebenen Fragen bringen.

Literaturhinweise

Günter, Th.: Die Suche nach außerirdischem Leben. SuW 38, 436 [5/1999].

Fischer, D.: Lebensspuren vom Mars? SuW 35, 832 [11/1996].

Wambsganß, J.: Auf der Suche nach Planeten um andere Sterne. SuW 36, 742 und 942 [8–9 und 11/1997].

Übelacker, E.: Planeten und Raumfahrt. Tessloff-Reihe WAS IST WAS?, Band 16.

Index